土建类高职高专规划教材

Jianzhu Cailiao Xuexi Zhidao

建筑材料学习指导

（建筑工程技术专业用）

霍轶珍　主编

钱觉时（重庆大学）　主审

人民交通出版社

内 容 提 要

本书是土建类高职高专规划教材《建筑材料》(陈晓明、陈桂萍主编)的配套辅导书。编写本学习指导书的目的是帮助学生能够更好地理解与掌握《建筑材料》教材的主要内容,并进一步拓展与延伸教材内容,培养学生对材料的检测能力及建筑材料的综合使用能力。

本书可作为高职高专土建专业辅助教学指导书。

图书在版编目(CIP)数据

建筑材料学习指导/霍轶珍主编. —北京:人民交通出版社,2009.9

ISBN 978-7-114-07139-3

I.建… II.霍… III.建筑材料—高等学校:技术学校—教学参考资料 IV.TU5

中国版本图书馆 CIP 数据核字(2009)第165508号

土建类高职高专规划教材

书　　名: 建筑材料学习指导
著 作 者: 霍轶珍
责任编辑: 黎小东　刘　倩
出版发行: 人民交通出版社
地　　址: (100011)北京市朝阳区安定门外外馆斜街3号
网　　址: http://www.ccpress.com.cn
销售电话: (010)59757969, 59757973
总 经 销: 北京中交盛世书刊有限公司
经　　销: 各地新华书店
印　　刷: 北京交通印务实业公司
开　　本: 787×1092　1/16
印　　张: 14.25
字　　数: 348千
版　　次: 2009年9月　第1版
印　　次: 2009年9月　第1次印刷
书　　号: ISBN 978-7-114-07139-3
印　　数: 0001~2000册
定　　价: 29.00元

土建类高职高专规划教材
“建筑工程技术专业”教材编写委员会

前　言

本学习指导是土建类高职高专规划教材《建筑材料》(陈晓明、陈桂萍主编)的教学配套用书,旨在帮助学生能够更好地理解与掌握建筑材料的主要内容,进一步扩展与延伸知识,培养学生的分析、综合、创新能力及对建筑材料的使用和检测能力。

本书包括了土建工程常用建筑材料的主要内容。前八章内容与《建筑材料》(建筑工程技术专业用)相配套,后三章的内容增加了全国交通土建高职高专规划教材《道路建筑材料》中重点章节的内容,并在第十二章加入路基路面工程常用材料配合比设计案例作为综合实训课题,以真实工程案例为载体,让学生通过公路工程路基路面材料的设计案例了解建筑材料知识在工程中的应用情况,培养学生在材料使用方面的综合能力。

各章主要内容包括【学习目标】、【基础知识】、【典型例题解析】、【实践技能训练】、【章节自测题】等。

【学习目标】列出每章需要掌握的重要知识及掌握的程度;提炼出了每章的基本概念和知识要点,按照了解、理解、掌握三个层次分别进行了列示。

【基础知识】根据教材内容及学习目标,对基本概念及基础知识进行讲解。其中含有"重点难点提示",目的在于突出必须掌握的内容,同时对重要知识点进行分析、归纳,帮助学生理解重点内容。

【典型例题解析】通过典型例题的解析,澄清容易混淆的概念,避免常犯的错误,开阔思路,掌握常用的解题方法和技巧。

【实践技能训练】结合高职教育的特点,通过实训突出学生实践技能的培养。每个实训在"基本操作技能"的基础上又增加了"重点提示"和"思考题"部分,以帮助学生更好地掌握材料检测技能,使学习者能够运用建筑材料的基本知识和试验技术,正确掌握并运用相应标准及规范,分析和整理试验检测数据,对工程所用的材料性能及质量作出准确的评价,提供科学的、真实的工程质量检测结果。

【章节自测题】是根据课程内容设计的练习题,有助于巩固所学内容。包括:名词解释、填空、单项选择、多项选择、判断、简答和计算等题型,并附有参考答案。各类题型都是根据本章学习难点和学习要求,有重点地进行练习,以使读者加深对知识点的记忆,通过自测题检测自己对知识掌握的程度。

本书末附有"复习题及模拟试题",旨在综合复习时,帮助读者具体了解建筑材料的考试要求、试卷格式、试题类型及考试内容的大致分布比例,并在试题中体现了课程的重点和难点。

本书第二、四、五、六~十二章由河套大学的霍轶珍编写,第一、三章由江西交通职业技术学院的陈晓明编写,全书由霍轶珍统稿。

土建类高职高专规划教材编写委员会特邀重庆大学材料学院钱觉时教授担任本书主审,钱教授认真审阅了本教材,并提出了很多宝贵的修改建议,在此表示感谢。

由于编者水平和经验有限,书中难免存在疏漏和错误,衷心希望使用本书的读者批评指正。

编者
2009 年 8 月

目　　录

第一章　建筑材料的基本性质

【学习目标】

掌握:

1. 材料与质量有关的物理性质的概念及表示方法,能进行简单的计算分析。
2. 材料与水有关的性质的概念、表示方法及影响因素。
3. 材料力学性质的概念、表示方法及影响因素。
4. 材料耐久性的基本概念。

理解:

本章中与材料性质有关的基本概念。

了解:

1. 材料与热有关的性质。
2. 材料与声学有关的性质。

【基础知识】

一、材料的物理性质

1. 材料与质量有关的性质

1)密度

(1)定义:材料在绝对密实状态下的单位体积质量。

(2)计算式:

$$\rho = \frac{m}{V} \tag{1-1}$$

(3)绝对密实状态下的体积是指不包括孔隙在内的固体物质实体积。

(4)除了钢材、玻璃、沥青等少数材料外,绝大多数材料内部都有一些孔隙。

(5)测定含有孔隙材料绝对密实体积的方法是将材料磨成细粉,干燥后用李氏瓶(排液法)测得粉末体积即为材料绝对密实体积。材料磨得越细,内部孔隙消除得越完全,测得的体积也就越精确。

2)表观密度

(1)定义:材料在自然状态下单位体积的质量。

(2)计算式:

$$\rho_0 = \frac{m}{V_0} \tag{1-2}$$

(3)所谓自然状态下的体积,是指包括材料实体积和孔隙的体积。

3)堆积密度

(1)定义:指粉状、颗粒状或纤维状材料在堆积状态下单位体积的质量。

(2)计算式:

$$\rho'_0 = \frac{m}{V'_0} \tag{1-3}$$

(3)散粒材料的堆积体积是在特定条件下所填充的容量筒的容积。

(4)散粒材料的堆积体积包含了颗粒之间和纤维之间的空隙。

4)密实度

(1)定义:材料体积内被固体物质充实的程度,也就是固体物质的体积占总体积的比例。

(2)计算式:

$$D = \frac{V}{V_0} \times 100\% = \frac{\rho_0}{\rho} \times 100\% \tag{1-4}$$

(3)密实度反映材料的致密程度。

(4)凡是含有孔隙的固体材料,其密实度均小于1。

重点难点提示

注意各种密度概念的区别。

5)孔隙率

(1)定义:材料体积内,孔隙体积所占的比例。

(2)计算式:

$$P = \frac{V_0 - V}{V_0} \times 100\% = (1 - \frac{V}{V_0}) \times 100\% = (1 - D) \times 100\% \tag{1-5}$$

(3)孔隙率与密实度的关系:

$$P + D = 1 \tag{1-6}$$

(4)密实度和孔隙率是从不同方面反映材料的密实程度,通常用孔隙率表示。

(5)孔隙的分类:按尺寸大小,可以分为微孔、细孔和大孔;按是否相互贯通,可以分为互相隔开的孤立孔和互相贯通的连通孔;按与外界是否连通,可以分为与外界连通的开口孔和不相连通的封闭孔。

6)填充率

(1)定义:散粒材料在某种堆积体积内被其颗粒填充的程度。

(2)计算式:

$$D' = \frac{V}{V'_0} \times 100\% = \frac{\rho'_0}{\rho} \times 100\% \tag{1-7}$$

7)空隙率

(1)定义:散粒材料在某种堆积体积内,颗粒之间的空隙体积所占的比例。

(2)计算式:

$$P' = \frac{V'_0 - V_0}{V'_0} \times 100\% = (1 - \frac{V_0}{V'_0}) \times 100\% = (1 - \frac{\rho'_0}{\rho_0}) \times 100\% = (1 - D') \times 100\% \tag{1-8}$$

(3)空隙率的大小反映了散粒材料中颗粒相互填充的致密程度。

(4)填充率与空隙率的关系:

$$P' + D' = 1 \tag{1-9}$$

2. 材料与水有关的性质

1）亲水性与憎水性

（1）定义：当材料分子与水分子间的相互作用力大于水分子间的相互作用力时，材料表面就会被水所润湿。此时在材料、水和空气的三相交点处，沿水滴表面所引切线与材料表面所成的夹角称为润湿角 θ。当润湿角 $\theta \leq 90°$时，材料为亲水性材料，如石材、砖瓦、陶器、混凝土、木材等；当润湿角 $90° < \theta < 180°$时，材料为憎水性材料，如沥青、石蜡和某些高分子材料等。

（2）θ 愈小，润湿性愈好，亲水性愈强。

2）吸水性

（1）定义：材料在水中吸收水分的性质。

（2）表示：吸水性的大小用吸水率表示。吸水率为材料浸水后在规定时间内吸入水的质量（或体积）占材料干燥质量（或干燥时体积）的百分比。

（3）计算式：

质量吸水率
$$W_m = \frac{m_b - m}{m} \times 100\% \tag{1-10}$$

体积吸水率
$$W_V = \frac{m_b - m}{V_0} \times \frac{1}{\rho_w} \times 100\% \tag{1-11}$$

（4）影响因素：与材料的孔隙率以及孔隙构造特征有关。一般来说，当材料的孔隙是连通的且尺寸较小时，其孔隙率越大，吸水率越高。对于封闭的孔隙，水分不易渗入；粗大孔隙，水分又不易存留。

重点难点提示

质量吸水率与体积吸水率的应用。

3）吸湿性

（1）定义：吸湿性是指材料在潮湿空气中吸收空气中水分的性质。

（2）表示：吸湿性的大小用含水率表示。含水率为材料所含水的质量占材料干燥质量的百分比。

（3）计算式：

$$W_m = \frac{m_b - m}{m} \times 100\% \tag{1-12}$$

（4）当材料中所含水分与空气湿度相平衡时的含水率称为平衡含水率。

（5）影响因素：除了与材料本身性质有关外，还与周围空气的湿度有关。

4）耐水性

（1）定义：耐水性是指材料在长期饱和水作用下不被破坏，其强度也不显著降低的性质。

（2）表示：材料的耐水性用软化系数表示，其值越小，表明材料的耐水性越差。

（3）计算式：

$$K_R = \frac{f_b}{f_g} \tag{1-13}$$

（4）材料的软化系数在 0 ~ 1 的范围内。钢材、玻璃等材料的软化系数基本为 1，花岗岩等密实石材的软化系数接近于 1。

(5)对于长期受水浸泡或处于潮湿环境的重要建筑物,须选用软化系数不低于0.85的材料建造(软化系数大于0.85的材料即为耐水材料)。受潮较轻的或次要结构的材料,其软化系数不宜小于0.70。

5)抗渗性

(1)定义:材料抵抗压力水渗透的性能。

(2)表示:可用渗透系数表示,也可用抗渗等级 P_n 表示。渗透系数越小或抗渗等级越高,表明材料的抗渗性越好。

(3)影响因素:材料的孔隙率和孔隙构造特征。开口的连通大孔越多,抗渗性越差;封闭孔隙率大的材料,抗渗性良好。

6)抗冻性

(1)定义:指材料在吸水饱和状态下能经受多次冻结和融化作用(冻融循环)而不被破坏,强度也无显著降低的性能。

(2)表示:用抗冻等级 F_n 表示,n 值越大,说明抗冻性越好。

(3)抗冻性通常还作为无机非金属材料抵抗大气物理作用的一种耐久性指标。

(4)影响因素:材料的密实度、强度孔隙构造特征、耐水性及吸水饱和程度。

3.与热有关的性质

1)导热性

(1)定义:材料传导热量的性能。

(2)计算式:

$$\lambda = \frac{Q\delta}{At(T_1 - T_2)} \tag{1-14}$$

(3)影响因素:与材料的成分、构造等因素有关。金属材料的导热系数远远高于非金属材料。对于非金属材料,孔隙率大且具有封闭孔隙的材料导热系数小,具有连通孔隙的材料导热系数大。

(4)材料的导热系数会随着温度的升高而提高。

2)热容

(1)热容的定义:是指材料受热时吸收热量或冷却时放出热量的性质。

(2)比热容的定义:是指单位质量的材料温度升高1K(或降低1K)时所吸收的热量,用符号C表示。

(3)比热容的计算式:

$$C = \frac{Q}{m(T_1 - T_2)} \tag{1-15}$$

(4)比热容大的材料,本身能吸入或储存较多的热量,能在热流变动或采暖设备供热不均匀时缓和室内的温度波动,对于保持室内温度稳定有良好的作用,并能减少能耗。

3)温度变形性

(1)定义:温度升高或降低时材料的体积变化,一般用线膨胀系数 α 表示。

(2)计算式:

$$\Delta L = (t_1 - t_2)\alpha L \tag{1-16}$$

(3)建筑工程中,对材料的温度变形往往只考虑某一单向尺寸的变化。材料的线膨胀系数与材料的组成和结构有关,工程上常选择合适的材料来满足其对温度变形的要求。

4. 与声学有关的性质

1）吸声性

（1）定义：声能穿透材料和被材料吸收的性质，用吸声系数 α 表示。

（2）计算式：

$$\alpha = \frac{E}{E_0} \times 100\% \tag{1-17}$$

（3）影响因素：与材料的表观密度、孔隙特征、厚度及表面条件（有无空气层及空气层厚度）、声波的入射角及频率有关。一般而言，材料内部具有开放、连通的细小孔隙越多，则吸声性能越好；增加多孔材料的厚度，可提高对低频声音的吸收效果。

（4）规定取 125Hz、250Hz、500Hz、1 000Hz、2 000Hz、4 000Hz 6 个频率的平均吸声系数来表示材料吸声的频率特性。材料的吸声系数在 0～1 之间，平均吸声系数≥0.2 的材料为吸声材料。

2）隔声性

（1）定义：材料能减弱或隔断声波传递的性能称为隔声性。

（2）分类：隔空气声与隔固体声。

二、材料的力学性质

1. 强度

（1）定义：材料在外力（荷载）作用下抵抗破坏的能力。

（2）分类：根据外力作用方式的不同，材料强度有抗压强度、抗拉强度、抗弯强度及抗剪强度等。

（3）计算式：

抗压、抗拉及抗剪强度

$$f = \frac{F}{A} \tag{1-18}$$

抗弯（抗折）强度

$$f_m = \frac{3FL}{2bh^2} \quad （一分点）$$

$$f_m = \frac{FL}{bh^2} \quad （三分点） \tag{1-19}$$

（4）影响因素：材料的组成和结构。

（5）对于以强度为主要指标的材料，通常按材料强度值的高低划分若干不同的强度等级（标号）。

2. 比强度

（1）定义：比强度是指按单位体积质量计算的材料强度，即材料的强度与其表观密度之比。

（2）比强度是反映材料轻质高强的力学参数，是衡量材料轻质高强性能的一项重要指标。比强度越大，材料轻质高强性能越好。

重点难点提示

不同强度的概念，强度的影响因素。

3. 弹性与塑性

（1）弹性：材料在外力作用下产生变形，当外力取消后，能够完全恢复原来形状的性质称为弹性。这种完全恢复的变形称为弹性变形（或瞬时变形）。

(2)塑性:在外力作用下材料产生变形,如果取消外力,仍保持变形后的形状和尺寸,并且不产生裂缝的性质称为塑性。这种不能恢复的变形称为塑性变形(或永久变形)。

(3)理想的弹性材料是没有的。

4. 脆性与韧性

(1)脆性:材料受力时,无显著变形而突然断裂的性质。在常温、静荷载下具有脆性的材料称为脆性材料,如砖、石材、陶瓷、玻璃、混凝土、铸铁等。这类材料的抗压强度高,而抗拉、抗弯强度低,抗冲击力差。

(2)韧性:在冲击、振动荷载作用下,材料能够吸收较大的能量,同时也能产生一定的变形而不致破坏的性质。材料的韧性是用冲击试验来检验的。在常温、静荷载下具有韧性的材料称为韧性材料,如钢材、木材等。

5. 硬度与耐磨性

(1)硬度:硬度是指材料表面抵抗其他物质刻划、磨蚀、切削或压入表面的能力。常用压入法或刻划法进行测定。

(2)耐磨性:材料的耐磨性是指材料表面抵抗磨损的能力。材料的磨损率越小则耐磨性越好;反之,越差。材料的耐磨性与材料的强度、硬度、密实度、内部结构、组成、孔隙率、孔隙特征、表面缺陷等有关。

三、材料的化学性质

(1)建筑材料的各种性质都与其化学结构有关,大多是利用化学性质进行生产、施工和使用。对于建筑工程的应用,主要关心其使用中的化学变化和稳定性。

(2)建筑材料所处的部位、周围环境、使用功能要求和作用的不同,对材料的化学性质的要求也就不同。为保证良好的化学稳定性,许多材料标准都对某些成分及组成结构进行了限制规定。

四、材料的耐久性

1. 定义

材料的耐久性是指用于构筑物的材料在环境的各种因素影响下,能长久地保持其性能的性质。

2. 影响因素

环境的各种影响包括物理作用的影响,如环境温度、湿度的变化;化学作用的影响,如紫外线或大气及环境中的酸、碱、盐的作用;机械作用的影响,如材料的长期荷载作用;生物作用的影响,如发生虫蛀、腐朽等。

3. 特点

耐久性是材料的一项综合性质,它反映了材料的抗渗性、抗冻性、抗化学侵蚀性、抗碳化性、大气稳定性和和耐磨性等有关性能,而且这些性能之间都是相关联的。

【典型例题解析】

例 1-1　材料的孔隙率和孔隙特征对材料的性能有何影响?

答:材料内部孔隙有连通与封闭之分,连通孔隙不仅彼此连通,且与外界相通;而封闭孔隙则不仅彼此不连通,且与外界隔绝。孔隙本身有粗细之分,粗大孔隙、细小孔隙和极细微孔隙。粗大孔隙虽易吸水,但不易保持。极细微开口孔隙吸入的水分不易流动,而封闭的不连通孔隙,水分及其他介质不易侵入。

孔隙的数量、大小及形态特征对材料许多性质都有影响。随着孔隙数量的增大，则材料体积密度减少，材料受力的有效面积减少，强度降低；由于体积密度的减少，材料的导热系数和热容随之减少，透气性、透水性、吸水性变大。一般来说，多孔材料对气体及水的扩散、透过较为容易，如果孔隙是孤立的，孔壁是由透水气材料构成，则不透气、不透水；抗冻性是否降低，则要视孔隙大小和形态特征而定，有些孔隙反而能提高抗冻性。

孔隙率的大小反映了材料的致密程度。材料的许多性能，如强度、吸水性、耐久性、导热性等均与其孔隙率有关，此外，还与材料内部孔隙的构造有关。孔隙构造包括孔隙的数量、形状、大小、分布以及连通与封闭等情况。

例 1-2 某墙体材料的密度为 2.7g/cm³，浸水饱和状态下的体积密度为 1.862g/cm³，其体积吸水率为 4.62%。问该种材料干燥状态下的体积密度及孔隙率各为多少？

解：

$$\rho_0 = \frac{m}{V_0}$$

$$W_V = \frac{m_b - m_g}{V_0} \times \frac{1}{\rho_w} \times 100\% = \left(\frac{m_b}{V_0} - \frac{m_g}{V_0}\right) \times \frac{1}{\rho_w} \times 100\% = 4.62\%$$

$$\rho_{0g} = \rho_{0b} - W_V = 1.862 - 0.0462 = 1.82\text{g/cm}^3$$

$$P = \frac{V_0 - V}{V_0} \times 100\% = \left(1 - \frac{\rho_0}{\rho}\right) \times 100\% = \left(1 - \frac{1.82}{2.7}\right) = 33\%$$

答：该种材料干燥状态下体积密度为 1.82g/cm³，孔隙率为 33%。

例 1-3 某岩石的极限抗压强度为 20MPa，浸水饱和后的极限抗压强度为 19MPa，问该岩石能否用于潮湿处的地基？

解：该岩石的软化系数为

$$K_R = \frac{f_b}{f_g} = \frac{19}{20} = 0.95 > 0.85$$

答：该岩石能用于潮湿处的地基。

例 1-4 什么是材料的韧性和脆性？在土木工程中有什么实际意义？

答：(1)脆性

当外力达到一定限度后，材料突然破坏，而破坏时并无明显的塑性变形，材料的这种性质称为脆性。其特点是材料在外力作用下，达到破坏荷载时的变形值是很小的。脆性材料的抗压强度比其抗拉强度往往要高很多倍，它对承受振动作用和抵抗冲击荷载是不利的。砖、石材、陶瓷、玻璃、混凝土、铸铁等都属于脆性材料。

(2)韧性

在冲击、振动荷载作用下，材料能够吸收较大的能量，同时产生一定的变形而不致破坏的性质称为韧性（冲击韧性）。材料的韧性是用冲击试验来检验的。建筑钢材（软钢）、木材等属于韧性材料。用作路面、桥梁、吊车梁以及有抗震要求的结构都要考虑到材料的韧性。

例 1-5 简述材料耐久性的概念及内容。

答：材料的耐久性是指用于构筑物的材料在环境的各种因素影响下，能长久地保持其性能的性质。材料的耐久性是一项综合性能，它反映了材料的抗渗性、抗冻性、抗化学侵蚀性、抗碳化性、大气稳定性和耐磨性等有关性能。不同材料的耐久性有不同的具体内容,例如:水泥混凝土的耐久性,主要以抗渗性、抗冻性、抗化学侵蚀性、抗碳化性所体现;钢材的耐久性主要取决于其抗锈蚀性;无机非金属材料常因氧化、风化、碳化、溶蚀、冻融干湿交替作用等而破坏;有机材料多因腐烂、虫蛀、老化而变质等。

【实践技能训练】

通过实验实训,使学习者能够运用建筑材料的基本知识和实验技术,正确掌握并运用相应标准及规范,分析和整理实验检测数据,对工程所用的材料性能及质量作出准确的评价,提供科学的、真实的工程质量检测结果。请按照以下实验指导书的要求完成实验并认真填写实训报告,并通过实验技能题检查对实验的掌握情况。

实训一　建筑材料的密度

基本操作技能

一、实验目的

测定材料的密度,用于确定材料的种类。

二、主要仪器设备

包括李氏瓶(图1-1)、筛子(孔径0.2mm)、天平(1 000g,感量0.01g)、温度计、烘箱、干燥器、量筒等。

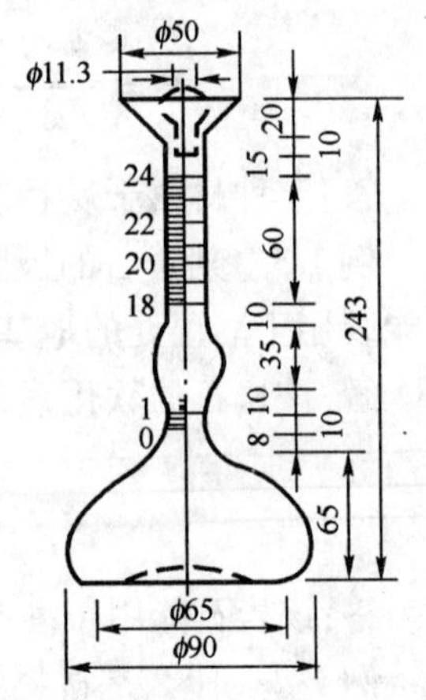

图1-1　李氏瓶(尺寸单位:mm)

三、实验步骤

(1)将试样破碎研磨并全部通过0.2mm孔筛,再放入105~110℃的烘箱中,烘至恒重,然后在干燥器内冷却至室温。

(2)将不与试样起反应的液体注入李氏瓶中,使液体至突颈下0~10mL刻度线范围内,记下刻度数。将李氏瓶放入盛水的容器中,在实验过程中水温控制在(20±0.5)℃。

(3)用天平称取60~90g试样,用小勺和漏斗小心地将试样徐徐送入李氏瓶中(下料速度不得超过瓶内液体浸没试样的速度,以免阻塞),直至液面上升至20mL刻度左右为止。再称剩余的试样质量,算出装入瓶内的试样质量m(g)。

(4)转动李氏瓶使液体中的气泡排出,记下液面刻度。根据前后2次液面读数算出液面上升的体积V(cm^3),即为瓶内试样所占的体积。

四、结果评定

(1)按下式计算试样密度ρ(精确至0.01g/cm^3):

$$\rho = \frac{m}{V} \tag{1-20}$$

式中:m——装入瓶中试样的质量(g);

V——装入瓶中试样的体积(cm^3)。

(2)以2次实验结果的平均值作为密度的测定结果,但2次实验结果之差不应大于0.02g/cm^3,否则应重做。

重点提示

密度是材料在绝对密实状态下单位体积的质量，而绝对密实状态下的体积是指不包括孔隙在内的固体物质的体积，因此需将材料磨成细粉，材料磨得越细，内部孔隙消除得越完全，测得的体积也就越精确。

思考题

1. 材料密度的计算过程中如何确定试样的体积？
2. 实验中如何确定试样的质量？

实训二　材料的表观密度(量积法)

基本操作技能

一、实验目的

测定材料的表观密度，用于确定材料的种类。

二、主要仪器设备

包括游标卡尺(精度0.1mm)、天平(感量0.1g)、烘箱、干燥器等。

三、实验步骤

(1)将规则形状的试件放入105～110℃的烘箱中烘干至恒重，取出后放入干燥器中，冷却至室温并用天平称量出试件的质量m(g)。

(2)用游标卡尺量出试件尺寸(每边测量上、中、下3处，取其算术平均值)，并计算出其体积V_0(cm^3)。

四、结果评定

(1)材料的表观密度ρ_0按下式计算：

$$\rho_0 = \frac{m}{V_0} \quad (g/cm^3) \tag{1-21}$$

(2)以5次实验结果的平均值作为最后测定结果，精确至$0.01g/cm^3$。

重点提示

(1)游标卡尺是比较精密的测量工具，不得碰撞或跌落地下。使用时要轻拿轻放，以免损坏量爪，不用时应置于干燥地方防止锈蚀。

(2)测量时，应先拧松紧固螺钉，移动游标不能用力过猛，两量爪与待测物的接触不宜过紧，不能使被夹紧的物体在量爪内挪动。

(3)读数时，视线应与尺面垂直。如需固定读数，可用紧固螺钉将游标固定在尺身上，防止滑动。

(4)实际测量时，对同一长度应多测几次，取其平均值来消除偶然误差。

思考题

1. 如何正确使用游标卡尺？
2. 准确到0.1mm的游标卡尺最小分度是多少？

实训三　材料的吸水率

基本操作技能

一、实验目的

测定材料的吸水率，用于评定材料的吸水性。

二、主要仪器设备

包括天平、烘箱、干燥箱、游标卡尺等。

三、实验步骤

(1)将试样置于不超过110℃的烘箱中，烘干至恒重，再放到干燥器中冷却至室温，称其质量m(g)。

(2)将试件放入金属盆或玻璃盆中，在盆底部放些垫条(避免试件与盆底紧贴)，试件之间应留1~2cm的间隔。

(3)加水至试件高度的1/3处，过24h后加水至其高度的2/3处，再过24h后加满水，并再放置24h。

(4)取出试件，抹去表面水分，称其质量m_b。用排水法测试件的体积V_0(cm^3)。

(5)为了检查试件是否吸水饱和，可将试件再浸入水中至高度的2/3处，过24h重新称量，两次质量之差不超过1%。

四、结果评定

(1)试件吸水率按下式计算：

质量吸水率
$$W_m = \frac{m_b - m}{m} \times 100\% \tag{1-22}$$

体积吸水率
$$W_V = \frac{m_b - m}{V_0} \times \frac{1}{\rho_w} \times 100\% \tag{1-23}$$

(2)以3个试件吸水率的算术平均值作为测定结果。

重点提示

(1)材料的吸水率与其孔隙率有关，更与其孔隙特征有关。水分是通过材料的开口孔隙进入并经过连通孔隙渗入内部的，材料内与外界连通的细微孔隙越多，其吸水率就越大。

(2)实验中逐次加水的目的在于使试件孔隙中空气逐渐逸出。

(3)材料的表观体积是指包括内部孔隙在内的体积，对于形状规则的试件可以通过量测并计算出其体积；对于颗粒状外形不规则的坚硬颗粒，如砂和石子，表观体积可采用排水法测得。

思考题

1. 影响材料吸水性的因素有哪些？
2. 测定各种密度有何作用？
3. 实验中为什么将李氏瓶放入盛水的容器中，并控制水温在恒定温度？
4. 实验中如何检查试件是否吸水饱和？

【章节自测题】

一、名词解释

1. 材料的物理性质
2. 材料耐久性
3. 比强度
4. 弹性

二、填空题

1. 材料的堆积密度是指(　　)材料(　　)状态下单位体积的质量。

2. 当材料吸水饱和时,其含水率称为(　　)。

3. 材料抵抗(　　)的性质称为抗渗性。

4. 材料受力破坏时,无显著的变形而突然断裂的性质称为(　　)。

5. 材料的强度主要取决于它的(　　)和(　　),这是其主要性能之一。

6. 当材料中所含水分与空气湿度相平衡时的含水率称为(　　)。

7. 反映材料密实程度的量是密实度和(　　),两者之和为(　　)。

8. 材料的软化系数在(　　)的范围内,钢材、玻璃的软化系数基本为(　　)。

9. 材料的导热系数会随着材料温度的升高而(　　)。

10. 经常位于水中或受潮严重的重要结构物的材料,其软化系数不宜小于(　　);受潮较轻或次要结构物的材料,其软化系数不宜小于(　　)。

11. 根据材料内部孔隙构造的不同,孔隙分为(　　)和(　　)两种,按尺寸大小又分为(　　)和(　　)。

12. 冰冻对材料的破坏作用是由于材料孔隙内的水结冰时(　　),对孔壁产生较大(　　)所致。

三、单项选择题

1. 对于同一种材料的密度、表观密度和堆积密度三者之间的大小关系,下列表达正确的是(　　)。

A. 密度 > 表观密度 > 堆积密度　　B. 密度 < 表观密度 < 堆积密度
C. 密度 > 堆积密度 > 表观密度　　D. 密度 < 堆积密度 < 表观密度

2. 某河砂质量为 1 260kg,烘干至恒重时质量为 1 145kg,此河砂的含水率为(　　)。

A. 9.12%　　B. 10.04%　　C. 4.88%　　D. 9.76%

3. 建筑材料的吸湿性用(　　)来表示。

A. 吸水率　　B. 含水率　　C. 软化系数　　D. 渗透系数

4. 有一块烧结黏土砖,在潮湿状态下质量为 3 260g,经测定其含水率为 6%。若将该砖浸水饱和后质量为 3 420g,其质量吸水率为(　　)。

A. 4.9%　　B. 6.0%　　C. 11.2%　　D. 4.6%

5. 下列建筑材料不是亲水性材料的是(　　)。

A. 木材　　B. 石材　　C. 陶器　　D. 沥青

6. 建筑材料的许多性能是通过试验测得的,冲击试验是用来测定材料的(　　)。

A. 强度　　B. 脆性　　C. 韧性　　D. 弹性

7. 一般情况下,材料的孔隙率小且连通孔隙少时,其下列性质中表述不正确的是(　　)。

A. 强度较高　　B. 吸水率小　　C. 抗渗性好　　D. 抗冻性差

8. 通常作为无机非金属材料抵抗大气物理作用的一种耐久性的指标是(　　)。

A. 抗冻性　　B. 抗渗性　　C. 耐水性　　D. 吸湿性

9. 为了缓和建筑物内部温度的波动,应采用的围护结构材料必须具有较大的(　　)。

A. 比热容　　B. 质量　　C. 热容量　　D. 导热系数

10. 密度是指材料在(　　)状态下,单位体积的质量。

A. 绝对密度　　B. 自然　　C. 自然堆积　　D. 吸水饱和

四、多项选择题

1. 下列性质中属于材料物理性质的有(　　)。

A. 硬度　　B. 强度　　C. 密度　　D. 耐水性　　E. 耐蚀性

2. 相同种类的几种材料进行比较时,一般是表观密度大者,其(　　)。

A. 强度低　　B. 强度高　　C. 比较密实　　D. 孔隙率大　　E. 保温隔热效果好

3. 材料吸水率的大小取决于材料的(　　)。

A. 表面粗糙程度　　B. 孔隙率大小　　C. 孔隙构造特征　　D. 形状尺寸　　E. 密度

4. 下列材料属于脆性材料的有(　　)。

A. 混凝土　　B. 黏土砖　　C. 低碳钢　　D. 木材　　E. 陶瓷

5. 在实验室采用破坏试验法测试材料的强度,在测试过程中试验条件对测试结果影响很大。下列条件中会对测试结果产生影响的有(　　)。

A. 试件形状和尺寸　　B. 试件的表面状况

C. 试验时加荷速度　　D. 试验环境的温度和湿度

E. 试验数据的取舍

五、简答题

1. 什么情况下采用质量吸水率或体积吸水率来反映其吸水性?

2. 提高耐久性的措施有哪些?

3. 建筑物屋面、承重的墙体及基础所用的材料各具备哪些性质?

六、计算题

1. 破碎的岩石试样经完全干燥后,其质量为482g,将其放入盛有水的量筒中,经一定时间石子吸水饱和后,量筒中的水面由原来的452cm^3 刻度上升至630cm^3 刻度。取出石子,擦干表面水分后称得质量为487g。试求该岩石的表观密度、体积密度及吸水率。

2. 经实验测得某石料试样在空气中的质量为80g,封蜡后在空气中的质量为86g,水中的质量为48g,孔隙率为11%。试计算该试样的毛体积密度及真实密度各是多少?(蜡的密度为0.93g/cm^3)

章节自测题参考答案

一、名词解释

1. 材料的物理性质:表示材料物理状态特点的性质,主要是指材料与质量、水、热、声有关的性质。

2. 材料耐久性:材料在长期使用过程中,抵抗其自身及环境因素长期破坏作用,保持其原有性能而不变质、不破坏的能力。

3. 比强度:按材料单位质量计算的强度,其值等于材料的强度与其体积密度之比。

4. 弹性：材料在外力作用下产生变形，当外力取消后，能完全恢复到原来状态的性质。

二、填空题

1. 粉状或粒状、堆积　2. 吸水率　3. 压力水渗透　4. 脆性　5. 组成、结构　6. 平衡含水率　7. 孔隙率、1　8. 0～1、1　9. 提高　10. 0.85、0.70　11. 连通孔、封闭孔、粗孔、细孔　12. 体积膨胀、压强

三、单项选择题

1. A　2. B　3. B　4. C　5. D　6. C　7. D　8. A　9. C　10. A

四、多项选择题

1. CD　2. BC　3. ABE　4. ABE　5. ABCD

五、简答题

1. **答**：质量吸水率适宜表示具有封闭孔隙或粗大开口孔隙的材料的吸水性；体积吸水率适宜表示具有很多开口孔隙以及微小孔隙的轻质量材料（如加气混凝土、软木等）的吸水性。

2. **答**：不同的材料或相同的材料使用在不同的环境中，所受到的破坏作用有可能不同。为了提高材料的耐久性，以利于延长建筑物的使用寿命和减少维修费用，可根据使用情况和材料特点采取相应的措施。如设法减轻大气或周围介质对材料的破坏作用（如降低湿度、排除侵蚀性物质等），提高材料本身对外界作用的抵抗性（如提高材料的密度、采取防腐措施等），也可用其他材料保护主体材料免受破坏（如覆盖、刷涂料等）。

3. **答**：屋面材料应具有一定的强度、耐水、抗渗、抗冻、保温等性质；承重的墙体材料主要应具备高强、耐久、保温隔热、隔声、防潮、防水、抗震等性质；基础材料应具备高强、耐久、耐水、耐腐、抗冻、抗渗等性质。

六、计算题

1. **解**：表观密度　$\rho_0=\dfrac{m}{V+V_{闭}}=\dfrac{482}{630-482}\approx 2.71(\text{g/cm}^3)$

体积密度　$\rho'_0=\dfrac{m}{V+V_{闭}+V_{开}}=\dfrac{482}{(630-482)+(487-482)}\approx 2.63(\text{g/cm}^3)$

吸水率　$W_m=\dfrac{m_b-m}{m}\times 100\%=\dfrac{487-482}{482}\times 100\%=1\%$

2. **解**：毛体积　$V_0=\dfrac{(86-48)}{1}-\dfrac{(86-80)}{0.93}=31.55(\text{cm}^3)$

毛体积密度　$\rho_0=\dfrac{m}{V_0}=\dfrac{80}{31.55}=2.54(\text{g/cm}^3)$

真实密度　$\rho=\dfrac{m}{V}=\dfrac{80}{(1-n)\times V_0}=\dfrac{80}{(1-11\%)\times 31.55}=2.85(\text{g/cm}^3)$

第二章　气硬性胶凝材料

【学习目标】

掌握：

1. 气硬性胶凝材料的分类、制备方法。
2. 重点为气硬性胶凝材料的性质和各自的适用条件。
3. 石灰储运及使用过程中应注意的问题。

理解：

气硬性胶凝材料的凝结硬化原理。

了解：

水玻璃在建筑工程中的应用。

【基础知识】

一、胶凝材料

1. 定义

经过一系列的物理和化学变化，能够产生凝结硬化，将块状或粉状材料胶结起来，形成为一个整体的材料。

2. 胶凝材料的分类（图 2-1）

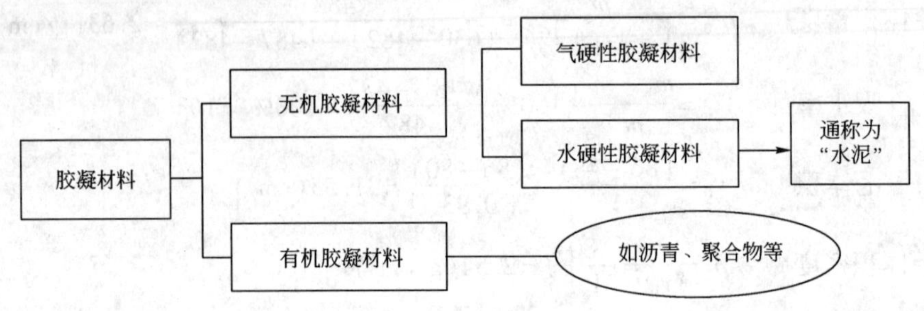

图 2-1　胶凝材料的分类

3. 胶凝材料的定义（表 2-1）

胶凝材料的定义　　表 2-1

无机胶凝材料	气硬性胶凝材料	只能在空气中凝结硬化，并保持和发展强度的胶凝材料（如石灰、石膏、水玻璃等）
	水硬性胶凝材料	既能在空气中凝结硬化，更能在水中硬化，并保持和发展强度的胶凝材料（如水泥）
有机胶凝材料	有机胶凝材料是指以天然或人工合成高分子化合物为基本组成的一类胶凝材料（如沥青、树脂、橡胶等）	

二、石灰

1. 生产原料及生产工艺

(1)生产石灰的原材料:包括天然石灰石和化工副产品,主要成分为$CaCO_3$。

(2)石灰生产过程:即石灰石的煅烧过程,化学方程为$CaCO_3 = CaO + CO_2\uparrow$。

2. 生石灰的熟化(消化)

(1)定义:生石灰加水变成熟(消)石灰的过程,即生石灰+水→熟石灰。

(2)方程式:

$$MgO + H_2O = Mg(OH)_2$$

$$CaO + H_2O = Ca(OH)_2 + 64.83kJ$$

(3)熟化的方式:淋灰——生石灰粉(消石灰粉),化灰——熟石灰膏。

(4)熟化过程的特点:反应剧烈,放出大量的热,体积膨胀1.5~3.5倍。

3. 石灰的凝结硬化

(1)水分蒸发使得溶解在水中的$Ca(OH)_2$逐渐饱和,产生结晶。

(2)$Ca(OH)_2$与空气中的CO_2结合H_2O发生碳化反应,生产$CaCO_3$结晶。

(3)生成的$CaCO_3$晶体互相共生,或与$Ca(OH)_2$颗粒共生,构成紧密交织的结晶网,从而使浆体强度提高,逐渐硬化。

4. 石灰的主要技术性质及质量标准

(1)不同的石灰品种,其技术性质及质量标准不同。有效$CaO + MgO$的含量是所有石灰的主要技术性质。

(2)石灰根据其技术性质及指标划分为3个质量等级:优等品、一等品、合格品。

5. 石灰的特点

(1)凝结硬化速度慢,强度低。

(2)保水性好。

(3)耐水性差。

(4)生石灰具有较强的吸湿性。

(5)凝结硬化后体积收缩大。

(6)化学稳定性差。

6. 石灰的主要应用

(1)配制砂浆,用于砌筑和抹灰。

(2)作为其他建筑材料的生产原料(如灰砂砖、碳化板)。

(3)配制成灰土或三合土,经夯实可作为建筑和道路的基础垫层。

7. 工程中常用石灰品种

(1)生石灰品种:块状生石灰、生石灰粉。

(2)熟石灰品种:熟(消)石灰粉、石灰膏、石灰乳。

8. 石灰的储存

(1)生石灰储存时间不宜过长,一般不超过一个月。

(2)不得与易燃、易爆等危险液体物品混合存放或运输。

(3)熟石灰在使用前必须在储灰坑中存放半个月后方可使用,以防止过火石灰对建筑物产生的危害(这一过程称为陈伏)。

重点难点提示

1. 生产石灰注意事项

生产石灰时，由于生石灰原料尺寸过大、生石灰块度不均匀以及煅烧温度控制不均匀等原因，会产生欠火石灰和过火石灰，应尽量避免。欠火石灰是不能消化的残渣，有效 MgO + CaO 含量低，使用时缺乏黏结力，降低了石灰产浆量。过火石灰熟化十分缓慢，其细小颗粒可能在石灰使用过程之后熟化，体积膨胀，致使硬化的砂浆产生"崩裂"或"鼓泡"现象，使用时会给工程带来危害，影响工程质量。

2. 熟化过程的注意事项

(1)熟石灰在使用前必须陈伏 15d 以上——防止过火石灰的危害。

(2)石灰膏在储灰坑中存放期间，应在储灰坑表面保留一层水——防止石灰碳化。

(3)石灰熟化过程会放出大量热，所以应加强生产过程中的安全问题。

三、石膏

1. 原料与生产

石膏的生产通常是把二水石膏在一定的温度和压力下，经过煅烧、脱水，再经磨细而成。在不同的煅烧温度下，得到的产品是不同的。

2. 建筑石膏的凝结与硬化

(1)建筑石膏的凝结硬化过程如图 2-2 所示。

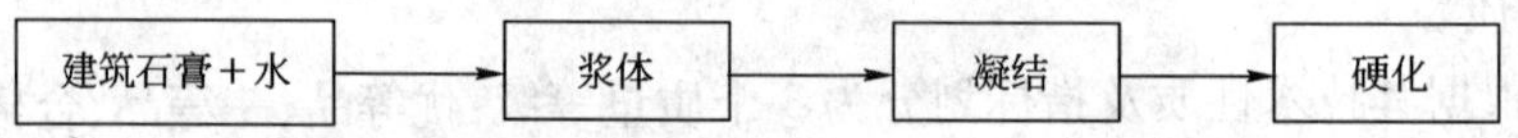

图 2-2 建筑石膏的凝结硬化过程

(2)建筑石膏加水后，与水发生的化学反应如下：

$$CaSO_4 \cdot 0.5H_2O + 1.5H_2O = CaSO_4 \cdot 2H_2O$$

建筑石膏凝结过程，是一个溶解、反应、沉淀、结晶的过程；硬化过程则是二水石膏晶体之间，结晶结构网的形成过程。晶体之间互相交叉连生，形成网状结构；随着反应的继续进行，结晶结构网逐渐密实，从而使石膏晶体逐渐硬化。石膏的生产过程及产品见图 2-3。

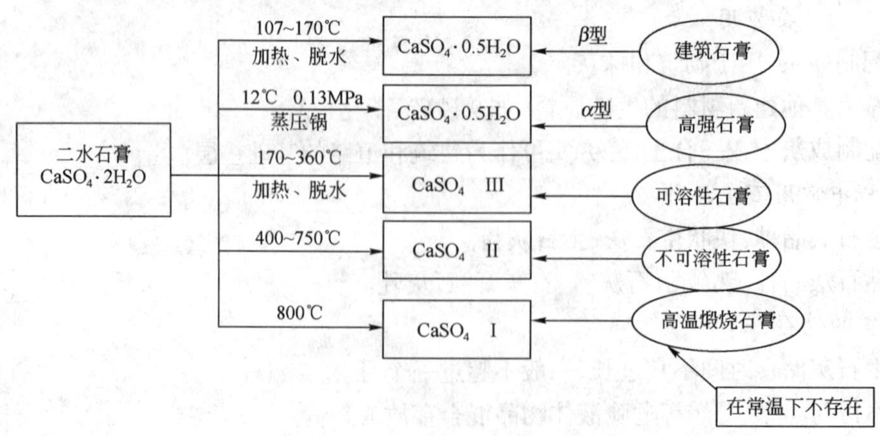

图 2-3 石膏的生产过程及产品

3. 工程中常用石膏品种

(1)建筑石膏:晶体较细,调制成一定稠度的浆体时,需水量较大,因而强度较低。

(2)高强石膏:与建筑石膏相比,高强石膏的晶体粗大且密实,达到一定稠度所需的用水量小,只是建筑石膏的一半左右,因此这种石膏硬化后结构密实、强度较高,硬化7d时的强度可达15~40MPa。多用于建筑抹灰、制作装饰制品和石膏板,掺入防水剂还可生产高强防水石膏。

(3)粉刷石膏:是天然二水石膏或废石膏经适当工艺所得到的粉状生成物,配以适当的缓凝剂、保水剂等化学外加剂而制成的抹灰用胶结料。它具有节省能源、凝结快、施工周期短、黏结力好、不裂、不起鼓、表面光洁、防火性能好、自动调节湿度等优异性能,因此是一种大有发展前途的抹灰材料。

4. 建筑石膏的主要技术性质及质量标准

(1)表观密度小,强度较低。

(2)凝结硬化快。

(3)孔隙率大,热导率小。

(4)凝结时体积产生微膨胀。

(5)吸湿性强,耐水性差。

(6)具有较好的防火性能。

5. 建筑石膏技术性质对石膏使用性能的影响(表2-2)

建筑石膏技术性质对使用性能的影响 表2-2

技术性质	对石膏的影响	指标
细度	影响石膏的有效活性	0.2mm方孔筛筛余率
强度	影响石膏的等级	抗压强度、抗折强度
凝结时间	影响石膏的正常使用	初凝时间、终凝时间

6. 质量等级

建筑石膏按其细度、强度、凝结时间等指标,划分为优等品、一等品、合格品3个等级。具体的质量指标及等级见表2-3。

建筑石膏的质量等级 表2-3

技术指标名称		优等品	一等品	合格品
强度(MPa)	抗折强度 ≥	2.5	2.1	1.8
	抗压强度 ≥	4.9	3.9	2.9
细度(0.2mm方孔筛筛余) ≤		5.0	10.0	15.0
凝结时间		初凝不早于6min,终凝不迟于30min		

7. 建筑石膏的主要特点

(1)凝结硬化很快,初凝和终凝时间都很短。

(2)孔隙率大,表观密度小,保温隔热性能好,防火性好。

(3)凝结硬化时具有体积微膨胀。

(4)热容量大,吸水性大,具有一定的调温调湿性,但不耐水、不抗冻。

四、水玻璃

1. 水玻璃的定义

水玻璃又称泡花碱,是由碱金属氧化物和二氧化硅结合而成,是一种能够溶解于水的硅酸盐材料。

2. 水玻璃的硬化

液体水玻璃吸收空气中的二氧化碳，形成无定型硅酸凝胶，并逐渐干燥硬化，具体反应式如下：

$$Na_2O \cdot nSiO_2 + CO_2 + mH_2O = Na_2CO_3 + nSiO_2 \cdot mH_2O$$

为了加速水玻璃的硬化，可加热或掺入 12% ~15% 的促硬剂氟硅酸钠。

3. 水玻璃的性质

(1)黏结力强。

(2)耐酸性好。

(3)耐热性好。

【典型例题解析】

例 2-1 什么叫陈伏？石灰若未经陈伏就使用会出现什么情况？

答：石灰陈伏是生石灰在化灰池中储存 15d 以上，以消除过火石灰的危害。若不陈伏会因过火石灰熟化缓慢并产生膨胀使墙面开裂、隆起。

例 2-2 某地仓库存有一种白色胶凝材料，可能是生石灰粉、建筑石膏或白色水泥，问有什么简易方法可以辨认？

答：加水。如有放热现象则为生石灰粉，否则看凝结快慢，如几分钟就凝结则为石膏，前两种都没出现，则为白水泥。

例 2-3 请解释石灰爆裂的概念，石灰爆裂现象容易出现在哪些建筑材料中，如何防止？

答：石灰爆裂是指一些建筑材料中含有生石灰，使用中生石灰会因吸收空气中的水分而造成体积膨胀，导致建筑材料表面胀裂，或产生裂纹的现象。常出现在建筑砂浆和烧结黏土砖中。对于砂浆，制作时要使用经陈伏处理的石灰膏，制砖时要使用含石灰石少的原料。

【章节自测题】

一、名词解释

1. 石灰陈伏

2. 水硬性

3. 石灰的熟化

二、填空题

1. 生产石灰的原材料主要成分为(　　)，石灰生产过程是(　　)的煅烧过程。根据煅烧程度可分为(　　)、(　　)、(　　)。

2. 生石灰熟化的方式有(　　)和(　　)，产物分别是(　　)和(　　)，熟化过程的特点是(　　)、(　　)。

3. 水玻璃又称(　　)，是由(　　)和(　　)结合而成。

4. 石膏胶凝材料的生产通常是把(　　)在一定的温度和压力下，经过(　　)，再经磨细而成。

5. 建筑石膏具有孔隙率(　　)，热导率(　　)，吸湿性(　　)，耐水性(　　)，表观密度(　　)，强度较(　　)等技术性能。

三、选择题(单项或多项)

1. 划分石灰等级的主要指标是(　　)的含量。

A. CaO 的含量　　B. $Ca(OH)_2$ 的含量

C. 有效 CaO + MgO 的含量　　D. MgO 的含量

2. 石灰在空气中硬化的原因是由于(　　)作用。

A. 碳化　　B. 结晶　　C. 熟化　　D 干燥

3. 生石灰的化学成分是(　　),熟石灰的化学成分是(　　),消石灰的化学成分是(　　)。

A. $Ca(OH)_2$　　B. CaO　　C. CaO + MgO　　D. MgO

4. 石灰与其他胶凝材料相比有如下特征(　　)。

A. 保水性好　　B. 凝结硬化慢

C. 孔隙率高　　D. 耐水性差

E. 体积收缩大

5. 只能在空气中凝结、硬化,保持并发展其强度的胶凝材料为(　　)胶凝材料。

A. 有机　　B. 无机　　C. 水硬性　　D. 气硬性

6. 生石灰熟化的特点是(　　)。

A. 体积收缩　　B. 吸水　　C. 体积膨胀　　D. 放热

7. 在生产水泥时,掺入适量石膏是为了(　　)。

A. 提高水泥掺量　　B. 防止水泥石发生腐蚀

C. 延缓水泥凝结时间　　D. 提高水泥强度

8. 石灰陈伏是为了消除(　　)的危害。

A. 正火石灰　　B. 欠火石灰　　C. 过火石灰　　D. 石灰膏

9. 石灰一般不单独使用的原因是(　　)。

A. 强度低　　B. 体积收缩大　　C. 耐水性差　　D. 凝结硬化慢

10. 建筑石膏凝结硬化过程,是一个(　　)的过程。

A. 溶解　　B. 水化　　C. 蒸发　　D. 结晶

四、判断题

1. 欠火石灰因熟化缓慢,所以石灰在使用前必须提前消解。(　　)

2. 建筑石膏凝结过程,包括结晶、碳化两个过程。(　　)

3. 建筑石膏只按其细度、凝结时间来划分等级。(　　)

4. 水玻璃的耐酸性、耐热性都比较好。(　　)

5. 水玻璃的硬化是液体水玻璃吸收空气中的二氧化碳,形成无定型硅酸凝胶,并逐渐干燥硬化的过程。(　　)

6. 建筑石膏凝结时体积产生微收缩。(　　)

五、简答题

1. 为什么“陈伏”在池中的石灰浆,只能熟化而不能硬化和结晶?

2. 为什么需在石灰浆中掺入砂子后再使用?

3. 简述石灰的硬化原理。

4. 生石灰与熟石灰有什么不同?在使用运输和储存过程中要注意什么?

5. 简述建筑石膏凝结硬化过程。

章节自测题参考答案

一、名词解释

1. 石灰陈伏:为消除过火石灰在使用过程中的危害,熟石灰在使用前必须在储灰坑中存放半个月以上方可使用,这一过程称之为陈伏。

2. 水硬性:加水拌和后不仅能在干燥空气中凝结硬化,而且能更好地在水中硬化,保持或发展其强度的性质。

3. 石灰的熟化:生石灰加水进行水化生成熟石灰的过程。

二、填空题

1. $CaCO_3$、石灰石、欠火石灰、正火石灰、过火石灰　2. 淋灰、化灰、熟石灰粉、石灰膏、放出大量的热、体积膨胀 1.5 ~ 3.5 倍　3. 泡花碱、碱金属氧化物、二氧化硅　4. 二水石膏、煅烧和脱水　5. 大、小、强、差、小、低

三、选择题(单项或多项)

1. C	2. ABD	3. B、A、A	4. ABDE	5. D
6. CD	7. C	8. C	9. AB	10. ABCD

四、判断题

1. ×　2. ×　3. ×　4. √　5. √　6. ×

五、简答题

1. **答**:结晶作用是在石灰浆中的水分蒸发后,氢氧化钙才能从饱和溶液中析出并结晶。碳化作用需与空气中二氧化碳接触才能进行,而陈伏在池中的石灰浆,表面因有一层水,与空气隔绝,浆体内的水分也蒸发不了,所以既不能结晶也不能碳化,只能熟化。

2. **答**:因为纯石灰浆硬化时易发生收缩开裂,掺入砂子后,在浆体中能构成坚强的骨架以减少收缩,并易使内部水分蒸发,有利于外部 CO_2 进入石灰浆体内部,加速硬化。

3. **答**:(1)结晶作用:石灰浆中水分逐渐蒸发或被周围砌体所吸收,$Ca(OH)_2$ 从饱和溶液中析出,晶体互相交叉连生,并具有一定的强度。

(2)$Ca(OH)_2$ 与空气中的 CO_2 发生化学反应,形成 $CaCO_3$ 使石灰的强度逐渐提高。

4. **答**:生石灰主要成分是 CaO,熟石灰主要成分是 $Ca(OH)_2$,石灰在储存、运输使用中应注意:

(1)新鲜块灰应设法防潮防水,工地上最好储存在密闭的仓库中,生石灰储存时间不宜过长,一般不超过一个月。

(2)不得与易燃、易爆等危险液体物品混合存放或运输。

(3)熟石灰在使用前必须陈伏 15d 以上,以防止过火石灰对建筑物产生的危害。

(4)若需长期储存,应将生石灰先在消化池中化成石灰浆,再用砂子、草席等覆盖,并时常加水,使灰浆表面有水与空气隔绝,能长期储存而不变质。

(5)石灰能侵蚀呼吸器及皮肤,在进行施工和装卸时,应注意安全防护,配带必要的防护用品。

5. **答**:建筑石膏凝结过程,是一个溶解、水化、沉淀、结晶的过程;硬化过程则是二水石膏晶体之间,结晶结构网的形成过程。晶体之间互相交叉连生,形成网状结构;随着反应的继续进行,结晶结构网逐渐密实,从而使石膏晶体逐渐硬化。

第三章　水　　泥

【学习目标】

掌握：

1. 硅酸盐水泥熟料矿物的组成及特性。
2. 工程中对水泥的合理选用。
3. 硅酸盐水泥的凝结硬化过程。
4. 水泥的技术性质。

理解：

1. 掺混合材料的硅酸盐水泥的特点。
2. 硅酸盐水泥水化产物及特性。

了解：

其他品种水泥（图3-1）。

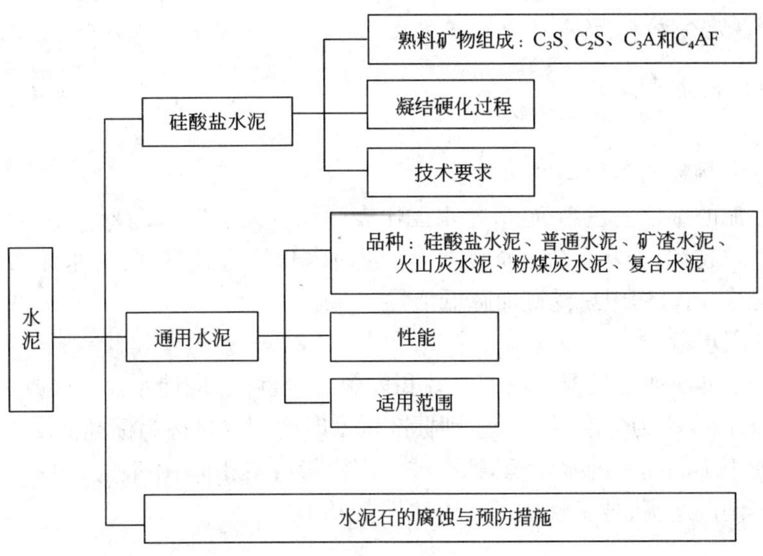

图3-1　水泥品种

【基础知识】

一、硅酸盐水泥

1. 概述

1）定义

硅酸盐水泥是由硅酸盐水泥熟料、0～5%石灰石或粒化高炉矿渣、适量的石膏磨细制成的水硬性胶凝材料。

2)熟料矿物的主要成分

硅酸三钙　　　$3CaO \cdot SiO_2$(简称 C_3S);

硅酸二钙　　　$2CaO \cdot SiO_2$　(简称 C_2S);

铝酸三钙　　　$3CaO \cdot Al_2O_3$(简称 C_3A);

铁铝酸四钙　　$4CaO \cdot Al_2O_3 \cdot Fe_2O_3$(简称 C_4AF)。

3)生产过程

(1)生料制备:将石灰石、黏土质原料(主要化学成分为 SiO_2)、铁矿粉(化学成分为 Fe_2O_3)按一定比例配合、磨细。

(2)生料煅烧后得到硅酸盐水泥熟料。

(3)水泥粉磨:将熟料和适量石膏及混合料磨细得硅酸盐水泥。

4)凝结硬化

(1)凝结:水泥加水拌和后,成为可塑性浆体,随后水泥浆逐渐变稠而失去塑性,但尚不具有强度的过程,称为水泥的凝结。

(2)硬化:凝结过后,水泥浆产生明显的强度,并逐渐发展成为坚硬的固体,这一过程称为水泥的硬化。

重点难点提示

(1)硅酸盐水泥主要是由4种熟料矿物组成,改变各熟料矿物组分之间的含量比例,水泥的性质就会发生相应的变化。

(2)熟料矿物磨细加水,均能单独与水发生化学反应,表现出不同的特点。

2. 硅酸盐水泥的主要性质

1)细度

(1)定义:水泥颗粒的粗细程度。

(2)要求:水泥的细度应适当,硅酸盐水泥比表面积应大于 $300m^2/kg$。

(3)意义:颗粒越细,与水反应表面积越大,因而水化反应速度加快,水泥石早期强度高,但硬化收缩大,在储运过程中易受潮而降低活性。

2)标准稠度用水量

(1)定义:为了测定水泥的凝结时间及体积安定性等性能,应使水泥净浆在一个规定的稠度下,这个规定的稠度称为标准稠度。达到标准稠度时的用水量称为标准稠度用水量。

(2)要求:对于不同品种的水泥,其标准稠度用水量各不相同,一般为24% ~33%。

(3)意义:不同的水泥,技术性质具有可比性。

3)凝结时间

(1)定义

①初凝:指从水泥全部加入水中到水泥开始失去可塑性所需的时间。

②终凝:指从水泥全部加入水中到水泥完全失去可塑性并开始产生强度所需的时间。

(2)要求:硅酸盐水泥初凝时间不得早于45min,终凝时间不得迟于6.5h。

4)体积安定性

(1)定义:是指水泥浆硬化后体积变化均匀的性质。

(2)意义:体积安定性不良,水泥浆体在硬化过程中或硬化后发生不均匀的体积膨胀,会导致水泥石开裂、翘曲等现象。安定性不良的水泥会使混凝土构件产生膨胀性裂缝,从而降低建筑物的质量，甚至引起严重事故。

(3)原因：含有过量的游离氧化钙、游离氧化镁，掺入了过量的石膏。

5)强度与强度等级

(1)将水泥、标准砂及水按规定的比例(水泥：标准砂：水 =1∶3∶0.5)，用规定方法制成40mm×40mm×160mm的标准试件，在标准条件(24h之内在温度20℃±1℃、相对湿度不低于90%的养护箱或雾室内，24h后在20℃±1℃的水中)下养护，测定其3d和28d的抗折强度和抗压强度。

(2)强度等级：42.5、42.5R、52.5、52.5R、62.5、62.5R 6个强度等级。

(3)强度的类型：普通型、早强型。

(4)影响因素：熟料的矿物组成和水泥的细度，此外还有水灰比、试验方法、试验条件、养护龄期等。

重点难点提示

(1)凝结时间、安定性、强度符合国家标准要求为合格品，其中任一项指标不符合标准要求为不合格品。

(2)体积安定性不良的水泥是废品，严禁用于工程中。

3.水泥石的腐蚀

1)定义

水泥石在某些腐蚀性介质作用下，结构遭到破坏，强度下降以致全部溃裂的现象。

2)腐蚀类型

淡水侵蚀、硫酸盐侵蚀、镁盐侵蚀、碳酸侵蚀。

3)腐蚀原因

(1)水泥石内存在易受腐蚀的成分，如氢氧化钙和水化铝酸钙。

(2)水泥石存在孔隙，腐蚀介质容易进入水泥石内部与其成分互相作用，加剧腐蚀。

4)防止腐蚀的措施

(1)根据环境特点，合理选择水泥品种。

(2)提高水泥石的密实度，降低孔隙率。

(3)在水泥石表面设置保护层。

二、掺混合材料的硅酸盐水泥

1.水泥混合材料

1)定义

为了改善水泥性能、提高水泥的产量，在水泥生产时掺入的天然或人工矿物质材料。

2)分类

活性混合材料，如粒化高炉矿渣、火山灰质混合材料、粉煤灰等；非活性混合材料，如磨细石英砂、石灰石粉、黏土、磨细的块状高炉矿渣与炉灰等。

2.常用水泥比较

1)硅酸盐水泥、普通硅酸盐水泥

(1)相同点：早期强度高，水化热较高，抗冻性较好，耐热性较差，耐腐蚀性较差，干缩性较小。

(2)不同点：硅酸盐水泥凝结硬化快，早期强度高；普通水泥只是早期强度较高，不具备凝结硬化快的特点。

(3)应用:二者使用范围基本相同,适用于地上、地下、水中的各种混凝土工程,包括耐冻融循环的结构及早期强度要求较高的工程。

2)矿渣水泥、火山灰水泥、粉煤灰水泥

(1)相同点:

①水化放热速度慢,放热量低,凝结硬化速度慢,早期强度较低,但后期强度增长较多,甚至可超过同强度等级的硅酸盐水泥。

②这 3 种水泥对温度的敏感性较高,温度低时硬化较慢,当温度达到 70℃以上时硬化速度大大加快,甚至可超过硅酸盐水泥的硬化速度。

③这 3 种水泥的抗淡水及抗硫酸盐腐蚀能力较强。

④抗冻性和抗碳化能力较差。

(2)不同点:

①矿渣水泥和火山灰水泥的干缩值较大,粉煤灰水泥的干缩值较小。

②火山灰水泥的抗渗性较好,矿渣水泥抗渗性较差。

③矿渣水泥的耐热性较好,火山灰水泥、粉煤灰水泥的耐热性较差。

(3)应用:矿渣水泥、火山灰水泥、粉煤灰水泥除用于地面工程外,还常用于地下和水中的一般混凝土和大体积混凝土结构以及蒸汽养护的混凝土构件,也适用于一般抗硫酸盐侵蚀的工程。

三、其他品种的水泥

1. 快硬硅酸盐水泥

1)特点

凝结硬化快,水化时放热量大而迅速。

2)应用

可用来配制早强型高强度等级的混凝土,适用于紧急抢修工程、低温施工工程和高强度等级混凝土预制件等。

2. 白色硅酸盐水泥

1)特点

强度高,色泽洁白。

2)应用

可配制彩色砂浆和涂料、白色或彩色混凝土、水磨石、斩假石等,用于建筑物的内外装修,也是生产彩色水泥的主要原料。

3. 膨胀水泥及自应力水泥

1)特点

自应力高,抗渗性、气密性好。

2)应用

用作屋面刚性防水层、制作大口径或较高压力的自应力水管或输气管、制作大口径输水管和各种输油、输气管。

四、水泥的验收及保管

1. 水泥的验收

1)内容

品种、数量及质量的验收。

2）检验项目

对其细度、凝结时间、安定性、抗折强度和抗压强度等性能指标进行复检。

2. 水泥保管和使用

（1）按不同品种、不同强度等级及出厂日期分别储运。

（2）注意防潮、防水。

（3）水泥的有效储存期是3个月。

【典型例题解析】

例3-1 现有2种硅酸盐水泥熟料，其矿物组成及其含量如表3-1所示。

表3-1

组　别	C_3S	C_2S	C_3A	C_4AF
甲	53%	21%	10%	13%
乙	45%	30%	7%	15%

试估计这2种水泥的强度发展、水化热、耐腐蚀性和28d强度的差异，并说明原因。

答：（1）由于甲组熟料中 C_3S、C_3A 的含量高于乙组，故甲的强度发展较乙快，水化热也较乙大。

（2）由于甲组熟料中 C_3A 的含量高于乙组，故甲的耐腐蚀性较乙差。

（3）由于甲组熟料中 C_3S 的含量比乙组大得多，故甲配制的水泥28d强度比乙高。

例3-2 对水泥的细度和凝结时间有何要求？如何满足水泥的初凝时间要求？

答：水泥的细度对性质有很大影响，水泥颗粒越细，其比表面积越大，因而水化较快也较充分，水泥的早期强度和后期强度均较高，故要求水泥的细度要达到一定程度。如硅酸盐水泥比表面积大于 $300m^2/kg$，普通硅酸盐水泥 $80\mu m$ 方孔筛筛余不得超过10.0%或 $45\mu m$ 方孔筛筛余不得超过30.0%。

凝结时间是指水泥从加水至水泥浆失去可塑性所需的时间。凝结时间分初凝时间和终凝时间。初凝时间是从水泥加水至水泥浆开始失去可塑性所经历的时间；终凝时间是从水泥加水至水泥浆完全失去可塑性所经历的时间。水泥的初凝时间不宜过短，以便在施工过程中有足够的时间对混凝土进行搅拌、运输、浇筑和振捣等操作；终凝时间不宜过长，以使混凝土能尽快硬化，产生强度，提高模具周转率，加快施工进度。

水泥熟料与水反应非常迅速，使初凝过早，为使水泥凝结时间满足要求，则在生产水泥时必须掺入适量的石膏。

例3-3 普通硅酸盐水泥与硅酸盐水泥在组成和性质上有什么不同？

答：普通硅酸盐水泥与硅酸盐水泥在组成上的差别，主要体现在混合材料的含量上。硅酸盐水泥中混合材料的掺量为0～5%，普通硅酸盐水泥中混合材料的掺量为6%～15%。由于组成不同，从而使其性质上略有差异。与硅酸盐水泥相比，普通硅酸盐水泥的早期硬化速度稍慢，强度略低；抗冻性、耐磨性及抗碳化性稍差；而耐腐蚀性稍好，水化热略低。

例3-4 腐蚀水泥石的介质有哪些？水泥石受腐蚀的基本原因是什么？防腐措施有哪些？

答：腐蚀水泥石的介质主要有软水、硫酸盐、镁盐、一般酸（如盐酸、硫酸等）、强碱等。造成水泥石腐蚀的基本原因可归纳为三个方面：一是水泥石存在易受腐蚀的成分——氢氧化钙和水化铝酸钙；二是水泥石本身不密实，有很多毛细孔道，腐蚀介质易于进入其内部；三是腐蚀与通道的相互作用。

针对上述基本原因，可采用以下防止措施：一是根据侵蚀环境特点，合理选用水泥品种，例如采用水化物中氢氧化钙含量较少的水泥，可提高对软水等腐蚀介质侵蚀作用的抵抗能力；二是提高水泥石的紧密程度，如合理设计水泥混凝土的配合比，采用高效的振捣等可提高密实度；三是敷设保护层，用耐腐蚀的沥青、陶瓷等覆盖于水泥石的表面，以防止腐蚀介质与水泥石直接接触。

例 3-5 下列混凝土工程中不宜使用哪种水泥？说明理由。

(1)处于干燥环境中或处在水位变化区的混凝土工程；

(2)采用蒸汽养护的混凝土构件；

(3)厚大体积的混凝土工程；

(4)冬季施工的混凝土工程；

(5)有硫酸盐介质接触的混凝土工程；

(6)处于高温高湿环境中的混凝土工程；

(7)抗渗要求高的混凝土工程；

(8)有耐磨要求的混凝土工程。

答：(1)处于干燥环境中或处在水位变化区的混凝土工程不宜使用火山灰硅酸盐水泥。该水泥干缩大，易起粉。

(2)采用蒸汽养护的混凝土构件不宜使用硅酸盐水泥或普通水泥。该水泥在湿热养护条件下，其早期强度虽有所提高，但 28d 强度却比标准养护的情况降低。

(3)厚大体积的混凝土工程不宜使用硅酸盐水泥。该水泥水化热大，在水化过程中放出大量的热量，造成混凝土内外存在较大温差，从而产生温度应力，使混凝土遭到破坏。

(4)冬季施工的混凝土工程不宜使用火山灰水泥、矿渣水泥、粉煤灰水泥。这些水泥早期强度增长慢，抗冻性差。

(5)有硫酸盐介质接触的混凝土工程不宜使用硅酸盐水泥。该水泥耐腐蚀性差。

(6)处于高温高湿环境中的混凝土工程不宜使用硅酸盐水泥。该水泥不适合高温高湿养护，也不耐高温。

(7)抗渗要求高的混凝土工程不宜使用矿渣水泥。该水泥泌水性和干缩性大。

(8)有耐磨要求的混凝土工程不宜使用火山灰水泥和硅酸盐水泥。前者干缩大，易起粉，耐磨性差；后者耐腐蚀性差。

【实践技能训练】

实训一　水泥细度(负压筛法)

基本操作技能

水泥试样的一般规定：取得的试样经充分拌匀，通过 0.9mm 方孔筛，分为试验样和封存样，封存样密封保管 3 个月。

一、实验目的

评定水泥的细度。

二、主要仪器设备

(1)负压筛析仪:由筛座、负压筛(方孔边长0.080mm、0.045mm)、负压源及收尘器组成。

(2)天平:最大称量为100g,分度值不大于0.05g。

三、实验步骤

(1)水泥样品应充分拌匀,通过0.9mm方孔筛,记录筛余物情况,要防止过筛时混进其他水泥。

(2)筛析实验前,应把负压筛放在筛座上,盖上筛盖,接通电源,检查控制系统,调节负压至-4 000~-6 000Pa范围内。

(3)称取试样0.080mm筛析25g、0.045mm筛析10g,置于洁净的负压筛中,盖上筛盖,放在筛座上,开动筛析仪连续筛析2min,在此期间如有试样附着在筛盖上,可轻轻地敲击,使试样落下。筛毕,用天平称取筛余物。

(4)当工作负压小于4 000Pa时,应清理吸尘器内水泥,使负压恢复正常。

四、结果评定

(1)计算:

$$F = \frac{R_t}{W} \times 100\% \tag{3-1}$$

结果计算至0.1%。

(2)评定:根据国家标准($F < 10\%$)评定是否合格,完成实验报告。

重点提示

(1)使用负压筛析仪时要定期倒掉负压筛析仪集尘器中的水泥。

(2)使用一段时间后,如负压达不到国家标准要求(-4000~-6000Pa)时,请清洁吸尘器中的收尘袋。

(3)吸尘器连续工作不应超过15min,否则易过热烧坏。

思考题

细度实验结果不满足要求的水泥该如何处理?

实训二　水泥标准稠度用水量实验

基本操作技能

一、实验目的

测定水泥净浆达到标准稠度时的用水量,为测定水泥凝结时间和体积安定性做准备。

二、主要仪器设备

(1)标准法维卡仪,如图3-2所示。

(2)净浆搅拌机。

(3)湿气养护箱:应使温度控制在20℃±1℃,相对湿度大于90%。

(4)天平:称量精确至1g。

(5)量水器:最小刻度为0.1mL,精度1%。

三、实验步骤

(1)仪器的校核和调整:检查维卡仪的金属棒能否自由滑动,试杆接触玻璃板时将指针对准零点,检查搅拌机是否运行正常。

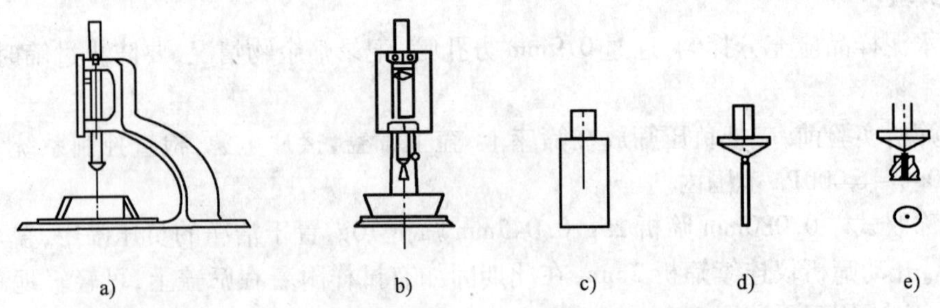

图 3-2 测定水泥标准稠度和凝结时间用的维卡仪

a)初凝时间测定用立式试模侧视图;b)终凝时间测定用反转试模前视图;c)标准稠度试杆;d)初凝用试针;e)终凝用试针

(2)水泥净浆的拌制:用水泥净浆搅拌机搅拌,搅拌锅和搅拌叶片先用湿布擦过;将拌和水倒入搅拌锅内,然后在 5 ~ 10s 内小心将称好的 500g 水泥加入水中,防止水和水泥溅出;拌和时,先将锅放在搅拌机的锅座上,升至搅拌位置,启动搅拌机,低速搅拌 120s,停 15s,同时将叶片和锅壁上的水泥浆刮入锅中间,接着高速搅拌 120s 停机。

(3)标准稠度用水量的测定:拌和结束后,立即将拌制好的水泥净浆装入已置于玻璃底板上的试模中,用小刀插捣,轻轻振动数次,刮去多余的净浆;抹平后迅速将试模和底板移到维卡仪上,并将其中心定在试杆下,降低试杆直至与水泥净浆表面接触,拧紧螺钉 1 ~ 2s 后,突然放松,使试杆垂直自由沉入水泥净浆中。在试杆停止沉入或释放试杆 30s 时记录试杆距底板之间的距离,升起试杆后,立即擦净;以试杆沉入净浆并距底板 6mm ± 1mm 的水泥净浆为标准稠度净浆,其拌和水量为该水泥的标准稠度用水量(P),按水泥质量的百分比计。

四、结果评定

(1)计算:

$$P = \frac{W}{500} \times 100\% \tag{3-2}$$

(2)完成实验报告。

重点提示

(1)注意实验前须检查维卡仪金属棒能否自由滑动。

(2)试锥降至模顶面位置时,指针应对准标尺零点。

(3)实验室的温度要求为 20℃ ±2℃,相对湿度大于 50%。

(4)水泥试样、拌和水、仪器和用具的温度应与实验室内温度保持一致。

思考题

1. 为什么要测定标准稠度用水量?

2. 如何确定水泥试样达到了标准稠度?

实训三　凝结时间测定

基本操作技能

一、实验目的

测定水泥净浆达到标准稠度时的用水量，为测定水泥凝结时间和体积安定性做准备。

二、主要仪器设备

(1)标准法维卡仪：如图 3-2 所示，测定凝结时间时取下试杆，用试针[图 3-2d)、e)]代替试杆。

(2)其他仪器设备与标准稠度用水量实验相同。

三、实验步骤

(1)测定前准备工作：调整凝结时间测定仪的试针，接触玻璃板时将指针对准零点。

(2)试件的制备：以标准稠度的水泥净浆一次装满试模，振动数次刮平，立即放入湿气养护箱中。记录水泥全部加入水中的时间作为凝结时间的起始时间。

(3)初凝时间的测定：试件在湿气养护箱中养护至加水后 30min 时进行第一次测定。测定时，从湿气养护箱中取出试模放到试针下，降低试针与水泥净浆表面接触，拧紧螺钉 1～2s，突然放松，试针垂直自由地沉入水泥净浆。观察试针停止下沉或释放试针 30s 时指针的读数，当试针沉至距底板 4mm ± 1mm 时，为水泥达到初凝状态，由水泥全部加入水中至初凝状态所经历时间为水泥的初凝时间，用“min”表示。

(4)终凝时间的测定：为了准确观测试针沉入的状况，在终凝针上安装了一个环形附件[图 3-2e)]。在完成初凝时间测定后，立即将试模连同浆体以平移的方式从玻璃板取下，翻转 180°，直径大端向上、小端向下放在玻璃板上，再放入湿气养护箱中继续养护；临近终凝时间每隔 15min 测定 1 次，当试针沉入试体 0.5mm 时，即环形附件开始不能在试体上留下痕迹时，为水泥达到终凝状态，由水泥全部加入水中至终凝状态所经历的时间为水泥的终凝时间，用“min”表示。

(5)测定时应注意：最初测定操作时应用手轻轻扶持金属柱，使其徐徐下降，以防试针撞弯，但结果要以自由下落为准。在整个测试过程中试针沉入的位置至少要距试模内壁 10mm，临近初凝时，每隔 5min 测定 1 次，临近终凝时每隔 15min 测定 1 次，到达初凝或终凝时应立即重复测 1 次，当 2 次结论相同时才能定为到达初凝或终凝状态。每次测定不能让试针落入原针孔，每次测试完毕须将试针擦净并将试模放回湿气养护箱内，整个测试过程要防止试模受振。

注：可以使用能得出与标准中规定方法相同结果的凝结时间自动测定仪，使用时不必翻转试体。

四、结果评定

(1)评定：根据国家标准评定初凝时间、终凝时间是否合格。

(2)完成实验报告。

重点提示

(1)测定时应注意，在最初测定的操作时应轻轻扶持金属柱，使其徐徐下降，以防试针撞弯，但结果以自由下落为准。

（2）在整个测试过程中试针沉入的位置至少要距试模内壁10mm。

（3）临近初凝时，每隔5min测定1次，临近终凝时每隔15min测定1次，到达初凝或终凝时应立即重复测1次，当2次结论相同时才能定为到达初凝或终凝状态。

（4）每次测定不能让试针落入原针孔，每次测试完毕须将试针擦净并将试模放回湿气养护箱内，整个测试过程要防止试模受振。

思考题

1. 国家标准规定的初凝时间、终凝时间分别是多少？各种水泥的标准都一样吗？

2. 初凝时间、终凝时间不合格的水泥该如何处理？

实训四　水泥安定性实验

基本操作技能

一、实验目的

检定由于游离氧化钙而引起水泥体积变化，以表示水泥体积安定性是否合格。

安定性的测定有两种方法，即雷氏法和试饼法，雷氏法是标准法，试饼法为代用法，有争议时以雷氏法为准。雷氏法是测定水泥净浆在雷氏夹中沸煮后的膨胀值；试饼法是通过观察水泥净浆试饼沸煮后的外形变化来检验水泥的体积安定性。

二、主要仪器设备

（1）雷氏夹，如图3-3、图3-4所示。

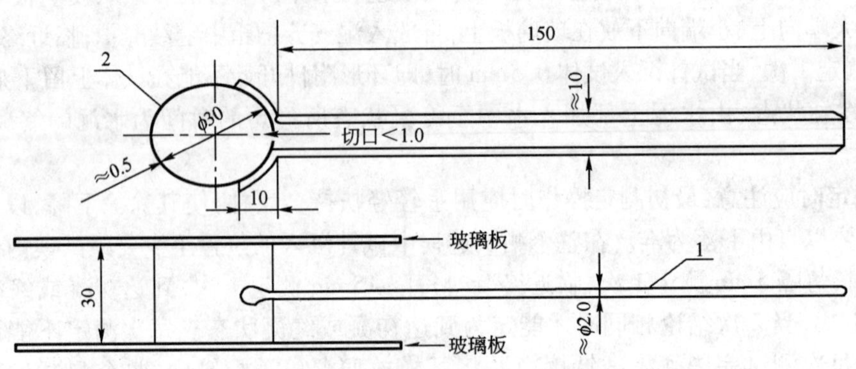

图3-3　雷氏夹（尺寸单位：mm）

1-指针；2-环模

（2）雷氏夹膨胀测定仪：标尺最小刻度为0.5mm，如图3-5所示。

（3）沸煮箱：有效容积约为410mm×240mm×310mm，篦板的结构应不影响试验结果，篦板与加热器之间的距离大于50mm。箱的内层由不易锈蚀的金属材料制成，能在30min±5min内将箱内的试验用水由室温升至沸腾并可以保持沸腾状态3h以上，整个试验过程中不需补充水量。

（4）玻璃板、抹刀、直尺。

（5）其他仪器设备与标准稠度用水量相同。

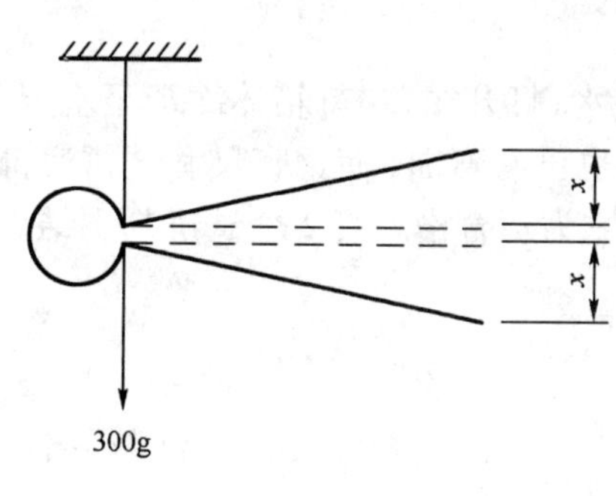

图 3-4　雷氏夹受力示意图

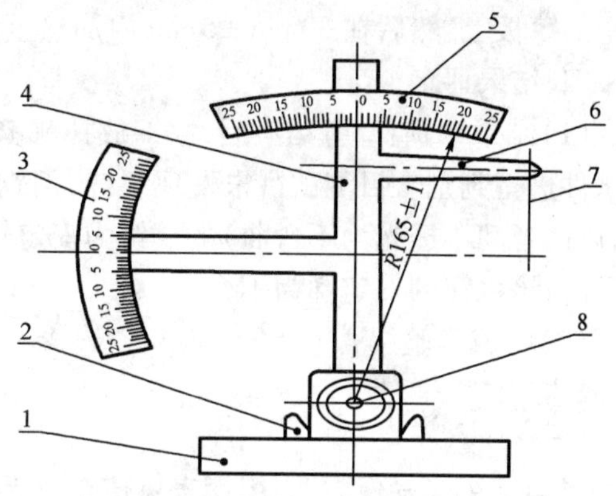

图 3-5　雷氏夹膨胀测定仪

1-底座;2-模子座;3-测强性标尺;4-测膨胀值标尺;5-悬臂;6-悬丝;7-悬丝;8-弹簧顶扭

三、实验步骤

1. 雷氏法(标准法)

(1)测定前的准备工作:每个试样需成型 2 个试件,每个雷氏夹需配备质量约 75 ~ 80g 的玻璃板 2 块,凡与水泥净浆接触的玻璃板表面和雷氏夹内表面都要稍稍涂上一层油。

(2)雷氏夹试件的成型:以标准稠度用水量加水,按水泥净浆的拌制方法制备标准稠度净浆。将预先准备好的雷氏夹放在已稍擦油的玻璃板上,并立即将已制备好的标准稠度净浆装满雷氏夹。装浆时一只手轻轻扶持雷氏夹,另一只手用宽约 10mm 的小刀插捣数次,然后抹平,盖上稍涂油的玻璃板,接着立即将试件移至湿气养护箱内养护 24h ±2h。

(3)沸煮:调整好沸煮箱内的水位,使之在整个沸煮过程中都能没过试件,不需中途添补试验用水,同时保证水温在 30min ±5min 内能升至沸腾。

脱去玻璃板取下试件,先测量雷氏夹指针尖端间的距离(A),精确到 0.5mm;接着将试件放入沸煮箱水中的试件架上,指针朝上,试件之间互不交叉,30min ±5min 内加热至沸并恒沸 3h ±5min。

(4)结果判别:沸煮结束后,立即放掉沸煮箱中的热水,打开箱盖,待箱体冷却至室温,取出试件进行判别。测量雷氏夹指针尖端的距离(C),精确到 0.5mm,当 2 个试件煮后增加距离($C-A$)的平均值不大于 5.0mm 时,即认为该水泥安定性合格;当 2 个试件的($C-A$)值相差超过 4.0mm 时,应用同一样品立即重做一次试验。再如此,则认为该水泥安定性不合格。

2. 试饼法(代用法)

(1)测定前的准备工作:每个样品需准备 2 块约 100mm ×100mm 的玻璃板,凡与水泥净浆接触的玻璃板都要稍稍涂上一层油。

(2)试饼的成型方法:将制好的标准稠度净浆取出一部分分成 2 等份,使之呈球形,放在预先准备好的玻璃板上,轻轻振动玻璃板并用湿布擦净的小刀由边缘向中央抹动,做成直径 70 ~ 80mm、中心厚约 10mm、边缘渐薄、表面光滑的试饼,接着将试饼放入湿气养护箱内养护 24h ±2h。

(3)沸煮:调整好沸煮箱内的水位,使之在整个沸煮过程中都能没过试件,不需中途添补试验用水,同时保证水温在 30min ±5min 内能升至沸腾。

脱去玻璃板取下试件,用试饼法时,先检查试饼是否完整(如已开裂、翘曲,要检查原因,确定无外因时,该试饼已属不合格品,不必沸煮),在试饼无缺陷的情况下,将试饼放在沸煮箱水中的篦板上,然后在 30min ±5min 内加热至水沸腾并恒沸 3h ±5min。

四、结果评定

(1)结果判别:沸煮结束后,立即放掉沸煮箱中的热水,打开箱盖,待箱体冷却至室温,取出试件进行判别。目测试饼未发现裂缝,用钢直尺检查也没有弯曲(使钢直尺和试饼底部紧靠,以两者间不透光为不弯曲)的试饼为安定性合格,反之为不合格。当 2 个试饼判别结果有矛盾时,该水泥的安定性为不合格。

(2)完成实验报告。

重点提示

目测试饼未发现裂缝,用钢直尺检查有无弯曲时应使钢直尺和试饼底部紧靠,以两者间不透光为不弯曲。

思考题

1. 体积安定性不良的水泥如何处理?

2. 当用试饼法和雷氏夹法测定结果不一致时,应以什么判别结果为准?

实训五　水泥胶砂强度实验(ISO 法)

基本操作技能

一、实验目的

测定水泥的抗折强度和抗压强度,从而确定水泥的强度等级。

二、主要仪器设备

(1)水泥胶砂搅拌机:由胶砂搅拌锅和搅拌叶片及相应的机构组成,属行星式搅拌机。

(2)振实台:胶砂试体成型振实台由可以跳动的台盘和使其跳动的轮等组成。

(3)试模:试模由 3 个水平的模槽组成,可同时成型 3 条截面为 40mm ×40mm ×160mm 的棱形试体,如图 3-6 所示。

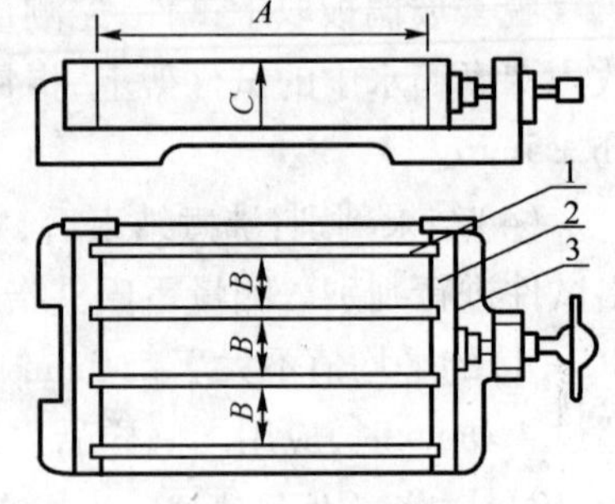

图 3-6　试模
1-底座;2-隔板;3-端板

(4)抗折强度实验机。

(5)抗压强度实验机及夹具。

(6)刮平直尺和播料器。

(7)实验筛、天平、量筒等。

三、实验步骤

1. 试件成型

成型前将试模擦净,用黄干油等密封材料涂覆试模的外接缝,试模的内表面应涂上一薄层机油。

2. 胶砂组成

(1)基准砂:ISO 基准砂是由德国标准砂公司制备的 SiO_2 含量不低于 98% 的天然圆形硅质砂组成,其颗粒分布在表 3-2 规定的范围内。

砂的筛析试验应采用代表性的样品来进行,每个筛子的筛析试验应进行至通过量小于 0.5g/min为止。砂的含水率应小于 0.2%。

ISO 基准砂颗粒分布 表 3-2

方孔边长(mm)	累计筛余(%)	方孔边长(mm)	累计筛余(%)
2.0	0	0.5	67 ±5
1.6	7 ±5	0.16	87 ±5
1.0	33 ±5	0.08	99 ±1

(2)中国 ISO 标准砂:中国 ISO 标准砂完全符合 ISO 基准砂颗粒分布和含水率的规定。

(3)水泥:实验用水泥从取样到实验要保持 24h 以上时,应把它储存在基本装满和气密的容器里,这个容器应不与水泥起反应。

(4)水:仲裁实验或其他重要实验用蒸馏水,其他实验可用饮用水。

3. 胶砂制备

(1)每成型 3 条试体各种材料用量如表 3-3 所示。

每锅胶砂的材料数量(单位:g) 表 3-3

材料量 / 水泥品种	水　泥	标　准　砂	水
硅酸盐水泥	450 ±2	1 350 ±5	225 ±1
普通硅酸盐水泥			
矿渣硅酸盐水泥			
粉煤灰硅酸盐水泥			
复合硅酸盐水泥			
石灰石硅酸盐水泥			

(2)水泥、砂、水和实验用具的温度与实验室相同,称量用的天平精度应为 ±1g。当用自动滴管加 225mL 水时,滴管精度应达到 ±1mL。

(3)每锅胶砂用搅拌机进行机械搅拌。先使搅拌机处于待工作状态,然后按下面的程序进行操作:先把水倒入锅内,再加入水泥,把锅放在固定架上,上升至固定位置后立即开动机器,低速搅拌 30s 后,在第二个 30s 开始的同时均匀地将砂子加入,当各级砂分装时,从最粗粒级开始,依次将所需的每级砂倒入锅内,再高速拌和 30s,停拌 90s,在第 1 个 15s 内用一胶皮刮具将叶片和锅壁上的胶砂刮入锅中间,再高速继续搅拌 60s。各个搅拌阶段,时间误差应在 ±1s以内。

4. 试件制备

(1)胶砂制备后立即成型。将空试模和模套固定在振实台上,用小勺从搅拌锅里把胶砂分 2 层装入试模。装第一层时,每个槽里约放 300g 胶砂,用大播料器垂直架在模套顶部沿每个模槽来回一次将料层播平,接着振实 60 次;再装入第二层胶砂,用小播料器播平,再振实 60 次;移走模套,从振实台上取下试模,用一金属直尺以近似 90°的角度架在试模模顶的一端,然后沿试模长度方向以横向锯割动作慢慢向另一端移动,一次将超过试模部分的胶砂刮去,并用同一直尺以近乎水平的情况下将试体表面抹平。在试模上作标记或加字条对试件编号。

(2)当使用代用振动台成型时,操作如下:在搅拌胶砂的同时将试模和下料漏斗卡紧在振动台的中心;将搅拌好的全部胶砂均匀地装入下料漏斗中,开动振动台,胶砂通过漏斗流入试模,振动 120s ±5s 停止;振动完毕,取下试模,用刮平尺以规定的刮平手法刮去其高出试模的胶砂并抹平,接着在试模上作标记或用字条表明试件编号。

5. 试件的养护

(1)脱模前的处理和养护:去掉留在试模四周的胶砂,立即将作好标记的试模放入雾室或湿箱的水平架子上养护,湿空气应能与试模各边接触。养护时不应将试模放在其他试模上,一直养护到规定的脱模时间时取出脱模。脱模前,用防水墨汁或颜料笔对试体进行编号或作其他标记,对2个龄期以上的试体,在编号时应将同一试模中的3条试体分在2个以上的龄期内。

(2)脱模:脱模应非常小心,对于24h龄期的,应在破型试验前20min内脱模;对于24h以上龄期的,应在成型后20~24h之间脱模。

(3)水中养护:将做好标记的试件立即水平或竖直放在20℃±1℃水中养护,水平放置时刮平面应朝上,试件放在不易腐烂的篦子上,并彼此间保持一定间距,以让水与试件的6个面均接触。养护期间试件之间间隔或试体上表面的水深不得小于5mm。

6. 强度测定

(1)抗折强度测定:将试体一个侧面放在试验机支撑圆柱上,试体长轴垂直于支撑圆柱,通过加荷圆柱以50N/s±10N/s的速率均匀地将荷载垂直地加在棱柱体相对侧面上,直至折断。保持两个半截棱柱体处于潮湿状态直至抗压试验。

(2)抗压强度测定:在半截棱柱体的侧面上进行,半截棱柱体中心与压力机压板受压中心距离应在±0.5mm内,棱柱体露在压板外的部分约10mm,以2 400N/s±200N/s的速率均匀地加荷直至破坏。

四、结果评定

1. 计算

(1)抗折强度$f_{ce,m}$,按下式计算:

$$f_{ce,m}=\frac{1.5FL}{b^3} \tag{3-3}$$

式中:$f_{ce,m}$——标准试件的抗折强度(MPa);

F——试件折断时施加在棱柱体中部的荷载(N);

L——支撑圆柱之间的距离(mm)。

(2)抗压强度$f_{ce,c}$,按下式计算:

$$f_{ce,c}=\frac{F_c}{A} \tag{3-4}$$

式中:$f_{ce,c}$——试件的抗压强度(MPa);

F_c——试件破坏时的最大荷载(N);

A——试件受压部分面积(mm^2),$A=40mm\times40mm=1\ 600mm^2$。

2. 水泥强度实验结果评定

(1)以一组3个棱柱体抗折强度的平均值作为实验结果。当3个强度值中有1个超出平均值的±10%时,应将其剔除后再取平均值作为抗折强度实验结果。

(2)以一组3个棱柱体上得到的6个抗压强度测定值的算术平均值为实验结果。当6个测定值中有1个超出平均值的±10%时,将其剔除,以剩下5个的平均值为测定结果;如果5个测定值中再有超过它们平均值的±10%的,则此组结果作废。

(3)各试体的抗折强度记录至0.1MPa,按规定计算平均值,计算精确至0.1MPa。各个半棱柱体得到的单个抗压强度结果计算至0.1MPa,按规定计算平均值,计算精确至0.1MPa。

(4)完成水泥胶砂强度实验报告。

重点提示

(1)如经24h养护,会因脱模对强度造成损害时,可以延迟至24h ±3以后脱模,但在实验报告中应予说明。

(2)已确定作为24h龄期实验(或其他不下水直接做实验)的已脱模试体,应用湿布覆盖至做实验时为止。

(3)每个养护池只养护同类型的水泥试件。最初用自来水装满养护池(或容器),随后随时加水保持适当的恒定水位。不允许在养护期间全部换水,除24h龄期或延迟至48h脱模的试体外,任何到龄期的试体应在实验(破型)前15min从水中取出,揩去试体表面沉积物,并用湿布覆盖到实验为止。

(4)试件龄期从水泥加水搅拌开始实验时算起,不同龄期强度实验在下列时间里进行。24h ±15min,48h ±30min,72h ±45min,7d ±2h,28d ±8h。

思考题

1. 实验中如何计算水泥的抗压强度、抗折强度?如何评定水泥的强度等级?

2. 硅酸盐水泥的哪些技术性质不合格为不合格品?哪些技术性质不合格为废品?

3. 测定水泥胶砂强度实验时为什么要用国家标准砂?

【章节自测题】

一、名词解释

1. 硅酸盐水泥

2. 复合硅酸盐水泥

3. 初凝时间

4. 体积安定性

5. 活性混合材料

二、填空题

1. 硅酸盐水泥的生产工艺可概括为四个字,即(　　)。

2. 水泥浆越稀,水灰比(　　),凝结硬化和强度发展(　　),且硬化后的水泥石中毛细孔含量越多,强度(　　)。

3. 掺活性混合材料的硅酸盐水泥,它们抗碳化能力均(　　),其原因是水泥石中(　　)含量少。

4. 国家标准规定,凡初凝时间不符合规定者称为(　　),终凝时间不符合规定者称为(　　)。

5. 硅酸盐水泥的技术性质主要有:(　　)、(　　)、(　　)、(　　)等。

6. 普通硅酸盐水泥、矿渣硅酸盐水泥、火山灰硅酸盐水泥、粉煤灰硅酸盐水泥的代号分别分(　　)、(　　)、(　　)、(　　)。

7. 细度是指水泥颗粒的(　　),是影响水泥性能的重要指标。水泥颗粒越细,与水反应的表面积(　　),水化反应的速度(　　)。

8. 在水泥的矿物组成中，不同的矿物水化速度不一样。水化速度最快的是（ ），其次是（ ），最慢的是（ ）。

9. 为了测定水泥的凝结时间及体积安定性等性能，应该使水泥净浆在一个规定的稠度下进行，这个规定的稠度称为（ ），达到该稠度时的用水量称为（ ）。

10. 快硬水泥的强度等级是以（ ）d 抗压强度值来表示的。

三、单项选择题

1. 硅酸盐水泥熟料矿物中水化速度最快的是（ ）。

A. C_3S　B. C_2S　C. C_3A　D. C_4AF

2. 生产硅酸盐水泥时加适量石膏的主要作用是（ ）。

A. 促凝　B. 缓凝　C. 助磨　D. 膨胀

3. 大体积混凝土工程应选用（ ）。

A. 硅酸盐水泥　B. 铝酸盐水泥　C. 矿渣水泥　D. 普通水泥

4. 做某硅酸盐水泥强度实验时，测得抗压极限破坏荷载为 152kN，则其抗压强度为（ ）。

A. 60.5MPa　B. 95.0MPa　C. 23.5MPa　D. 52.5MPa

5. 测定水泥强度等级时，将水泥、标准砂、水按规定比例制成标准试件，该标准试件的尺寸为（ ）。

A. 150mm × 150mm × 150mm　B. 40mm × 40mm × 160mm

C. 70mm × 70mm × 70mm　D. 70.7mm × 70.7mm × 70.7mm

6. 下列水泥中耐热性较好的是（ ）。

A. 矿渣水泥　B. 硅酸盐水泥　C. 火山灰水泥　D. 粉煤灰水泥

7. 用沸煮法检验水泥体积安定性，只能检查出（ ）影响。

A. 游离氧化钙　B. 游离氧化镁　C. 石膏　D. 二氧化硫

8. 硅酸盐水泥在 28d 内的强度实际上是由（ ）决定的。

A. C_3S　B. C_2S　C. C_3A　D. C_4AF

9. 国家标准规定，水泥熟料中三氧化硫的含量不得超过（ ）。

A. 6.0%　B. 3.5%　C. 4.0%　D. 5.0%

10. 水泥的体积安定性即指水泥浆在硬化时（ ）的性质。

A. 体积不变化　B. 体积是否均匀变化

C. 不变形　D. 体积不均匀

四、多项选择题

1. 生产硅酸盐水泥熟料的原材料主要有（ ）。

A. 石灰石　B. 黏土　C. 石膏　D. 混合材料　E. 火山灰

2. 有抗冻要求的混凝土工程应选用（ ）。

A. 普通水泥　B. 硅酸盐水泥

C. 矿渣水泥　D. 高铝水泥

E. 火山灰水泥

3. 引起水泥体积安定性不良的原因是由于熟料中含有过量的（ ）。

A. f-CaO　B. f-MgO　C. 石膏　D. $Ca(OH)_2$　E. $Mg(OH)_2$

4. 大体积混凝土施工应选用（ ）。

A. 普通水泥　B. 矿渣水泥

C. 粉煤灰水泥　　　　　　　　　D. 火山灰水泥

E. 硅酸盐水泥

5. 属于活性混合材料的有(　　)。

A. 烧黏土　　B. 粉煤灰　　C. 煤矸土　　D. 石英砂　　E. 矿渣

五、简答题

1. 硅酸盐水泥熟料由哪些矿物成分所组成？主要水化产物有哪些？

2. 普通硅酸盐水泥与硅酸盐水泥在组成和性质上有什么不同？

3. 为什么生产硅酸盐水泥时掺适量石膏对水泥不起破坏作用，而硬化水泥石在有硫酸盐的环境介质中生成石膏时就有破坏作用？

4. 下列混凝土工程中优先选用哪种水泥？说明理由。

(1)处于干燥环境中的混凝土工程；

(2)采用湿热养护的混凝土构件；

(3)厚大体积的混凝土工程；

(4)水下混凝土工程；

(5)高强混凝土工程；

(6)严寒地区受冻融的混凝土工程；

(7)有抗渗要求的混凝土工程；

(8)有耐热要求的混凝土工程；

(9)水位变化区的混凝土工程；

(10)高温窑炉的混凝土基础。

六、计算题

某 52.5R 普通硅酸盐水泥，在试验室进行强度检验，3d 的强度符合要求，现又测得其 28d 的抗折破坏荷载分别为：4 280N、4 160N、4 000N；28d 的抗压破坏荷载分别为：92 500N、93 500N、92 000N，94 500N、96 000N、97 000N。试评定该水泥。

章节自测题参考答案

一、名词解释

1. 硅酸盐水泥：由硅酸盐水泥熟料、0～5%的石灰石或粒化高炉矿渣、适量石膏磨细制成的水硬性胶凝材料称为硅酸盐水泥。

2. 复合硅酸盐水泥：由硅酸盐水泥熟料、2 种或 2 种以上规定的混合材料、适量石膏磨细制成的水硬性胶凝材料，称为复合硅酸盐水泥（简称复合水泥）。

3. 初凝时间：初凝时间是从水泥加水至水泥浆开始失去可塑性所经历的时间。

4. 体积安定性：水泥在凝结硬化过程中，体积变化的均匀性。

5. 活性混合材料：在常温条件下，能与 $Ca(OH)_2$ 和水发生水化反应生成水硬性水化物，并能逐渐凝结硬化产生强度的混合材料。

二、填空题

1. 两磨一烧　2. 越大、越慢、越低　3. 较差、氢氧化钙　4. 废品、不合格品　5. 细度、凝结时间、体积安定性、强度　6. P. O、P. S、P. P、P. F　7. 粗细程度、越大、越快　8. 铝酸三钙、硅酸三钙、硅酸二钙　9. 标准稠度、标准稠度用水量　10. 3

三、单项选择题

1. C　2. B　3. C　4. B　5. B　6. A　7. A　8. A　9. B　10. B

四、多项选择题

1. AB　2. AB　3. ABC　4. ABCD　5. ABC

五、简答题

1. 答:组成硅酸盐水泥熟料的矿物成分主要有硅酸三钙、硅酸二钙、铝酸三钙、铁铝酸四钙。它们的主要水化物有水化硅酸钙、氢氧化钙、水化铝酸钙、水化铁铝酸钙。

2. 答:硅酸盐水泥与普通硅酸盐水泥的组成差别主要体现在混合料的含量上。硅酸盐水泥中混合料的掺量为0~5%,普通硅酸盐水泥中混合料的掺量为6%~15%。由于组成不同,从而也使其在性质上略有差异,与硅酸盐水泥相比,普通硅酸盐水泥的早期硬化速度稍慢,强度略低;抗冻性、耐磨性及抗碳化性稍差;而耐腐性稍好,水化热略低。

3. 答:石膏与水泥的水化物水化铝酸钙反应,会生成比原体积增加1.5倍以上的高硫型水化硫铝酸钙,从而造成体积膨胀。若该过程发生在水泥硬化前,则不仅不会产生破坏作用,而且会使水泥制品更加密实;但若该过程发生在已硬化后的水泥石中,则其体积膨胀就会使已硬化的水泥石开裂、破坏。故生产硅酸盐水泥时掺入的石膏,客观存在与水化铝酸钙的反应发生在硬化前,不会引起破坏作用;而硬化后水泥石再遇到硫酸盐而发生膨胀反应时,就会对水泥石产生膨胀破坏。

4. 答:(1)处于干燥环境中的混凝土工程优先选用硅酸盐水泥。该水泥硬化时干缩小,不易产生干缩裂纹。

(2)采用湿热养护的混凝土构件优先选用矿渣水泥、火山灰水泥、粉煤灰水泥。这些水泥采用湿热养护不仅能提高其早期强度,而后期强度也能得到提高。

(3)厚大体积的混凝土工程优先选用矿渣水泥、火山灰水泥、粉煤灰水泥。这些水泥的水化热小。

(4)水下混凝土工程优先选用火山灰水泥。该水泥在水中养护时生成较多的水化硅酸钙,使水泥石结构致密,因而具有较高的抗渗性,同时具有较高的抗腐蚀能力。

(5)高强混凝土工程优先选用硅酸盐水泥。该水泥强度等级高。

(6)严寒地区受冻融的混凝土工程优先选用硅酸盐水泥。该水泥水化速度快,早期强度高,且抗冻性好。

(7)有抗渗要求的混凝土工程优先选用火山灰水泥。该水泥抗渗性好。

(8)有耐热要求的混凝土工程优先选用矿渣水泥。该水泥耐热性好。

(9)水位变化区的混凝土工程优先选用普通硅酸盐水泥。该水泥抵抗干湿交替作用的能力强。

(10)高温窑炉的混凝土基础优先选用矿渣水泥。该水泥与耐热粗、细集料配制的耐热混凝土,其耐热温度达1 300~1 400℃。

六、计算题

解:(1)计算28d抗折强度

抗折强度平均值为:　$\frac{1}{3}\times(4\,280+4\,160+4\,000)=4\,147(\text{N})$

最大值、最小值与平均值的差值均未超过平均值的±10%,故代表值应为3个试件的抗折强度的平均值。

即：
$$f_{ce,m}=\frac{1.5FL}{b^3}=\frac{1.5\times 4\,147\times 100}{40^3}=9.7(\text{MPa})$$

(2)计算 28d 抗折强度

抗压强度平均值为： $\frac{1}{6}\times(92.5+93.5+92.0+94.5+96.0+97.0)=94(\text{kN})$

经比较该组数据中均未超出平均值的 ±10%，取平均值为代表值。

即：
$$f_{ce,c}=\frac{F_c}{A}=\frac{94\times 10^3}{40\times 40}=58.9(\text{MPa})$$

对照 52.5R 普通硅酸盐水泥的 28d 强度指标，可知该水泥的强度符合标准要求。

第四章　混　凝　土

【学习目标】

掌握：

1. 混凝土的定义、分类及特点。

2. 混凝土拌和物的主要技术性质——和易性（概念、测定方法、主要影响因素、主要改善措施）。

3. 混凝土组成材料的主要技术性质、质量标准及检验方法，同时掌握组成材料的选用原则。

4. 混凝土配合比设计的方法、步骤及实例计算方法：掌握硬化混凝土的主要技术性能——强度（主要指标、测定方法、影响混凝土强度因素以及提高强度措施等），会制作混凝土立方体试件，会采用力学试验方法检测混凝土强度，并能根据所测定的实际立方体抗压强度判断混凝土是否达到设计的强度等级要求。

理解：

1. 硬化混凝土的技术性质——强度、耐久性、变形性能，影响因素及提高耐久性的措施。

2. 普通混凝土质量控制的环节、原理、措施，以及原材料对集料性能波动的影响。

3. 混凝土强度的主要影响因素，能够在实际工程中采取正确的方法（措施）提高混凝土的强度。

4. 新型外加剂在工程中的应用。

了解：

建筑工程中具有特殊性能的混凝土。

【基础知识】

一、混凝土定义

混凝土是以胶凝材料、颗粒状集料及必要时加入化学外加剂和矿物掺和料等组成的混合料经硬化后形成具有堆聚结构的复合材料。由水泥、砂、石子、水外加剂组成的叫普通混凝土。

二、混凝土的分类

1. 按胶凝材料分类

水泥混凝土、沥青混凝土、聚合物浸渍混凝土、聚合物胶结混凝土、水玻璃混凝土等。

2. 按体积密度分类

重混凝土（体积密度大于2 500kg/m^3）、普通混凝土（体积密度为1 900～2 500kg/m^3）、轻混凝土（体积密度小于1 900kg/m^3）。

3. 按施工方法分类

现浇混凝土、预制混凝土（商品混凝土）、泵送混凝土、喷射混凝土。

4. 按性能特点分类

抗渗混凝土、耐热混凝土、高性能混凝土。

5. 按强度等级分类

普通混凝土（＜C60）、高强混凝土（≥C60）、超高强混凝土（≥C100）。

6. 按用途分类

结构混凝土、装饰混凝土、防水混凝土、道路混凝土、大体积混凝土、膨胀混凝土等。

三、普通混凝土的特点

1. 优点

原材料丰富,成本低廉;具有良好和易性;抗压强度较高;能与钢筋牢固黏结,并能保护钢筋不生锈;具有良好耐久性;耐火性较好。

2. 缺点

自重大;抗拉强度低;变形能力差,易开裂;生产周期长。

四、混凝土的组成材料及选用原则

1. 混凝土的组成材料

混凝土的组成材料:胶凝材料、粗集料、细集料、外加剂、外掺料等;普通混凝土的组成材料:水泥、砂(细集料)、石(粗集料)、水、外加剂、掺和料。

(1)普通混凝土的构成,如图4-1所示。

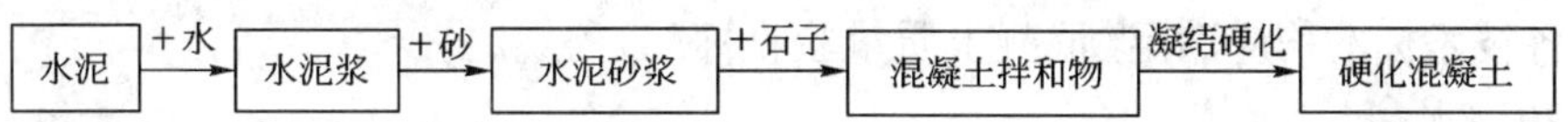

图4-1 普通混凝土的组成

(2)普通混凝土的组成材料及其作用,如表4-1所示。

普通混凝土各组成材料及作用 表4-1

材料	混凝土拌和物阶段	硬化混凝土阶段
水泥、水	(水泥浆)润滑作用	(水泥石)胶凝作用
砂、石		骨架作用、抑制水泥石收缩的作用

2. 普通混凝土组成材料的选用原则

1)水泥

(1)正确选择水泥品种。

(2)正确选择水泥强度等级。

2)砂(细集料,粒径小于4.75mm的岩石颗粒)

(1)分类:天然砂与人工砂。

(2)等级:I类用于强度等级大于C60的混凝土;II类用于强度等级C30~C60以及有抗冻、抗渗或其他要求的混凝土和砂浆;III类用于强度等级小于C30的混凝土。

(3)砂的技术性质及质量标准。

①粗细程度与颗粒级配的区别如表4-2所示。

砂的粗细程度与颗粒级配的区别 表4-2

项目	粗细程度	颗粒级配
定义	砂总体的粗细程度	砂颗粒粒径的分配比例
指标	细度模数 M_x	级配区或级配曲线

要求使用粗细适度、级配合格的砂(即细度模数在3.7~1.6之间,且级配在1~3区范围之内的砂)。

②有害杂质含量:用于混凝土的砂,有害杂质含量必须在规定范围内。

3)石子(粗集料,粒径大于4.75mm的岩石颗粒)

(1)分类:卵石与碎石。

(2)等级:I 类用于强度等级大于 C60 的混凝土;II 类用于强度等级 C30 ~ C60 以及有抗冻、抗渗或其他要求的混凝土;III 类用于强度等级小于 C30 的混凝土。

(3)技术性质及质量标准:

颗粒级配:不同粒径的分配比例情况;

测定方法:筛分析法(根据累计筛余率判断石子级配是否合格);

种类:连续级配、间断级配以及单粒级配。

最大粒径(D_{max})定义:石子公称粒径的上限;

强度指标:立方体抗压强度或压碎指标;

坚固性;

针片状颗粒含量;

有害杂质含量:泥、泥块、有机物、硫化物和硫酸盐、草根、树皮、树叶、塑料、煤块、炉渣等属于有害杂质;

以上各技术标准均应满足《混凝土质量验收标准》的规定。

4)拌和用水

自来水以及天然洁净水即符合生活用水标准的水,都可用于拌和混凝土。

重点难点提示

混凝土用集料是混凝土中使用量最大的材料,能正确判断它们的质量状况是需掌握的重点内容。

1. 级配的选择

(1)颗粒级配定义:颗粒级配是指不同粒径颗粒搭配的比例情况。

(2)级配良好的砂,不同粒径颗粒搭配比例适当,其空隙率小,且总表面积小,可以节约水泥或改善混凝土拌和物的和易性。

(3)颗粒级配采用筛分法确定,详见实践技能训练部分。

(4)颗粒级配的指标:级配区,按 600μm 筛的累计筛余率的大小,可分为 1 区、2 区、3 区共 3 个级配区。

(5)级配合格判定:砂的实际级配全部在任一级配区规定范围内;除 4.75mm 和 600μm 筛档外,可以略有超出,但超出总量应小于 5%。宜优先选择级配在 2 区的砂;当采用 1 区砂时,应适当提高砂率;当采用 3 区砂时,应适当减小砂率。

(6)规格:砂按细度模数大小分为粗砂、中砂、细砂。细度模数按下式计算:

$$M_x = \frac{(A_2 + A_3 + A_4 + A_5 + A_6) - 5A_1}{100 - A_1} \tag{4-1}$$

式中:A_1、A_2、A_3、A_4、A_5、A_6——分别为 4.75mm、2.36mm、1.18mm、600μm、300μm、150μm 筛的累计筛余百分率(%);

M_x——细度模数,粗砂 $M_x = 3.7 \sim 3.1$,中砂 $M_x = 3.0 \sim 2.3$,细砂 $M_x = 2.2 \sim 1.6$。

2. 混凝土的技术性能是判断混凝土质量状况的唯一依据,要注意理解和易性中所包含的三个方面的内容,能采用正确的试验方法检测混凝土拌和物的和易性,并能根据测定的具体情况进行调整,以使混凝土拌和物的和易性达到设计要求。

五、混凝土拌和物的技术性质——和易性

1. 定义及所包含的内容

(1)定义:混凝土拌和物易于施工操作,能够获得组成均匀、成型密实的硬化混凝土的性质。

(2)包括三方面技术性能:流动性、黏聚性、保水性。

2. 测定方法

(1)坍落度法。适用条件:石子最大粒径不大于37.5mm,坍落度值不小于10mm的混凝土。

(2)维勃稠度法。适用条件:石子集料粒径不大于37.5mm,维勃稠度值在5~30s之间的混凝土。

3. 评定原则

定量测定流动性
经验判断黏聚性　}　综合评定和易性
经验判断保水性

4. 影响和易性的主要因素

(1)水泥浆用量。

(2)水灰比。

(3)砂率。

(4)集料的表面特征。

(5)时间和温度。

(6)外加剂。

5. 改善和易性措施

(1)改善砂石料的级配,调整砂石料的粒径,尽可能的采用连续级配。

(2)确定合适的砂率。

(3)掺入外加剂。

(4)在水灰比不变的前提条件下,适当增加水泥浆的用量。

(5)尽量采用较粗的砂石。

六、硬化混凝土的技术性质——强度与耐久性、变形性能

1. 强度

1)定义

强度是混凝土最重要的力学性质,其强度指标及其作用如表4-3所示。

混凝土强度指标及作用　　表4-3

强度指标		作用
抗压强度	立方体抗压强度	判断混凝土质量的依据
	轴心抗压强度	混凝土结构设计的取值依据
抗拉强度		是结构设计中确定混凝土抗裂强度的主要指标
抗弯折强度		评定路面混凝土质量的依据

2)混凝土立方体抗压强度f_{cu}(注意4个标准)

(1)制作混凝土立方体试件,标准试件尺寸:150mm×150mm×150mm,非标准试件尺寸:100mm×100mm×100mm,200mm×200mm×200mm。

(2)标准养护(养护条件)。

(3)标准龄期:28d。

(4)采用标准方法进行力学试验。

(5)数据处理,确定立方体抗压强度。

(6)判断混凝土是否达到所设计强度等级的要求。

3)混凝土的强度等级

是根据混凝土立方体抗压强度标准值($f_{cu,k}$)划分的强度级别。

4)影响强度的主要因素

(1)水泥强度与水灰比 $f_{cu}=\alpha_a f_{ce}(C/W-\alpha_b)$。

(2)混凝土组成材料的影响。

(3)养护条件。

(4)养护龄期。

(5)施工质量。

5)提高强度的主要措施

(1)采用高强度等级的水泥。

(2)采用低水灰比的混凝土。

(3)加强湿热养护。

(4)改进施工工艺,提高施工质量。

(5)掺入外加剂。

2. 耐久性

1)耐久性定义及所包含的内容

(1)定义:混凝土抵抗环境介质作用,并长期保持良好使用性能和外观完整性,从而维持混凝土结构的安全、正常使用的能力,称为混凝土的耐久性。

(2)内容:抗冻性、抗渗性、抗碳化反应、碱—集料反应、抗腐蚀性能。

2)提高混凝土耐久性的措施

(1)选择合适的水泥品种。

(2)提高混凝土的密实程度措施有:控制混凝土中的最大水灰比和最小水泥用量,加强浇筑和振捣,加强养护。

(3)选择质量良好的集料(级配良好,以使混凝土获得最大的密实度)。

(4)掺入外加剂。

3. 变形性能

(1)非荷载作用下的变形性能见表4-4。

非荷载作用下的变形性能 表4-4

化学收缩	在混凝土硬化过程中,由于水泥水化产物的体积比反应前物质的体积小,从而引起混凝土的收缩
干湿变形	由于混凝土周围环境湿度变化,而引起混凝土的干湿变形,表现为湿胀干缩
温度变形	混凝土与其他材料一样,会随温度变化产生热胀冷缩现象

(2)荷载作用下的变形性能见表4-5。

荷载作用下的变形性能 表4-5

短期荷载作用下的变形	混凝土的弹塑性变形、混凝土的弹性模量
长期荷载作用下的变形——徐变	在加荷瞬间,混凝土产生瞬时变形,随着时间延长,又产生徐变变形

重点难点提示

(1)注意区别的f_{cu}与$f_{cu,k}$的含意:立方体抗压强度(f_{cu})只是一组混凝土试件抗压强度的算术平均值,并未涉及数理统计、保证率的概念,或者说只有50%的保证率;而立方体抗压强度标准值($f_{cu,k}$)是按数理统计方法确定,具有不低于95%保证率的立方体抗压强度。采用了以立方体抗压强度标准值来表征混凝土的强度,对于实际工程来讲,大大提高了安全性。

(2)混凝土的强度等级符号所代表的含义:例如"C30"的含义①是该混凝土的$f_{cu,k}=30MPa$,含义②是该批混凝土的$f_{cu}\geq 30MPa$的强度保证率为95%。

强度等级的实际使用意义:强度等级是混凝土结构设计的强度计算取值依据,同时也是混凝土施工中控制工程质量和工程验收时的重要依据。

(3)混凝土的质量状况如何主要根据硬化混凝土的强度指标反映,因此,应重点掌握混凝土强度指标的测定方法,并能理解影响因素对混凝土强度的作用,采取正确的方法来提高混凝土的强度。

(4)提高混凝土强度的措施:

①采用高强度等级水泥和快硬早强类水泥。

②降低水灰比。

③掺加混凝土外加剂和掺和料。外加剂是配制高强混凝土的必备组分,常用来提高水泥混凝土强度和促进强度发展的外加剂有高效减水剂、早强剂等。

④采用机械搅拌和振捣。机械搅拌比人工拌和能使混凝土拌和物更均匀,特别在拌和低流动性混凝土拌和物时效果更显著。当水灰比值逐渐增大,即流动性逐渐增大时,振动捣实的优越性就逐渐降低下来,其强度提高一般不超过10%。

⑤采用湿热处理——蒸汽养护和蒸压养护。

七、外加剂

1. 外加剂的定义

混凝土外加剂是指在混凝土拌和过程中加入的、能按要求改善混凝土性能的材料。

2. 外加剂分类(表4-6)

外加剂的分类 表4-6

改善混凝土拌和物流动性能的外加剂	减水剂、引气剂
调节混凝土凝结时间的外加剂	缓凝剂、早强剂、速凝剂
改善混凝土耐久性的外加剂	引气剂、防水剂
改善混凝土其他性能的外加剂	加气剂、膨胀剂、防冻剂、着色剂等

八、普通混凝土配合比设计

1. 配合比的概念

配合比是指混凝土的各组成材料数量之间的比例关系,工程中常用"质量比"表示。

2. 配合比表示方法(两种)

(1)以$1m^3$混凝土中各组成材料的用量表示,单位kg。

水泥: 砂: 石: 水 = 350: 788: 1685: 182

(2)以各组成材料之间的质量比来表示。

水泥: 砂: 石: 水 = 1: 2.25: 4.81: 0.52

3. 配合比设计所需要达到的目的(即基本要求)

(1)质量要求:混凝土的强度满足设计的要求,和易性满足施工的要求,耐久性满足工程所处环境对混凝土的要求。

(2)经济要求:在保证混凝土质量的前提条件下,经济合理,即节约水泥、降低成本。

4. 配合比设计的三个重要参数

(1)水灰比(W/C)(m_w/m_c)。

(2)单位用水量(m_w)。

(3)砂率(β_s)。

5. 普通混凝土配合比设计过程

1)初步配合比的计算

(1)确定混凝土强度:

$$f_{cu,0} \geqslant f_{cu,k} + 1.645\sigma \tag{4-2}$$

(2)确定水灰比 W/C:

$$f_{cu,0} = \alpha_a f_{ce}(C/W - \alpha_b) \tag{4-3}$$

(3)确定单位用水量 m_0,根据坍落度、集料种类、最大粒径查《普通混凝土配合比设计规程》(JGJ 55—2000)。

(4)计算单位水泥用量 m_{c0},根据水灰比及单位用水量确定,并用耐久性来校核。

(5)确定合理砂率 β_s,根据试验资料或经验资料选取。

(6)计算单位砂、石用量 m_{s0}、m_{g0}。

质量法:假设混凝土拌和物的体积密度为 $\rho_0 = 2\,350 \sim 2\,450\text{kg/m}^3$。

$$\begin{cases} m_c + m_s + m_g + m_w = \rho_0 \times 1 \\ \beta_s = \dfrac{m_{s0}}{m_{s0} + m_{g0}} \times 100\% \end{cases} \tag{4-4}$$

体积法:假设混凝土拌和物的含气量为 $\alpha = 1\%$。

$$\begin{cases} V_c + V_s + V_g + V_w + V_{气体} = 1\text{m}^3 \\ \beta_s = \dfrac{m_{s0}}{m_{s0} + m_{g0}} \times 100\% \end{cases} \tag{4-5}$$

(7)计算外加剂掺量 m_j。

2)确定试验室配合比

(1)试配少量混凝土(15L),计算试配 15L 混凝土各组成材料的用量:$m_{ci} = 0.015m_{c0}$、$m_{si} = 0.015m_{s0}$、$m_{gi} = 0.015m_{g0}$、$m_{wi} = 0.015m_{w0}$。

(2)坍落度试验检测混凝土拌和物和易性,并调整配合比,在坍落度试验中若出现以下现象,则需对混凝土配合比进行调整:

①坍落度偏大——保持砂率不变,增加砂石用量。

②坍落度偏小——保持水灰比不变,增加水泥浆量。

③黏聚性不好——提高砂率。

④保水性不好——提高砂率。

(3)测定混凝土拌和物体积密度。

(4)制作混凝土立方体试件,检测 28d 抗压强度值,根据具体数值调整配合比,得到实验室配合比。

3)根据天然砂子、石子含水率换算确定施工配合比

$$m_c = m_{c0}, m_s = m_{s0}(1 + a\%) \tag{4-6}$$

$$m_g = m_{g0}(1 + b\%), m_w = m_{w0} - m_{s0} \times a\% - m_{g0} \times b\% \tag{4-7}$$

重点难点提示

(1)进行混凝土配合比设计时,为了使混凝土耐久性符合要求,按强度要求计算的水灰比值不得超过规定的最大水灰比值,否则混凝土耐久性不合格,此时取规定的最大水灰比值作为混凝土的水灰比值。

(2)将计算出的水泥用量与规定的最小水泥用量比较,如计算水泥用量不低于规定的最小水泥用量,则耐久性合格;否则耐久性不合格,此时应取规范规定的最小水泥用量。

九、混凝土生产的质量控制

1. 质量控制的目的

质量控制的目的是为保证结构安全可靠的使用。

2. 质量控制的内容

(1)原材料的质量控制:水泥、砂、石要严格按技术要求标准进行检验。

(2)配合比设计的质量控制:生产前应检验配合比设计资料、试件强度试验报告、集料含水率测试结果和施工配合比通知单。

(3)生产施工工艺的质量控制:运输、浇筑及间歇的全部时间不应超过初凝时间,运输过程中防止离析、泌水、流浆等。

十、轻混凝土及其他混凝土种类及定义

(1)轻混凝土:混凝土的体积密度小于 1 950kg/m^3 的混凝土。分为轻集料混凝土、加气混凝土、大孔混凝土。

(2)加气混凝土:是含硅材料和钙质材料加水并加入适量的发气剂和其他附加剂,经混合搅拌、浇筑发泡、坯体静停与切割,再以蒸压或常压蒸汽养护而制成的不含粗集料的轻混凝土。

(3)大孔混凝土:该混凝土集料分级配特殊,造成较严重的粒径干扰,水泥浆只起到黏结集料的作用,而起不到填充骨料空隙的作用,因而在混凝土内部形成大量孔隙。

(4)抗冻混凝土:抗冻等级等于或大于 F50 级的混凝土。

(5)抗渗混凝土:抗渗等级等于或大于 P6 的混凝土。

(6)耐酸混凝土:是指能防止酸性介质腐蚀作用的混凝土。

(7)高强混凝土:强度等级在 C60 及其以上的混凝土。

(8)流态混凝土或泵送混凝土:是指混凝土拌和物坍落度大于或等于 160mm 且呈高度流动状态的混凝土。

(9)大体积混凝土:是指混凝土结构物实体等于或大于 1m,或预计会因水泥水化热引起混凝土内外温差过大而导致裂缝的混凝土。

【典型例题解析】

例 4-1 简述混凝土由哪些材料组成并说明其用量之间的关系。

答:混凝土由水泥、水、砂、石子、外加剂5种材料组成,各种材料用量之间的关系如图4-2所示。

(1)水泥浆数量和单位用水量;(2)集料的品种、级配和粗细程度;(3)砂率;

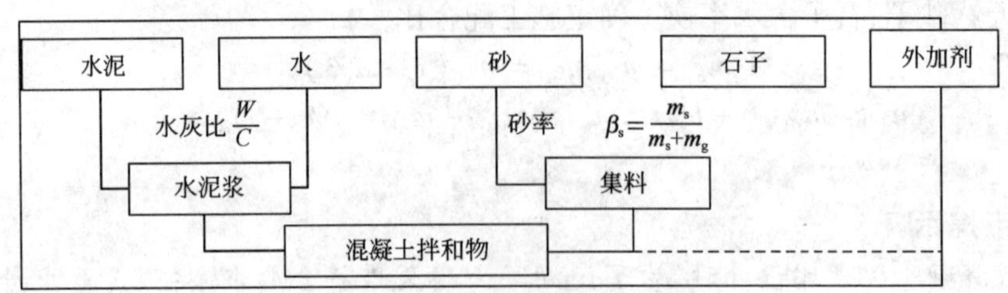

图4-2 混凝土材料组成及各用量之间关系

例4-2 什么叫合理砂率?如何确定?

答:合理砂率是指在水泥浆数量一定的条件下,能使拌和物的流动性(坍落度)达到最大,且黏聚性和保水性良好时的砂率;或者是在流动性(坍落度)、强度一定,黏聚性良好时,水泥用量最小的砂率。

确定合理砂率时除根据流动性及水泥用量的原则来考虑外,还要根据所用材料及施工条件对混凝土拌和物的黏聚性和保水性的要求而确定。如砂的细度模数较小,则应采用较小的砂率;水灰比较小,应采用较小的砂率;流动性要求较大,应采用较大的砂率等。

例4-3 现场浇筑混凝土时,严禁施工人员随意向混凝土中加水。试分析加水对混凝土性能的影响,以及它与混凝土成型凝结后的洒水养护有无矛盾?为什么?

答:制作混凝土时任意加水,使得配合比中水灰比增大,这会增大硬化混凝土的孔隙率而导致其抗压强度、抗渗性等降低,使混凝土强度、耐久性达不到设计要求。洒水养护是混凝土硬化过程中为使水泥继续水化反应提供充足的水分,不会改变配合比。所以二者并不矛盾,其作用和结果也完全不同。

例4-4 某工地施工人员拟采用以下几个方案来提高混凝土拌和物的流动性,试问下述方案可行或不可行的理由。

解:分析结果及理由见表4-7。

分析结果及理由 表4-7

方案	是否可行	理由
直接向混凝土拌和物中加水	不可行	水灰比增大,强度和耐久性降低
增加砂石用量	不可行	流动性会降低
加入减水剂	可行	能使水分充分发挥作用,可改善流动性
保持水灰比不变,增加水泥浆用量	可行	水泥浆的润滑作用
提高砂率	不可行	会降低流动性
加强混凝土浇筑后的振捣	不可行	易产生离析现象

例4-5 取500g砂做筛分实验,结果如表4-8所示,试计算各累计筛余值,并评定砂的粗细程度。

筛分实验结果 表4-8

筛孔(mm)	5	2.5	1.25	0.63	0.315	0.16	<0.16
筛余量(g)	5	45	115	132	83	56	64

解:累计筛余的计算及粗细程度评定结果如表 4-9 所示。

累计筛余计算及粗细程度评定结果 表 4-9

筛孔(mm)	5	2.5	1.25	0.63	0.315	0.16	<0.16
筛余量(g)	5	45	115	135	80	66	54
分计筛余(%)	1	9	23	27	16	13.2	10.8
累计筛余(%)	1	10	33	60	76	89.2	100
细度模数	$M_x=\frac{(A_2+A_3+A_4+A_5+A_6)-5A_1}{100-A_1}=2.66$ 细度模数在 2.3~3.0 之间,是中砂						

例 4-6 按初步计算配合比试配少量混凝土,各组成材料的用量分别为:水泥 5.2kg,砂 11.32kg,石子 22.40kg,水 2.56kg。经检测发现其坍落度偏大,于是保持水灰比不变,增加砂石用量各 5%,并测得混凝土拌和物的体积密度为 2 380kg/m^3。

(1)计算调整后,1m^3 混凝土的各组成材料用量。

(2)计算 2 袋水泥(100kg)拌制混凝土需要加砂、石、水用量各多少。

解:(1)增加后砂、石的用量分别为:

$$m_s = 11.32\times(1+5\%) = 11.89\text{kg} \qquad m_g = 22.40\times(1+5\%) = 23.52\text{kg}$$

试拌材料总量为: $m_{Qb}=11.89+23.52+2.56+5.2=43.17\text{kg}$

1m^3 混凝土中各种材料基准配合比用量为:

$$m_{cj} = \frac{5.2}{43.17}\times 2\,380 = 287\text{kg} \qquad m_{wj} = \frac{2.56}{43.17}\times 2\,380 = 141\text{kg}$$

$$m_{sj} = \frac{11.89}{43.17}\times 2\,380 = 655\text{kg} \qquad m_{gj} = \frac{23.52}{43.17}\times 2\,380 = 1\,296\text{kg}$$

调整后,1m^3 混凝土的各组成材料用量分别为:水泥 287kg,砂 655kg,石子 1 296kg,水 141kg。

(2)配合比为:

水泥: 砂: 石子: 水 =1: 2.28: 4.52: 0.49

当水泥为 100kg 时,砂为 228kg,石子为 452kg,水为 49kg。

难点分析

利用调整后各种材料的用量比例确定 1m^3 混凝土中各组成材料用量。

例 4-7 已知某混凝土设计强度为 30MPa,施工单位的强度标准差为 $\sigma=3$MPa,采用普通水泥,水泥富余系数 $K_c=1.13$,水灰比 $W/C=0.54$,选用碎石作集料,$A=0.46$,$B=0.52$,问水泥强度等级值应选用多大?

解:(1)计算配制强度:$f_{cu,0}=f_{cu,k}+1.645\sigma=34.9$MPa

(2)计算水泥实际强度:据 $f_{cu}=\alpha_a f_{ce}(C/W-\alpha_b)$ 得:

$$f_{ce} = \frac{f_{cu}}{A\left(\frac{C}{W}-B\right)} = 56.9$$

(3)确定水泥强度等级:$\frac{f_{ce}}{K_c}=\frac{56.9}{1.13}=50.4$MPa,故水泥强度等级选用 52.5 级。

难点分析

水泥的实际强度值和水泥强度等级值是两个不同的概念，注意区分。

例 4-8 某混凝土工程，设计强度等级为 C30。施工中制作一组标准混凝土立方体试件，经标准养护 28d，进行力学性能试验，测得抗压破坏荷载分别为 765kN、770kN、772kN，试判断该混凝土是否达到所设计的强度等级要求。

解：混凝土立方体抗压强度 f_{cu} 按下式计算（精确至 0.01MPa）：

$$f_{cu1}=\frac{P_1}{A}=\frac{765}{22.5}=34\text{MPa}$$

$$f_{cu2}=\frac{P_2}{A}=\frac{770}{22.5}=34.2\text{MPa}$$

$$f_{cu3}=\frac{P_3}{A}=\frac{770}{22.5}=34.2\text{MPa}$$

以 3 个试件强度值的算术平均值作为该组试件的抗压强度代表值（精确至 0.1MPa）：

$$f_{cu}=\frac{f_{cu1}+f_{cu2}+f_{cu3}}{3}=\frac{34+34.2+34.3}{3}=34.2\text{MPa}$$

混凝土立方体抗压强度为 34.2MPa，达到设计要求。

难点分析

以 3 个试件强度值的算术平均值作为该组试件的抗压强度代表值（精确至 0.1MPa）。3 个测值中的最大值或最小值与中间值之差超过中间值的 15% 时，取中间值作为该组试件的抗压强度代表值；如最大值和最小值与中间值之差均超过中间值的 15% 时，则该组试件的试验结果无效。

例 4-9 配制某强度等级混凝土，按饱和面干状态计算的配合比为水泥：砂：碎石 = 314.8：630.7：1 340.3，$W/C=0.54$，并已知砂的饱和面干含水率为 0.8%、天然含水率为 5%，碎石的饱和面干含水率为 0.5%、天然含水率 3%，试确定施工配合比。

解：

$$m_c=m_{c0}=314.8\approx315\text{kg/m}^3$$

$$m_{w0}=m_c\times W/C=315\times0.54=170\text{kg}$$

$$m_w=170-170(5\%-0.8\%)=110\text{kg/m}^3$$

$$m_s=1\,340.3\times[1+(5\%-0.8\%)]=1\,373.8\text{kg/m}^3$$

$$m_{g0}=630.7\times[1+(5\%-0.8\%)]=657.2\text{kg/m}^3$$

故施工配合比为水泥：砂：碎石 = 315：657.2：137.8 = 1：2.09：4.3，$W/C=0.35$。

难点分析

砂的含水状态，从干到湿分为 4 种状态，即全干状态、气干状态、饱和面干状态、湿润状态，其中饱和面干状态与周围水的交换最少，实验室配合比的理想状态为饱和面干状态。

例 4-10 已知某混凝土设计强度等级为 C25，强度标准差为 5MPa，采用的材料为：水泥采用强度等级为 42.5MPa 的普通硅酸盐水泥，实测强度为 43.5MPa，水泥的密度 $\rho_c=3\,000\text{kg/m}^3$；砂采用中砂，砂的表观密度 $\rho_s=2\,650\text{kg/m}^3$；石子采用碎石，最大粒径为 20mm，石子的表观密度 $\rho_g=2\,700\text{kg/m}^3$，$A=0.46$，$B=0.52$，若单位用水量选 $W=180\text{kg/m}^3$，水的密度 $\rho_w=1\text{kg/m}^3$。

满足耐久性要求的最大水灰比为0.6,最小水泥用量为260kg,砂率选$\beta_s = 0.36$,试求混凝土初步配合比。

解:(1)计算配制强度:

$$f_{cu,0} = f_{cu,k} + 1.645\sigma = 33.2\text{MPa}$$

(2)计算水灰比:

$$\frac{W}{C} = \frac{\alpha_a \cdot f_{ce}}{f_{cu,0} + \alpha_a \cdot \alpha_b \cdot f_{ce}} = \frac{0.46 \times 43.5}{33.2 + 0.46 \times 0.52 \times 43.5} = 0.46$$

复核耐久性:$W/C = 0.46 < 0.6$,满足耐久性要求。

(3)计算水泥用量:

$$m_{c0} = \frac{m_{w0}}{m_w/m_c} = \frac{180}{0.46} = 391\text{kg}$$

复核耐久性:实际水泥用量391kg大于规范规定的最小水泥用量260kg,满足耐久性要求。

(4)计算砂子、石子用量(采用体积法计算):

$$\begin{cases} \dfrac{m_{s0}}{2\,650} + \dfrac{m_{g0}}{2\,700} = 1 - \dfrac{391}{3\,000} - \dfrac{180}{1\,000} - 0.01 \\ \dfrac{m_{s0}}{m_{s0} + m_{g0}} = 0.36 \end{cases}$$

联解方程得:$m_{c0} = 391\text{kg}, m_{s0} = 1\,166\text{kg}, m_{g0} = 653\text{kg}, m_{c0} : m_{s0} : m_{g0} = 391 : 653 : 1\,166 = 1 : 1.67 : 2.98$,$W/C = 0.46$。

难点分析

混凝土的配合比设计,实际上就是单位体积混凝土拌和物中水、水泥、粗集料、细集料4种材料用量的确定,关键在于确定3个基本参数:水灰比(W/C或m_w/m_c)、单位用水量(m_w)、砂率(β_s)。

水灰比的确定取决于混凝土的强度和耐久性,由强度和耐久性分别确定的水灰比往往不同,此时应取小值。但当强度和耐久性都已满足的前提下,水灰比应取较大值,以获得较高的流动性。

砂率主要应从满足工作性和节约水泥两个方面考虑,在水灰比和水泥用量不变的前提下,应取合理砂率。在工作性满足的情况下,砂率应尽可能取小值以节约水泥。

单位用水量反映的是水泥浆量与集料用量之间的比例关系,要满足流动性和耐久性的要求,根据规范规定的范围取值。

【实践技能训练】

实训一　砂的筛分析实验

基本操作技能

一、实验目的

测定砂子的颗粒级配并计算细度模数,为水泥混凝土、沥青混合料及无机结合料配合比设计提供依据。

二、主要仪器设备

电热鼓风干燥箱[温度控制在(105 ±5)℃],方孔筛(孔径为150μm、300μm、600μm、1.18mm、2.36mm、4.75mm及9.50mm各1只,并附有筛底和筛盖),天平(量程1 000g,感量1g),摇筛机,搪瓷盘,毛刷等。

三、试样制备

按规定方法取样约1 000g,放入电热鼓风干燥箱内于105℃ ±5℃下烘干至恒量,待冷却至室温后,筛除大于9.50mm的颗粒,记录筛余量;将过筛的砂分成2份备用。

四、实验步骤

(1)称取试样500g,精确至1g。将试样倒入按孔径从大到小顺序排列、有筛底的套筛上,然后进行筛分。

(2)将套筛置于摇筛机上,筛分10min;取下套筛,按孔径大小顺序再逐个手筛,筛至每分钟通过量小于试验总量的0.1%为止。通过筛的试样并入下一号筛中,并和下一号筛中的试样一起筛分,依次按顺序进行,直至各号筛全部筛完为止。

(3)称取各号筛的筛余量,精确至1g。试样在各号筛上的筛余量不得超过按式(4-8)计算出的质量。

$$G = \frac{A \cdot d^{\frac{1}{2}}}{200} \tag{4-8}$$

式中:G——在一个筛上的筛余量(g);

A——筛面面积(mm^2);

d——筛孔尺寸(mm)。

超过时应按下列方法之一处理:

(1)将该粒级试样分成少于按上式计算出的量,分别筛分,并以筛余量之和作为该号筛的筛余量。

(2)将该粒级及以下各粒级的筛余混合均匀,称出其质量,精确至1g。再用四分法缩分为大致相等的2份,取其中1份,称出其质量,精确至1g,继续筛分。计算该粒级及以下各粒级的分计筛余量时,应根据缩分比例进行修正。

五、结果评定

(1)计算分计筛余率:以各号筛筛余量占筛分试样总质量百分率表示,精确至0.1%。

(2)计算累计筛余率:累计未通过某号筛的颗粒质量占筛分试样总质量的百分率,精确至0.1%。如各号筛的筛余量同筛底的剩余量之和,与原试样质量之差超过1%时,须重新试验。

(3)砂的细度模数按下式计算(精确至0.01):

$$M_x = \frac{(A_2 + A_3 + A_4 + A_5 + A_6) - 5A_1}{100 - A_1} \tag{4-9}$$

式中: M_x——细度模数;

A_1、A_2、A_3、A_4、A_5、A_6——分别为4.75mm、2.36mm、1.18mm、0.60mm、0.30mm、0.15mm筛的累计筛余百分率。

(4)完成实验报告。

重点提示

(1)试验样品的准备:根据样品中最大粒径的大小,选用适宜的标准筛(水泥混凝土用天然砂通常为9.5mm筛，沥青路面及基层用的天然砂、机制砂通常为4.75mm筛）筛除超粒径材料；然后在潮湿状态下充分拌匀，用分料器或四分法缩分至不少于550g的试样2份，在105℃的烘箱中烘干至恒重冷却后备用。（注：恒重系指试样在烘干1～3h的情况下，其前后2次质量之差不大于该项试验所要求的称量精度）

(2)试验过程中要避免将试样散落在外，称量要准确无误，精确至0.5g。最后用分计筛余量和底盘中剩余量的总和与筛分前试样总量相比核准试验精度，如各号筛的筛余量同筛底的剩余量之和，与原试样质量之差超过1%时，须重新试验。

(3)细集料的级配鉴定方法：用各筛号的累计筛余百分率绘制级配曲线，对照国家规范规定的级配区范围来判定，砂的实际级配全部在任一级配区规定范围内为合格（除4.75mm和600μm筛档外，其他可以略有超出，但超出总量应小于5%），否则为不合格。

(4)细集料粗细程度鉴定方法：用细度模数判定。砂按细度模数大小分为粗砂、中砂、细砂，$M_x=3.7\sim3.1$时为粗砂，$M_x=3.0\sim2.3$时为中砂，$M_x=2.2\sim1.6$时为细砂。

思考题

1. 水泥混凝土粗、细集料的分界粒径是多少？试验之前应筛除大于多少毫米粒径的颗粒？
2. 简述细集料的试样缩分方法。
3. 如何判定细集料的级配是合格的？
4. 如何判断细集料是粗砂、中砂还是细砂？
5. 为什么要鉴别砂的级配和粗细程度？

实训二　混凝土用粗集料（石子）筛分实验

基本操作技能

一、实验目的

测定粗集料的颗粒级配及粒级规格，以便于选择优质粗集料，达到节约水泥和提高混凝土强度的目的，同时为集料使用和混凝土配合比设计提供依据。

二、主要仪器设备

烘箱[温度控制在(105±5)℃]，标准筛[孔径为2.36mm、4.75mm、9.50mm、16.0mm、19.0mm、26.5mm、31.5mm、37.5mm、53.0mm、63.0mm、75.0mm及90mm筛各1只，并附有筛底和筛盖（筛框内径为300mm）]，台秤（称量10kg，感量1g），摇筛机，浅盘，毛刷等。

三、试样制备

按规定方法取样，并将试样缩分至略大于表4-10规定的数量，烘干或风干后备用。

各种颗粒级配所需试样数量　　表4-10

最大粒径(mm)	9.5	16.0	19.0	26.5	31.5	37.5	63.0	75.0
最少试样质量(kg)	1.9	3.2	3.8	5.0	6.3	7.5	12.6	16.0

四、实验步骤

(1)称取按表4-8规定数量的试样1份，精确至1g。将试样倒入按孔径大小从上到下组合、附底筛的套筛上进行筛分。

(2)将套筛置于摇筛机上，筛分10min；取下套筛，按筛孔尺寸大小顺序逐个手筛，筛至每分钟通过量小于试样总质量的0.1%为止。通过的颗粒并入下一号筛中，并和下一号筛中的试样一起过筛,按此顺序进行,直至各号筛全部筛完为止。

(3)称出各号筛的筛余量,精确至1g。

五、结果评定

(1)计算分计筛余百分率:以各号筛的筛余量占试样总质量的百分率表示,计算精确至0.1%。

(2)计算累计筛余百分率:该号筛的分计筛余百分率加上该号筛以上各分计筛余百分率之和,精确至1%。筛分后,如每号筛的筛余量与筛底的筛余量之和,与原试样质量之差超过1%时,须重新实验。

(3)根据各号筛的累计筛余百分率,评定该试样的颗粒级配。

(4)完成实验报告。

重点提示

(1)当筛余颗粒的粒径大于19.00mm时,在筛分过程中,允许用手指拨动颗粒。

(2)为减少空隙率,改善混凝土拌和物和易性及提高混凝土的强度,粗集料也要求有良好的颗粒级配。

(3)试验结果要求粗集料各号筛上的累计筛余百分率应满足国家规范规定的粗集料颗粒级配范围要求。

思考题

1. 粗集料的颗粒级配类型有几种?各有什么特点?对混凝土的性能有何影响?

2. 什么叫粗集料的最大粒径?

3. 水泥混凝土中粗、细集料筛分试验用的标准筛孔径有何区别?

4. 比较实验结果和经验数据之间的差异并分析其原因。

实训三　混凝土拌和物和易性实验

基本操作技能

一、实验目的

评定新拌混凝土拌和物的流动性、黏聚性和保水性,判断混凝土是否便于施工,是否满足质量均匀、成型密实的性能。

二、混凝土拌和物取样及试样制备

1. 一般规定

(1)混凝土拌和物试验用料应根据不同要求,从同一盘或同一车运送的混凝土中取出,或在实验室用机械或人工单独拌制。

(2)在实验室拌制混凝土进行试验时,拌和用的集料应提前运入室内。拌和时实验室的温度应保持在(20±5)℃。

(3)材料用量以质量计,称量的精确度:集料为±1%,水、水泥和外加剂均为±0.5%。混凝土试配时的最小搅拌量为:当集料最大粒径小于30mm时,拌制数量为15L;最大粒径为40mm时,拌制数量为25L;搅拌量不应小于搅拌机额定搅拌量的$\frac{1}{4}$。

2. 主要仪器设备

搅拌机(容量75~100L,转速18~22r/min),磅秤(称量50kg,感量50g),天平(称量5kg,感量1g),量筒(200mL、100mL各1只),拌板(1.5m×2.0m左右),拌铲,盛器,抹布等。

3. 拌和方法

1)人工拌和

(1)按所定配合比备料,以全干状态为准。

(2)将拌板和拌铲用湿布润湿后,将砂倒在拌板上,然后加入水泥,用铲自拌板一端翻拌至另一端,然后再翻拌回来,如此重复直至颜色混合均匀,再加入石子翻拌至混合均匀为止。

(3)将干混合料堆成堆,在中间做一凹槽,将已称量好的水,倒入一半左右在凹槽中(勿使水流出),然后仔细翻拌,并徐徐加入剩余的水,继续翻拌。每翻拌1次,用铲在混合料上铲切1次,直至拌和均匀为止。

(4)拌和时力求动作敏捷,拌和时间从加水时算起,应大致符合以下规定:

拌和物体积为30L以下时,拌和时间为4~5min;拌和物体积为30~50L时,拌和时间为5~9min;拌和物体积为51~75L时,拌和时间为9~12min。

(5)拌好后,根据试验要求,即可做拌和物的各项性能试验或成型试件。从开始加水时算起,全部操作必须在30min内完成。

2)机械搅拌

(1)按所定配合比备料,以全干状态为准。

(2)预拌1次,即用按配合比的水泥、砂和水组成的砂浆和少量石子,在搅拌机中涮膛,然后倒出多余的砂浆,其目的是使水泥砂浆先黏附满搅拌机的筒壁,以免正式拌和时影响混凝土的配合比。

(3)开动搅拌机,将石子、砂和水泥依次加入搅拌机内,干拌均匀,再将水徐徐加入。全部加料时间不得超过2min,水全部加入后,继续拌和2min。

(4)将拌和物从搅拌机中卸出,倒在拌板上,再经人工拌和1~2min,即可做拌和物的各项性能试验或成型试件。从开始加水时算起,全部操作必须在30min内完成。

三、混凝土拌和物和易性(坍落度)试验

采取定量测定流动性,直观经验判定黏聚性和保水性的原则,评定混凝土拌和物的和易性。坍落度法适合于坍落度值不小于10mm的塑性拌和物;维勃稠度法适合于维勃稠度在5~30s之间的干硬性混凝土拌和物。要求集料的最大粒径均不得大于37.5mm。本试验只介绍坍落度法。

1. 主要仪器设备

坍落度筒(截头圆锥形,由薄钢板或其他金属板制成,形状和尺寸见图4-3),捣棒(端部应磨圆,直径16mm,长度650mm),装料漏斗,小铁铲,钢直尺,抹刀等。

2. 试验步骤

(1)湿润坍落度筒及其他用具,并把筒放在不吸水的刚性水平底板上,然后用脚踩住两边的踏脚板,使坍落度筒在装料时保持位置固定。

(2)将混凝土试样用小铲分3层均匀地装入坍落度筒内,使捣实后每层高度为筒高的三分之一左右。每层用捣棒插捣25次,插捣应沿螺旋方向由外向中心进行,每次插捣应在截面上均匀分布。插捣筒边混凝土时,捣棒可以稍稍倾斜。插捣底层时,捣棒应贯穿整个深度;插捣第2层或顶层时,捣棒应插透本层至下一层的表面。

浇灌顶层时，混凝土应灌到高出筒口。插捣过程中，如混凝土沉落到低于筒口，则应随时添加。顶层插捣完后，刮去多余的混凝土，并用抹刀抹平。

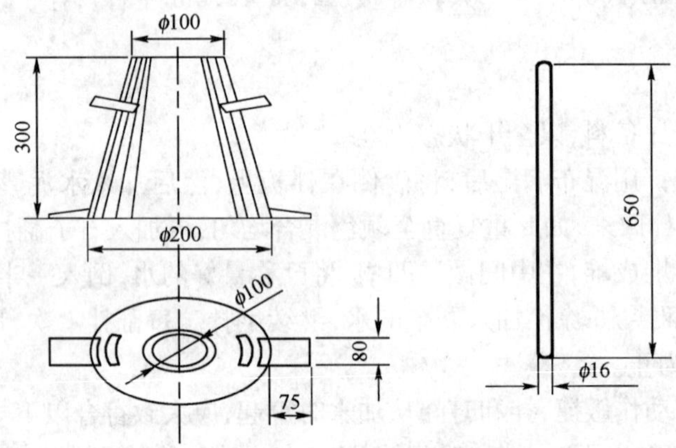

图 4-3 坍落度筒及捣棒(尺寸单位:mm)

(3)清除筒边底板上的混凝土后，垂直平稳地提起坍落度筒，应在 5 ~ 10s 内完成。从开始装料至提起坍落度筒的整个过程应不间断地进行，并应在 150s 内完成。

(4)提起坍落度筒后，量测筒高与坍落后混凝土试体最高点之间的高度差，即为该混凝土拌和物的坍落度值(以 mm 为单位，读数精确至 5mm)。如混凝土发生崩坍或一边剪坏的现象，则应重新取样进行测定。如第 2 次试验仍出现上述现象，则表示该混凝土和易性不好，应予以记录备查。坍落度试验示意图见图 4-4。

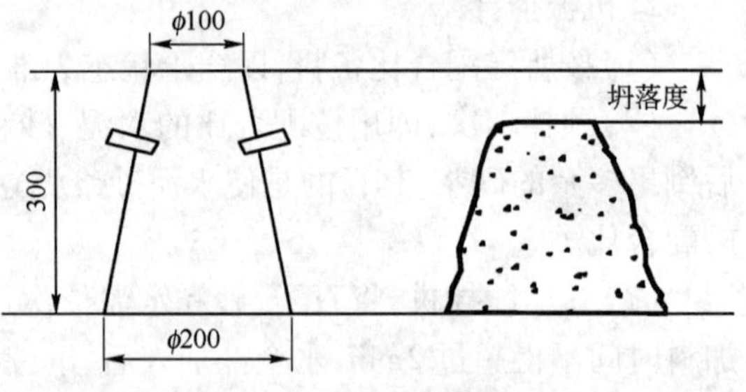

图 4-4 坍落度试验示意图(尺寸单位:mm)

(5)测定坍落度后，观察拌和物的下述性质，并记录。

黏聚性：用捣棒在已坍落的混凝土锥体侧面轻轻敲打，如果锥体逐渐下沉，表示黏聚性良好；如果锥体坍塌、部分崩裂或出现离析现象，表示黏聚性不好。

保水性：坍落度筒提起后如有较多的稀浆从底部析出，锥体部分的混凝土也因失浆而集料外露，则表明保水性不好；如无稀浆或只有少量稀浆自底部析出，表明保水性良好。

重点提示

(1)本试验方法适用于坍落度值大于 10mm，集料最大粒径小于 37.5mm 的混凝土拌和物的测定。

(2)试验可参考实际工程项目实例中混凝土配合比的数据来确定水泥、石子、砂的用量，如混凝土拌和物的坍落度、黏聚性、保水性中有任一项不满足要求，应通过以下方法调整各材料用量来达到要求。

①当测得的坍落度小于规定要求时，可掺入备用的水泥或水，掺量可根据坍落度相差的大小确定。

②当坍落度过大，黏聚性和保水性较差时，可保持砂率一定，适当增加砂和石子的用量。

③如保水性较差，可适当增大砂率，即其他材料不变，适当增加砂的用量。

(3)黏聚性良好的混凝土拌和物各组成材料之间具有一定的内聚力，在运输和浇筑过程中不致产生离析和分层现象的性质。流动性良好的混凝土拌和物在本身自重或施工机械振捣作用下，能产生流动并且均匀密实地填满模板。保水性良好的混凝土拌和物具有一定的保持内部水分的能力，在施工过程中不致发生泌水现象。

思考题

1. 通过试验总结影响混凝土流动性、黏聚性和保水性的因素有哪些？
2. 提高混凝土拌和物和易性的技术措施有哪些？
3. 将混凝土拌和物装入坍落度筒时在操作上应注意什么？
4. 试验中提起坍落度筒时有什么要求？
5. 如何判定黏聚性和保水性是否良好？
6. 如何判定流动性是否满足要求？

实训四　混凝土试件制作、养护及强度测定试验

基本操作技能

一、试验目的与适用范围

本试验规定了测定混凝土抗压极限强度测定时试件制作、养护方法及强度测定方法，检查水泥混凝土施工品质和确定混凝土的强度等级。

二、主要仪器设备

压力试验机(精度不低于±2%，试验时有试件最大荷载选择压力机量程，使试件破坏时的荷载位于全量程的20%～80%范围内)，振动台[频率为(50±3)Hz，空载振幅约为0.5mm]，搅拌机，试模，捣棒，抹刀等。

三、试件制作与养护

(1)混凝土立方体抗压强度测定，以3个试件为一组，每组试件所用拌和物的取样或拌制方法按试验三的方法进行。

(2)混凝土试件的尺寸按集料最大粒径选定，见表4-11。制作试件前，应将试模擦干净并在试模内表面涂一层脱模剂，再将混凝土拌和物装入试模成型。

混凝土试件的尺寸　　表4-11

粗集料最大粒径(mm)	试件尺寸(mm)	结果乘以换算系数
31.5	100×100×100	0.95
40	150×150×150	1.00
60	200×200×200	1.05

(3)对于坍落度不大于70mm的混凝土拌和物，将其一次装入试模并高出试模表面；将试件移至振动台上，开动振动台振至混凝土表面出现水泥浆并无气泡向上冒时为止。振动时应防止试模在振动台上跳动。刮去多余的混凝土，用抹刀抹平。记录振动时间。

对于坍落度大于70mm的混凝土拌和物，将其分2层装入试模，每层厚度大约相等。用捣棒按螺旋方向从边缘向中心均匀插捣，次数一般每100cm^{2}不应少于12次。用抹刀沿试模内壁插入数次，最后刮去多余混凝土并抹平。

(4)养护：按照试验目的不同，试件可采用标准养护，采用标准养护的试件成型后表面应覆盖，以防止水分蒸发，并在20℃ ±5℃的条件下静置1 ~2d，然后编号拆模。拆模后的试件立即放入温度为20℃ ±2℃，湿度为95%以上的标准养护室进行养护，直至试验龄期28d。在标准养护室内试件应搁放在架上，彼此间隔为10 ~20mm，避免用水直接冲淋试件。当无标准养护室时，混凝土试件可在温度为20℃ ±2℃的不流动的 $Ca(OH)_2$ 饱和溶液中养护。

(5)抗压强度测定：

①试件从养护室取出后应尽快试验。将试件擦拭干净，测量其尺寸(精确至1mm)，据此计算出试件的受压面积。如实测尺寸与公称尺寸之差不超过1mm，则按公称尺寸计算。

②将试件安放在试验机的下压板，试件的承压面与成型面垂直。开动试验机，当上压板与试件接近时，调整球座，使其接触均匀。

③加荷时应连续而均匀，加荷速度为：当混凝土强度等级低于C30时，取(0.3 ~0.5)MPa/s；高于或等于C30时，取(0.5 ~0.8)MPa/s。当试件接近破坏而开始迅速变形时，停止调整试验机油门，直至试件破坏，记录破坏荷载 P(N)。

四、结果评定

(1)混凝土立方体抗压强度 f_{cu} 按下式计算(精确至0.01MPa)：

$$f_{cu} = \frac{P}{A} \tag{4-10}$$

式中：f_{cu}——混凝土立方体试件抗压强度(MPa)；

P——破坏荷载(N)；

A——试件受压面积(mm^2)。

(2)取标准试件150mm×150mm×150mm的抗压强度值为标准，对100mm×100mm×100mm和200mm×200mm×200mm的非标准试件，须将计算结果乘以相应的换算系数换算为标准强度。换算系数见表4-11。

(3)以3个试件强度值的算术平均值作为该组试件的抗压强度代表值(精确至0.1MPa)。3个测值中的最大值或最小值与中间值之差超过中间值的15%时，取中间值作为该组试件的抗压强度代表值；如最大值和最小值与中间值之差均超过中间值的15%时，则该组试件的试验结果作废。

(4)完成试验报告。

重点提示

(1)本试验的重点是测定混凝土立方体的抗压强度，用以检验材料的质量，确定、校核混凝土的配合比，并为控制施工质量提供依据。

(2)万能试验机使用注意事项：

①选择荷载范围。试验前，首先根据试件材料能承受的最大荷载，选择相应的砣重，确定荷载的范围(如300kN万能试验机荷载范围分为：0 ~60kN、0 ~150kN、0 ~300kN)。若在万能试验机上挂上A砣，表示0 ~60kN范围，挂上A、B砣表示0 ~150kN范围，挂上A、B、C砣表示0 ~300kN范围。如直径为10mm的低碳钢拉伸试件，估计其最大承载力为40kN左右，选用0 ~60kN范围即可，其目的是提高荷载测试精度。

②荷载调零。开动油泵电机，关闭回油阀，再打开进油阀，向工作油缸送油，使工作平台略上升5 ~10mm后(消除工作平台的自重)，转动螺杆使指针对准测力盘上的零点。

③拨回被动指针。加载时，主动指针带动被动指针转动；试件破坏后，主动指针返回零位，被动指针停留在原位，所指示值就是试件的最大荷载值。

思考题

1. 影响混凝土抗压强度的因素有哪些？
2. 提高混凝土抗压强度的措施有哪些？
3. 试验中如何选择万能试验机的量程？
4. 如何计算混凝土试件的抗压强度、抗折强度？如何确定混凝土的强度等级？

【章节自测题】

一、名词解释

1. 混凝土和易性
2. 基准配合比
3. 合理砂率
4. 颗粒级配
5. 混凝土立方体抗压强度标准值

二、填空题

1. 普通混凝土由（　　）、（　　）、（　　）、（　　）组成，必要时可掺入（　　）以改善混凝土的某些性能。

2. 石子的颗粒级配分为（　　）和（　　）两种。采用（　　）级配配制的混凝土和易性好，不易发生离析。

3. 混凝土的工作性可通过（　　）、（　　）和（　　）三个方面评价。

4. 评定我国混凝土拌和物的工作性的试验方法有（　　）和（　　）两种方法。

5. 混凝土的试拌坍落度若低于设计坍落度时，通常采取（　　）的措施。

6. 混凝土的变形主要有（　　）、（　　）、（　　）和（　　）等四类。

7. 在混凝土配合比设计中，通过（　　）、（　　）两个方面控制混凝土的耐久性。

8. 混凝土的三大技术性质指（　　）、（　　）、（　　）。

9. 水泥混凝土配合比的表示方法有（　　）、（　　）两种。

10. 普通混凝土配合比设计分为（　　）、（　　）、（　　）三个步骤完成。

11. 混凝土的强度等级是依据（　　）划分的。

12. 混凝土施工配合比要依据砂石的（　　）进行折算。

三、单项选择题

1. 通常情况下，混凝土的水灰比越大，其强度（　　）。

A. 越大　　B. 越小　　C. 不变　　D. 不一定

2. （　　）是既满足强度要求，又满足工作性要求的配合比设计。

A. 初步配合比　　B. 基准配合比　　C. 试验室配合比　　D. 工地配合比

3. 立方体抗压强度标准值是混凝土抗压强度总体分布中的一个值，强度低于该值的百分率不超过（　　）。

A. 15%　　B. 10%　　C. 5%　　D. 3%

4. 坍落度小于（　　）的新拌混凝土，采用维勃稠度仪测定其工作性。

A. 20mm　　B. 15mm　　C. 10mm　　D. 5mm

5. 在混凝土中掺入(　　),对混凝土抗冻性有明显改善。

A. 引气剂　　B. 减水剂　　C. 缓凝剂　　D. 早强剂

6. 混凝土立方体抗压强度试件的标准尺寸为(　　)。

A. 10mm ×10mm ×10mm　　B. 150mm ×150mm ×150mm

C. 20mm ×20mm ×20mm　　D. 7.07mm ×7.07mm ×7.07mm

7. 混凝土用砂的细度模数在(　　)范围内。

A. 3.7 ~1.6　　B. 3.7 ~3.1　　C. 3.0 ~2.3　　D. 2.2 ~1.6

8. 在混凝土配合比一定的情况下,砂率越大,混凝土拌和物的流动性(　　)。

A. 越大　　B. 越小　　C. 不变　　D. 不一定

9. 混凝土砂率是指混凝土中砂的质量占(　　)的百分率。

A. 混凝土总质量　　B. 砂质量　　C. 砂石质量　　D. 水泥浆质量

10. 划分混凝土强度等级的依据是(　　)。

A. 立方体抗压强度　　B. 立方体抗压强度标准值

C. 轴心抗压强度　　D. 抗拉强度

11. 判断混凝土质量的主要依据是(　　)。

A. 立方体抗压强度　　B. 立方体抗压强度标准值

C. 轴心抗压强度　　D. 抗拉强度

12. 为保证混凝土的强度要求,所有集料必须具有足够的强度,碎石和卵石都采用(　　)指标表示。

A. 岩石立方体强度　　B. 压碎指标值

C. 岩石立方体强度或压碎指标值　　D. 棱柱体强度

13. 确定混凝土配合比的水灰比,必须从混凝土的(　　)考虑。

A. 和易性与强度　　B. 强度与耐久性

C. 和易性和耐久性　　D. 耐久性与经济性

14. 在硬化混凝土中水泥石起(　　)作用。

A. 骨架　　B. 填充　　C. 润滑　　D. 胶结

四、多项选择题

1. 混凝土用石子的最大粒径不得(　　)。

A. 超过结构截面最小尺寸的1/4　　B. 超过钢筋间最小净距的3/4

C. 等于结构截面最小尺寸　　D. 等于钢筋间最小净距

2. 混凝土和易性主要包含(　　)等方面的内容。

A. 流动性　　B. 稠度　　C. 黏聚性　　D. 保水性

3. 提高混凝土强度的措施主要有(　　)。

A. 采用高强度等级水泥或早强型水泥　　B. 采用低水灰比的干硬性混凝土

C. 掺入混凝土外加剂、掺和料　　D. 采用湿热处理养护混凝土

4. 混凝土配合比设计的基本要求是(　　)。

A. 和易性良好　　B. 强度达到所设计的强度等级要求

C. 耐久性良好　　D. 经济合理

5. 影响混凝土拌和物和易性的主要因素有(　　)。

A. 水泥强度等级　B. 砂率　C. 水灰比　D. 水泥浆量

6. 混凝土拌和物的工作性选择可依据(　　)。

A. 工程结构物的断面尺寸　B. 钢筋配置的疏密程度

C. 捣实的机械类型　D. 施工方法和施工水平

7. 混凝土配合比设计时必须按耐久性要求校核(　　)。

A. 砂率　B. 单位水泥用量　C. 浆集比　D. 水灰比

8. 集料中有害杂质包括(　　)。

A. 含泥量和泥块含量　B. 硫化物和硫酸盐含量

C. 轻物质含量　D. 云母含量

9. 散粒状材料的体积由(　　)构成。

A. 材料总体积　B. 孔隙体积

C. 颗粒之间的空隙体积　D. 固体物质部分体积

10. 硬化混凝土的强度主要取决于(　　)。

A. 砂率　B. 水泥的强度　C. 水灰比　D. 单位用水量

五、判断题

1. 细度模数越大,表示细集料越粗。(　　)
2. 在拌制混凝土中砂越细越好。(　　)
3. 试拌混凝土时若测定混凝土的坍落度满足要求,则混凝土的工作性良好。(　　)
4. 卵石混凝土比同条件配合比拌制的碎石混凝土的流动性好,但强度则低一些。(　　)
5. 混凝土拌和物中水泥浆越多,和易性越好。(　　)
6. 普通混凝土的强度与其水灰比成线性关系。(　　)
7. 在混凝土中掺入引气剂,则混凝土密实度降低,因而其抗冻性亦降低。(　　)
8. 计算混凝土的水灰比时,要考虑使用水泥的实际强度。(　　)
9. 混凝土基准配合比和试验室配合比的水灰比相同。(　　)
10. 混凝土外加剂是一种能使混凝土强度大幅度提高的填充料。(　　)

六、简答题

1. 影响混凝土强度的主要因素有哪些?提高混凝土强度的主要措施有哪些?并指出哪种方法是施工中常采用的方法。

2. 什么是砂的颗粒级配和粗细程度?其指标是什么?配制混凝土最好选用哪种砂?

3. 试述"水灰比定则"的意义,简述影响混凝土强度的主要因素及提高混凝土强度的主要途径。

4. 普通水泥混凝土的组成材料在技术性质上有哪些主要要求?

5. 简述普通水泥混凝土初步配合比设计步骤。经过初步计算所得的配合比,为什么还要进行试拌、调整?试拌、调整的内容是什么,如何进行?

章节自测题参考答案

一、名词解释

1. 混凝土和易性:指新拌混凝土具有的能满足运输和浇筑要求的流动性,不为外力作用产生脆断的可塑性,不产生分层、泌水的稳定性和易于振捣密致的密实性。

2. 基准配合比:指根据初步配合比,采用施工实际材料进行试拌,测定混凝土拌和物的工作性,调整材料用量,所提出的满足工作性要求的配合比。

3. 合理砂率:是指在水泥浆数量一定的条件下,能使拌和物的流动性(坍落度 T)达到最大,且黏聚性和保水性良好时的砂率;或者是在流动性(坍落度 T)、强度一定的条件下,黏聚性良好时,水泥用量最小的砂率。

4. 颗粒级配:颗粒级配是指不同粒径颗粒搭配的比例情况。

5. 混凝土立方体抗压强度标准值:是指按标准试验方法测得的立方体抗压强度总体分布中的一个值,强度低于该值的百分率不超过5%(即具有95%的强度保证率)。

二、填空题

1. 水泥、砂(细集料)、石子(粗集料)、水、外加剂 2. 连续级配、间断级配、连续 3. 流动性、保水性、黏聚性 4. 坍落度试验、维勃稠度试验 5. 保持 W/C 不变而增大水泥浆量 6. 弹性变形、收缩变形、徐变变形、温度变形 7. 最大水灰比、最小水泥用量 8. 工作性、力学性质、耐久性 9. 单位用量表示法、相对用量表示法 10. 初步配合比、试验室配合比、施工配合比 11. 抗压强度标准值 12 实际含水率

三、单项选择题

1. B 2. C 3. C 4. C 5. A 6. B 7. A 8. D 9. C 10. B
11. A 12. C 13. B 14. A

四、多项选择题

1. AB 2. ACD 3. ABCD 4. ABCD 5. BCD
6. ABCD 7. BD 8. BCD 9. BCD 10. BC

五、判断题

1. √ 2. × 3. × 4. √ 5. × 6. × 7. × 8. √ 9. × 10. ×

六、简答题(答案略)

第五章　墙体材料

【学习目标】

掌握：

1. 各种砌筑材料的定义及品种。
2. 各种砌筑材料的技术性质及应用范围。
3. 烧结普通砖、烧结多孔砖和空心砖的技术性质、特点及应用。

了解：

1. 砖的分类。
2. 新型墙体材料的品种及发展。
3. 建筑墙板的类型特点及应用。

【基础知识】

墙体材料是建筑工程中十分重要的材料，在房屋材料中占70%的比重，在房屋建筑中具有结构、围护功能。墙体材料可归纳为砌墙砖、建筑砌块和建筑墙板的3大类。

1. *砌墙砖*

1）砌墙砖定义

凡是由黏土、工业废料或其他地方资源为主要原料，以不同工艺制成的，在建筑中用于承重和非承重墙体的砖，统称为砌墙砖。

2）砌墙砖的分类

（1）按原材料分：黏土砖、页岩砖、煤矸石砖、粉煤灰砖。

（2）按生产工艺分：烧结砖、非烧结砖（养护成型）。

（3）按孔洞率分：普通砖（孔洞率<15%）、多孔砖和空心砖（孔洞率>35%）。

（4）按焙烧火候分：正火砖、过火砖、欠火砖。

（5）按生产方法分：机制砖、手工砖。

（6）按颜色分：红砖、青砖。

（7）工程中常用的砌墙砖品种：烧结普通黏土砖、烧结普通页岩砖、烧结多孔砖、烧结空心砖、蒸压灰砂砖、蒸压粉煤灰砖等。

3）烧结普通砖

（1）烧结普通砖的质量等级：依据其主要技术性能及其指标分为优等品（A）、一等品（B）、合格品（C）。

（2）主要技术性能及其指标有：

尺寸规格、外观质量、强度等级、抗风化性能、泛霜、石灰爆裂。

（3）烧结普通砖的尺寸规格：标准尺寸为240mm×115mm×53mm。

（4）烧结普通砖的外观质量包括：两条面的高度差、弯曲、杂质凸出高度、缺棱掉角情况、裂纹长度、完整面、颜色。

(5)烧结普通砖的强度测定:随机抽取试样 10 块,制作砖试件,通过力学试验,测定其最大破坏荷载,计算其强度值。

(6)判断强度等级:强度等级有 MU10、MU15、MU20、MU25、MU30。

(7)烧结普通砖的优点:传统墙体材料;具有较高的强度和耐久性;孔隙率较大,具有较良好的保温隔热性能和隔声吸声性能。缺点:块体小,施工效率低;自重大;产生能耗高;黏土砖所用原料黏土,需毁田取土,挤占耕地;抗震性能差。

(8)烧结普通砖应用在外墙围护结构,内墙隔断,烟囱、拱、柱、沟道等。

发展方向为:孔洞率较大的多孔砖和空心砖,利用工业废料,砌块和墙用板材。

4)烧结多孔砖(新型墙体材料)

(1)定义:是以黏土、页岩、煤矸石、粉煤灰为主要原料,经焙烧而成的孔洞率大于等于15%、孔的尺寸小而数量多的砖。

(2)应用:强度较高,主要用于 6 层以下建筑物的承重部位。

(3)主要技术性能及其指标:根据《烧结多孔》(GB 13544—2000)的规定,强度和抗风化性能合格的烧结多孔砖根据尺寸偏差、外观质量、孔型和孔洞排列、泛霜、石灰爆裂分为优等品(A)、一等品(B)和合格品。

(4)烧结多孔砖的产品标记按产品名称、品种、规格、强度等级、质量等级和标准号的顺序编写。

5)烧结空心砖(新型墙体材料)

(1)定义:是以黏土、页岩、煤矸石、粉煤灰为主要原料,经焙烧而成的孔洞率大于等于15%、孔的尺寸大而数量少的砖。

(2)应用:由于它的孔洞大、强度低,主要用于砌筑非承重墙体或框架结构的填充墙。

(3)烧结空心砖根据静观密度分为 800、900、1 100 3 个密度级别,每个密度级别根据孔洞及其排数、尺寸偏差、外观质量、强度等级和物理性能分为优等品(A)、一等品(B)和合格品。

重点难点提示

(1)烧结多孔砖与烧结空心砖的优点:与烧结普通砖比较,可使建筑物自重减轻,节约黏土,节省燃料,烧成率高,造价降低20%,施工效率提高40%,并能改善砖的绝热和隔声性能。

(2)烧结多孔砖与烧结空心砖的比较见表 5-1。

烧结多孔砖与烧结空心砖的比较　　表 5-1

品　　种	多　孔　砖	空　心　砖
孔洞率	20%左右	大于35%
孔洞方向	竖向	横向
孔洞个数	多	少
单个孔洞的大小	小	大
应用	承重墙	非承重墙
强度等级	MU10、MU15、MU20、MU25、MU30 共 5 个	MU2.0、MU3.0、MU5.0 共 3 个

(3)烧结空心砖的产品标记按产品名称、规格尺寸、密度级别产品等级和标准编号的顺序编写。

2. 非烧结砖

不经焙烧而制成的砖均为非烧结砖，应用多的是蒸养砖。这类砖是以含钙材料（石灰、电石渣）和含硅材料（砂子、粉煤灰、煤矸石、灰渣、炉渣等）与水拌和，经制成型、常压或高压蒸汽养护而成，主要品种有灰砂砖、粉煤灰砖、煤渣砖等。

1）蒸压灰砂砖

蒸压灰砂砖是用磨细生石灰和天然砂，经混合搅拌、陈伏（使生石灰充分熟化）、轮碾、加压成型、蒸压养护而成。

（1）生产工艺：蒸压养护成型。

（2）外形：直角六面体形（240mm × 115mm × 53mm）。

（3）强度等级：根据强度分为 MU10、MU15、MU20、MU25 四个强度等级。

（4）质量等级：优等品（A）、一等品（B）、合格品（C）。

（5）应用：建筑基础、墙体。

（6）不能使用的部位：长期受热、受急冷急热、有酸性腐蚀的环境。

2）蒸压粉煤灰砖

蒸压粉煤灰砖是以粉煤灰和石灰为主要原料，掺入适量的石膏和集料，经坯料制备、压制成型、高压或常压蒸汽养护而成。

（1）技术要求：根据《粉煤灰砖》（JC 239—2001）的规定，粉煤灰砖根据尺寸偏差、外观质量、抗冻性和干燥收缩分为优等品（A）、一等品（B）、和合格品（C）三个等级。

（2）蒸压粉煤灰砖按抗压强度和抗折强度分为 20、15、10、7、5 四个强度级别，各级别的强度值及抗冻性应符合规范规定。

（3）应用：用于工业与民用建筑的墙体和基础。

重点难点提示

（1）蒸压灰砂砖、蒸压粉煤灰砖的产品标记按产品名称（LSB）、颜色、强度等级、质量等级、行业标准编号的顺序编写。

（2）为避免减少收缩裂缝的产生，用粉煤灰砖砌筑的建筑物，应适当增设圈梁及伸缩缝。

3. 建筑砌块

建筑砌块是指比砖尺寸大的块材。

1）优点

（1）块体较大，施工效率较高，且施工机械化程度较高。

（2）改善建筑物功能。

（3）原材料丰富，可充分利用地方资源和工业废料，节约黏土资源。

2）分类

（1）按有无孔洞分：实心砌块、空心砌块。

（2）按大小分：中型砌块、小型砌块。

（3）按原材料分：硅酸盐砌块、混凝土砌块。

3）蒸压加气混凝土砌块

（1）原材料：水泥、石灰、砂、粉煤灰、矿渣等。

（2）生产工艺：原料磨细，以铝粉为发气剂，经配合、浇筑、发气成型、坯体切割、蒸压养护而成。

(3)主要技术性能:抗压强度等级5个,分别为10、25、35、50、75;表观密度等级6个,分别为B03、B04、B05、B06、B07、B08;质量等级分优等品(A)、一等品(B)、合格品(C)。

(4)应用:主要用于低层建筑的承重墙、钢筋混凝土框架结构的填充墙及其他非承重墙。

4)混凝土空心砌块

(1)定义:以普通混凝土为原材料,空心率为25%~50%。

(2)技术性能:规格为390mm×190mm×190mm;强度等级分别为MU3.5、MU5.0、MU7.5、MU10、MU15、MU20;质量等级分别为A、B、C。

5)粉煤灰砌块

(1)定义:是以粉煤灰、石灰、石膏和集料等为原料,加水搅拌、振动成型、蒸汽养护而成的。

(2)外形:直角六面体形(880mm×380mm×240mm)。

(3)抗压强度等级(2个):10级、13级。

(4)质量等级:优等品(A)、一等品(B)。

(5)应用:建筑物的墙体和基础。

重点难点提示

(1)蒸压加气混凝土具有质量轻(约为普通黏土砖的三分之一)、保温隔热性能好、易加工、施工方便等优点。

(2)粉煤灰砌块的干缩值较大,变形大于同强度等级的水泥混凝土制品,因此不宜用于长期受高温影响的承重墙,也不宜用于有酸性介质侵蚀的部位。

4. 建筑墙板

1)水泥类建筑墙板

(1)预应力混凝土空心板。

(2)玻璃纤维增强水泥轻质多孔隔墙条板。

(3)纤维增强低碱度水泥建筑平板。

(4)水泥木屑板。

2)石膏类建筑墙板

(1)纸面石膏板。

(2)石膏空心条板。

(3)石膏纤维板。

3)植物纤维类建筑墙板

(1)稻草板。

(2)稻壳板。

(3)蔗渣板。

4)复合建筑墙板

(1)混凝土夹心板。

(2)泰柏板。

(3)轻型夹心板。

重点难点提示

(1)各类墙板各有优缺点:质量小、隔热、隔声效果较好的石膏板、加气混凝土、稻草板等,因其耐水性差或强度较低,通常只能用于非承重的内隔墙。水泥混凝土类墙板虽有足够的强度和耐久性,但其自重大,隔声差、保温性能较差。为克服缺点,用不同材料组合成多功能的复合墙板以满足要求。

(2)复合墙板:主要由承受外力的结构层、保温层及面层组成,使承重材料和轻质保温材料的功能得到合理利用。

【典型例题解析】

例 5-1 解释下表中各产品标记的含义。

名称标记	产品标记的含义
LSB CO 20 A GB 11954	强度等级是 MU20 的优等品的彩色灰砂砖
FB CO 20 A JC 239—2001	强度等级为 20 级、优等品彩色粉煤灰砖
290×190×90　800 A GB 13545	尺寸为 290mm×190mm×90mm、密度级别为 800 级优等品烧结空心砖

例 5-2 选择题(单项或多项)

1. 下面哪些不是加气混凝土砌块的特点__________。

A. 轻质　　B. 保温隔热　　C. 加工性能好　　D. 韧性好

2. 利用煤矸石和粉煤灰等工业废渣烧砖,可以__________。

A. 减少环境污染　　B. 节约大片良田黏土

C. 节省大量燃料煤　　D. 大幅提高产量

3. 普通黏土砖评定强度等级的依据是__________。

A. 抗压强度的平均值　　B. 抗折强度的平均值

C. 抗压强度的单块最小值　　D. 抗折强度的单块最小值

答案:1. D　　2. ABC　　3. AC

例 5-3 判断题

1. 红砖在氧化气氛中烧得,青砖在还原气氛中烧得。　(　　)
2. 白色大理石由多种造岩矿物组成。　(　　)
3. 黏土质砂岩可用于水工建筑物。　(　　)

答案:1. √　　2. ×　　3. ×

【章节自测题】

一、名词解释

1. 泛霜
2. 石灰爆裂
3. 烧土制品

二、填空题

1. 烧结普通砖的主要技术性能指标有(　　)、(　　)、(　　)、(　　)、(　　)、(　　),烧结多孔砖的耐久性指标有(　　)、(　　)、(　　)(　　)。

2. 烧结普通砖具有一定的(　　),较好的(　　)及(　　)性能等优点。烧结多孔砖主要用于6层以下的建筑物的(　　)墙体。烧结空心砖主要用作(　　)。

3. 蒸压灰砂砖的产品标记按(　　)、(　　)、(　　)、(　　)、(　　)的顺序编写。

4. 石膏板、加气混凝土具有(　　)、(　　)、(　　)的优点。

5. 墙体材料验收的五项基本要求是(　　)、(　　)、(　　)、(　　)、(　　)。

三、单项选择题

1. 与烧结普通砖相比较,砌块具有(　　)的特点。

A. 强度高　B. 尺寸大　C. 原材料种类少　D. 施工效率低

2. 与混凝土砌块相比较,加气混凝土砌块具有(　　)的特点。

A. 强度高　B. 质量大　C. 尺寸大　D. 保温性好

3. 现代建筑中,用于墙体的材料,主要有(　　)三类。

A. 钢材、水泥、木材　B. 砖、石材、木材

C. 砌墙砖、建筑砌块、建筑墙板　D. 砖、砌块、木材

4. 砌墙砖按生产工艺可分为(　　)。

A. 红砖、青砖　B. 普通砖、砌块

C. 烧结砖、免烧砖　D. 实心砖、空心砖

5. 烧结普通砖的标准尺寸是(　　)。

A. 240mm×115mm×53mm　B. 250mm×125mm×55mm

C. 240mm×120mm×55mm　D. 240mm×120mm×50mm

6. 烧结普通砖的强度等级是根据(　　)来划分的。

A. 3块样砖的平均抗压强度　B. 5块样砖的平均抗压强度

C. 8块样砖的平均抗压强度　D. 10块样砖的平均抗压强度

7. 烧结空心砖是指空洞率大于或等于(　　)%的砖。

A. 15　B. 25　C. 30　D. 35

8. 与多孔砖相比较,空心砖的孔洞(　　)。

A. 数量多、尺寸大　B. 数量多、尺寸小

C. 数量少、尺寸大　D. 数量少、尺寸小

9. 砖内过量的可溶性盐受潮吸水而溶解,随水分蒸发迁移至砖表面,在过饱和状态下析出晶体,形成白色粉状附着物,这种现象称为(　　)。

A. 偏析　B. 石灰爆裂

C. 盐析　D. 泛霜

10. 砖在长期受风雨、冻融等作用下,抵抗破坏的能力称为(　　)。

A. 抗风化性能　B. 抗冻性

C. 耐水性　D. 坚固性

四、判断题

1. 粉煤灰砌块适用于长期受高温影响的承重墙,及有酸性介质侵蚀的部位。(　　)

2. 蒸压灰砂砖、蒸压粉煤灰砖属于烧结砖。(　　)

3. 烧结多孔砖主要用于6层以下建筑物的承重部位。(　　)

4. 烧结空心砖孔的尺寸小而数量多,而烧结多孔砖孔的尺寸大而数量少。(　　)

5. 烧结普通砖的标准尺寸为240mm×115mm×53mm。(　　)

五、简答题

1. 简要叙述烧结普通砖的强度等级是如何确定的?

2. 按材质分类,墙用砌块有哪几类? 砌块与烧结普通砖相比,有什么优点?

3. 什么是复合墙板? 主要优点是什么?

4. 加气混凝土砌块砌筑的墙抹砂浆层,采用与砌筑烧结普通砖的办法往墙上浇水后即抹,一般的砂浆往往易被加气混凝土吸去水分而容易干裂或空鼓,请分析原因。

5. 多孔砖与空心砖有何异同点?

章节自测题参考答案

一、名词解释

1. 泛霜:又称盐析现象,是由于砖内部的可溶性盐析出而沉积在砖的表面。泛霜影响建筑美观、导致砖表面起酥甚至剥落。

2. 石灰爆裂:原材料中的石灰石在焙烧工程中被烧制成生石灰,生石灰吸水熟化,体积膨胀,从而产生爆裂现象。

3. 烧土制品:是以黏土为原料,经成型、干燥、焙烧而得到的产品。主要产品有普通烧结砖、烧结多孔砖及建筑饰面陶瓷制品。

二、填空题

1. 尺寸规格、外观质量、强度等级、抗风化性能、泛霜、石灰爆裂、抗冻性、泛霜、吸水率、石灰爆裂 2. 强度、耐久性、隔声、承重、非承重墙 3. 产品名称(LSB)、颜色、强度等级、质量等级、行业标准编号 4. 质量小、隔热、隔声 5. 送货单与实物必须一致、对墙体材料质量保证书内容进行审核、对产品标志等实物特征进行鉴别和确认、核验产品形式试验报告、建立材料台账

三、单项选择题

1. B 2. D 3. C 4. C 5. A 6. B 7. A 8. C 9. D 10. A

四、判断题

1. × 2. × 3. √ 4. × 5. √

五、简答题

1. **答:**烧结普通砖按抗压强度分为:MU10、MU15、MU20、MU25、MU30 5 个强度等级,在评定强度等级时,若强度变异系数 $\delta \leqslant 0.21$ 时,采用平均值——标准值方法。若强度变异系数 $\delta \leqslant 0.21$ 时,采用平均值——最小值法。

2. **答:**按原材料分有硅酸盐砌块、轻集料混凝土砌块、加气混凝土砌块、混凝土砌块等。砌块优点:它是一种新型墙体材料,原材料丰富,可充分利用地方资源和工业废料,节约黏土资源和改善环境;块体较大,施工效率较高,且施工机械化程度较高;可以改善建筑物功能等。

3. **答:**复合墙板主要由承受外力的结构层、保温层及面层组成,克服了石膏板、加气混凝土、稻草板等,耐水性差或强度较低,水泥混凝土类墙板自重大,隔声差、保温性能较差的缺点,使承重材料和轻质保温材料的功能得到合理利用。

4. **答:**加气混凝土砌块的气孔大部分是“墨水瓶”结构,只有小部分是水分蒸发形成的毛细孔,肚大口小,毛细管作用较差,故吸水导热缓慢。烧结普通砖淋水后易吸足水,而加气混凝

土表面浇水不少，实则吸水不多。用一般的砂浆抹灰易被加气混凝土吸去水分，而易产生干裂或空鼓。故可分多次浇水，且采用保水性好、黏结强度高的砂浆。

5. **答：**①两种砖孔洞率要求均为等于或大于15%。

②多孔砖孔的尺寸小而数量多，空心砖孔的尺寸大而数量小。

③多孔砖常用于承重部位，空心砖常用于非承重部位。

第六章　建 筑 钢 材

【学习目标】

掌握：

1. 钢材的定义、分类、品种及如何选择使用。
2. 建筑钢材的主要力学性能。
3. 建筑钢材的主要工艺性能及其应用。
4. 建筑钢材的标识、选择和使用。
5. 建筑结构用型钢的类别、标识和使用。

理解：

1. 钢的力学性能指标。
2. 拉伸性能试验的4个阶段的特点，以及对应指标。

了解：

1. 钢的冶炼方法。
2. 建筑钢材的防火、防腐原理及方法。

【基础知识】

一、钢的定义

(1)理论上，凡是把含碳量小于2%、含杂质比较少的铁碳合金称为钢。

(2)含碳量超过2%，称为生铁；含碳量小于0.08%，称为工业纯铁。

二、钢的特点

(1)强度高，塑性好，具有良好的韧性。

(2)工艺性能良好，易于加工，但是易锈蚀、耐火性差。

三、建筑钢材的主要品种

(1)型钢：简单截面型钢，如圆钢、方钢、六角钢、八角钢等。
　　　　复杂截面型钢，如工字钢、角钢、槽钢、钢轨等。

(2)线材：如钢筋、钢丝等。

(3)管材：如无缝钢管、焊接钢管等。

(4)板材：如光面钢板、花纹钢板、彩色涂层钢板等。

四、钢的分类

(1)按冶炼方法和脱氧程度分类见图6-1。

(2)按化学成分分类见图6-2。

(3)按用途分：分为建筑钢、结构钢、工具钢、特殊性能钢(如不锈钢、耐酸钢、耐碱钢、磁钢等)。

(4)按质量分：按S和P元素含量，分为普通质量钢、优质钢和特殊质量钢。

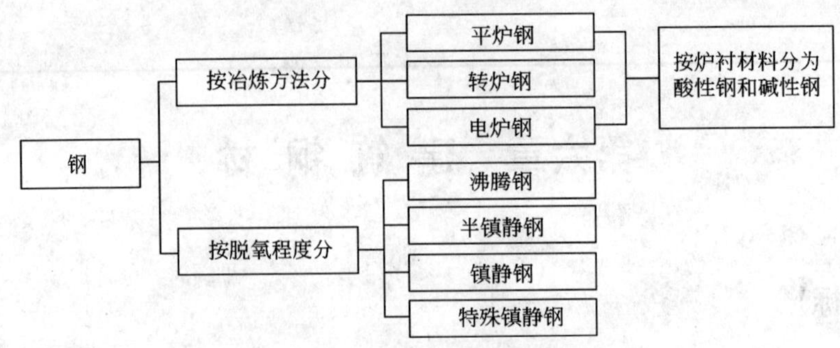

图 6-1　钢材按冶炼方法和脱氧程度分类图

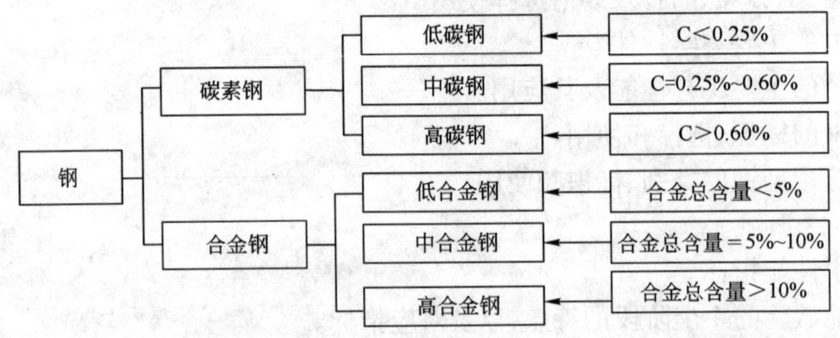

图 6-2　钢材按化学成分分类图

五、钢的冶炼方法

以铁为原料，在炼钢炉内加热为液态，通入足够氧气，经过高温氧化作用，使得部分碳被氧化成为一氧化碳气体逸出，其他杂质则形成氧化物进入炉渣中除去，从而得到钢的冶炼过程，如图 6-3 所示。

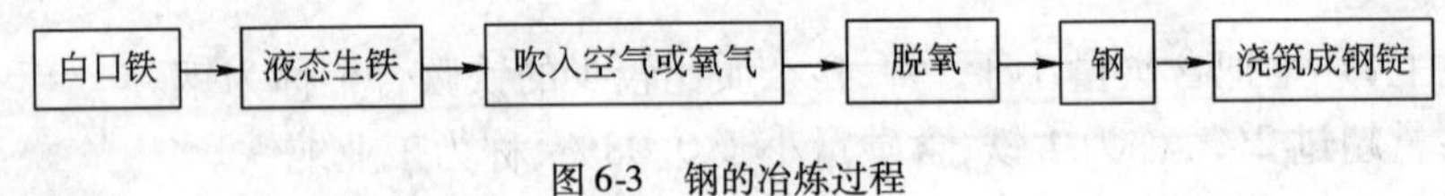

图 6-3　钢的冶炼过程

六、建筑钢材的主要技术性能

1. 力学性能

1）拉伸性能

拉伸是建筑钢材的主要受力形式，所以拉伸性能是表示钢材性能和选用判明是非的重要指标。

（1）制作试件：试件外形（标准试件、原样试件）；打点或画线；明确标距 l_0（计算伸长率的基数），上机试验，记录试验数据。

（2）应力—应变曲线：见图 6-4，明确拉伸性能试验的 4 个阶段的特点，以及对应指标。

①*OB* 弹性变形阶段：应力应变成正比，如卸去外力，试件能恢复原来的形状。

②*BC* 屈服阶段：应力应变不再成正比，开始出现塑性变形。

③*CD* 强化阶段：抵抗塑性变形能力又重新提高。

④*DE* 颈缩阶段：抵抗变形能力明显降低，应力下降，最高点 *D* 点的应力值称为极限抗拉强度。

（3）计算指标

①强度指标:屈服强度 σ_b、抗拉强度 σ_s。

②塑性指标:将拉断后的试件拼起来,测定出标距范围内的长度与原标距之差,即为塑性变形值,它与原长度的比值为伸长率 δ。

$$\delta = \frac{L_1 - L_0}{L_0} \times 100\% \tag{6-1}$$

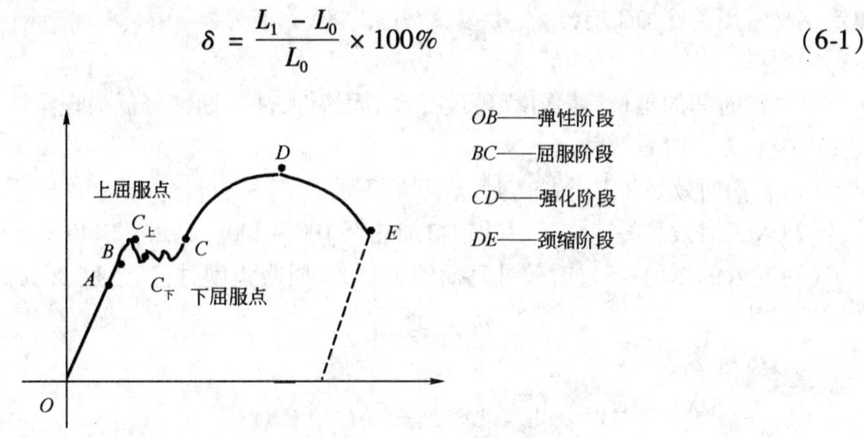

图 6-4　钢材拉伸过程图(σ—ε)

注:以下屈服点的应力作为钢材的屈服强度

2)冲击韧性

(1)定义及表示的指标:冲击韧性指钢材抵抗冲击荷载而不被破坏的能力。其大小用冲击韧性值 α_k 表示。α_k 是以试件冲击破坏时,缺口处单位面积上所消耗的功(J/cm^2)来表示。α_k 越大,则冲击韧性越好。

(2)影响因素:硫、磷含量高,存在化学偏析,含非金属夹杂物,焊接形成裂纹,温度降低等,均会降低冲击韧性。

(3)对于承受冲击荷载和振动荷载部位的钢材,必须考虑冲击韧性。

(4)钢材的脆性临界温度:冲击韧性随温度降低而下降,开始时下降缓和,当达到一定温度范围时,突然下降很多而呈脆性(这种性质被称为钢材的冷脆性)。

3)硬度

硬度指钢材抵抗硬物压入表面局部体积的能力,亦即材料表面抵抗塑性变形的能力。

(1)试验测定方法:采用压入法。

(2)材料的强度越高,塑性变形抵抗力越强,硬度值也就越大。

4)耐疲劳性

钢材在交变荷载反复作用下,可在最大应力远远低于抗拉强度的情况下突然破坏,这种破坏称为疲劳破坏,用疲劳强度表示。

(1)耐疲劳强度:是指试件在交变应力的作用下,不发生疲劳破坏的最大应力值。

(2)影响材料疲劳强度的因素有:钢材内部成分的偏析、夹杂物的多少,以及最大应力处的表面光洁程度、加工损伤等。

(3)疲劳破坏是突然发生的,因而有很大的危险性,会造成严重事故,应特别注意。

2. 工艺性能

良好的工艺性能,可以保证钢材顺利通过各种加工,而使钢材制品的质量不受影响。

1)冷弯性能

冷弯性能是指钢材在常温下承受弯曲变形的能力。相对于伸长率而言,是对钢材塑性的更严格的检验，它能揭示钢材内部是否存在组织不均匀、内应力和夹杂物等缺陷。

2）冷加工强化处理

冷加工强化是钢材在常温下，以超过其屈服点但不超过抗拉强度的应力对其进行的加工。建筑钢材常用的冷加工有冷拉、冷拔、冷轧、时效、刻痕等 。

3）时效

钢材随时间的延长，其强度、硬度提高，而塑性、冲击韧性降低的现象称为时效。时效分为自然时效和人工时效两种。

（1）自然时效是将其冷加工后，在常温下放置 15～20d。

（2）人工时效是将冷加工后的钢材加热至 100～200℃，保持 2h 以上。

（3）时效的作用：经过时效处理后的钢材，其屈服强度、抗拉强度及硬度都将提高，而塑性和韧性降低。

重点难点提示

（1）冷加工强化与时效处理比较见表 6-1 。

冷加工强化与时效处理比较 表 6-1

	定 义	作 用
冷加工强化	钢材在常温下进行冷加工，使之产生塑性变形，从而提高屈服强度，为冷加工强化	钢材屈服强度提高，但塑性和韧性降低
时效处理	钢材经冷加工后，在常温下存放 15～20d 或加热至 100～200℃保持 2h 左右，为时效处理	钢材屈服强度和抗拉强度提高，但塑性和韧性进一步下降

（2）对钢材进行冷加工的目的，主要是利用时效提高强度，利用塑性节约钢材，同时也达到调直和除锈的目的。

（3）低碳钢与高碳钢拉伸性能的不同之处：高碳钢无明显屈服阶段，难以测定屈服点，规定产生残余变形为原标距长度的 0.2% 时所对应的应力值，作为硬钢的屈服强度，称为条件屈服点。

七、建筑钢材的钢种及牌号

1. 钢结构用钢材

1）碳素结构钢（非合金钢）

包括一般结构钢和工程用热轧钢板、钢带、型钢等。

（1）牌号表示法：由代表屈服点的字母、屈服点数值、质量等级符号、脱氧方法符号等 4 个部分按顺序组成。

①Q 表示屈服点，195、215、235、255 和 275 为屈服强度值（MPa）。

②质量等级：各牌号按冲击韧性或以硫、磷等杂质含量由多至少，划分为 A、B、C、D 4 个等级。

③脱氧程度：F（沸腾钢）、b（半镇静钢）、Z（镇静钢）和 TZ（特殊镇静钢）。Z 和 TZ 在钢的牌号中可以省略不写。

④牌号：共有 Q195、Q215、Q235、Q255、Q275 五个牌号。如 Q235—A · F 表示为屈服点不小于 235MPa 的 A 级沸腾钢。

（2）应用：Q235 钢属低碳钢，既有较高的强度，又有较好的塑性和韧性，可焊性也好，故在建筑中广泛用 Q235 轧成的各种型材、钢板、管材和钢筋等。Q195、Q215 号钢，强度低，塑性和韧性较好，易于冷加工，常用作钢钉、铆钉、螺栓及铁丝等。Q255、Q275 号钢，强度较高，但塑性、韧性较差，不易焊接和冷弯加工，可用于轧制钢筋、制作螺栓配件等，但更多用于机械零件和工具等。

(3)技术要求：化学成分、力学性能、冷弯性能应符合《碳素结构钢》(GB/T 700—2006)的规定。

2)低合金高强度结构钢

它是在碳素结构钢的基础上，添加少量的一种或几种合金元素(总含量少于 5%)的结构钢。

(1)牌号表示方法：由代表屈服点的字母(Q)、屈服点数值、质量等级符号(A、B、C、D、E)3 部分按顺序组成。如 Q345A 表示屈服点不小于 345MPa 的 A 级钢。

(2)牌号：共有 Q295、Q345、Q390、Q420、Q460 五个牌号。

(3)技术要求：化学成分、力学性能、冷弯性能应符合《低合金高强度结构钢》(GB/T 1591—1994)的规定。

3)钢结构用型钢

(1)热轧型钢：其标记方式由一组符号组成，包括型钢名称、横断面尺寸、型钢标准号及钢牌号与钢种标准等。

(2)冷弯薄壁型钢。

(3)钢板、压型钢板。

2. 钢筋混凝土用钢材

主要品种有热轧钢筋、冷加工钢筋、热处理钢筋、预应力混凝土用钢丝和钢绞线。钢筋与混凝土之间有较大的握裹力，能牢固黏结在一起。钢筋抗拉强度高、塑性好，放入混凝土中可很好地改善混凝土脆性，扩展混凝土的应用范围，同时混凝土的碱性环境又很好地保护了钢筋。钢筋混凝土结构用的钢筋主要由碳素结构钢、低合金高强度结构钢和优质碳素钢制成。

1)热轧钢筋

用加热钢坯轧成的条型钢筋，称为热轧钢筋。钢筋混凝土用热轧钢筋，根据其表面形状分为光圆钢筋和带肋钢筋 2 大类。

2)冷轧带肋钢筋

冷轧带肋钢筋是采用普通低碳钢或低合金钢热轧的圆盘条，经冷轧或冷拔减径后在其表面冷轧成 2 面或 3 面有肋的钢筋，也可经低温回火处理。

3)预应力混凝土用热处理钢筋

热处理钢筋是经过淬火和回火调质处理的螺纹钢筋，分有纵肋和无纵肋 2 种。热处理钢筋除具有很高的强度外，还具有较好的塑性和韧性，特别适合于预应力构件。

4)预应力混凝土用钢丝和钢绞线

以优质碳素结构钢盘条为原料，经淬火、酸洗、冷拉制成的用作预应力混凝土骨架的钢丝。

八、钢材的选用原则

(1)考虑荷载。

(2)考虑使用环境温度。

(3)考虑连接方式。

(4)考虑钢材厚度。

(5)结构重要性。

【典型例题解析】

例 6-1 时效处理后,其机械性能如何变化?钢筋混凝土或预应力混凝土用钢筋进行冷拉或冷拔及时效处理的主要目的是什么?

答:钢材在常温下进行冷加工,使之产生塑性变形,从而提高屈服强度,为冷加工强化。钢筋经冷加工后,其屈服点提高,而塑性、韧性降低。钢材经冷加工后,在常温下存放15~20d或加热至100~200℃保持2h左右,为时效处理。时效处理后,钢材屈服强度和抗拉强度、硬度提高,塑性、韧性降低。对该类钢筋进行冷拉或冷拔及时效处理的最终目的是提高强度(屈服强度和抗拉强度),节约钢材。

例 6-2 低碳钢与高碳钢的拉伸性能有何不同?

答:低碳钢的拉伸性能分为4个阶段:弹性变形阶段、屈服阶段、强化阶段、颈缩阶段。屈服强度是设计上取值的依据。高碳钢无明显屈服阶段,难以测定屈服点,规定产生残余变形为原标距长度的0.2%时所对应的应力值,作为硬钢的屈服强度,称为条件屈服点。

例 6-3 辨析题

1. 当碳素钢的含碳量在0.8%以内时,钢的抗拉强度随含碳量增加而提高。

答案:(√)

分析:碳是钢中的重要元素,对钢的机械性能有重要的影响,当碳素钢的含碳量小于0.8%时,钢的抗拉强度和硬度随含碳量增加而提高,钢的冷脆性和时效敏感性能增加,而钢的塑性和韧性、冷弯、焊接、抗腐蚀性能则降低。

2. 屈强比大的钢材,使用中比较安全可靠,因此,以屈强比愈大愈好为原则来选用钢材。

答案:(×)

分析:屈强比是屈服强度与抗拉强度之比,计算中屈强比取值越小,其结构安全性可靠程度越高,但太小时,钢材的利用率偏低,造成钢材浪费。

例 6-4 单项选择题

1. 钢材抵抗冲击荷载的能力称为( )。

A. 塑性　　B. 冲击韧性　　C. 弹性　　D. 硬度

2. 钢的含碳量为( )。

A. 小于2.06%　　B. 大于3.0%　　C. 大于2.06%　　D. 小于1.26%

3. 伸长率是衡量钢材( )的指标。

A. 弹性　　B. 塑性　　C. 脆性　　D. 耐磨性

答:1. B　　2. A　　3. B

例 6-5 判断题

1. 一般来说,钢材硬度愈高,强度也愈大。( )

2. 屈强比愈小,钢材受力超过屈服点工作时的可靠性愈大,结构的安全性愈高。( )

3. 一般来说,钢材的含碳量增加,其塑性也增加。( )

4. 钢筋混凝土结构主要是利用混凝土受拉、钢筋受压的特点。( )

答:1. √　　2. √　　3. ×　　4. ×

例 6-6 为何说屈服点、抗拉强度和伸长率是建筑用钢材的重要技术性能指标?

答:屈服点是结构设计时取值的依据,表示钢材在正常工作条件下承受的应力;屈服点与抗拉强度的比值称为屈强比,它反应钢材的利用率和使用中的安全可靠程度;伸长率表示钢材的塑性变形能力。钢材在使用中,为避免正常受力时,因缺陷处产生应力集中而发生脆断,要求其塑性良好,即具有一定的伸长率,可以使缺陷处随着发生塑性变形使应力重分布,而避免钢材提早破坏。同时,常温下将钢材加工成一定形状,也要求钢材要具有一定塑性。但伸长率不能过大,否则会使钢材在使用中超过允许的变形值。

【实践技能训练】

钢筋试验一般规定如下:

(1)钢筋混凝土用热轧钢筋,同一公称直径和同一炉罐号组成的钢筋应分批检查和验收,每批质量不大于60t。

(2)钢筋应有出厂证明或试验报告单。验收时应抽样做机械性能试验,包括拉伸试验和冷弯试验。钢筋在使用中若有脆断、焊接性能不良或机械性能显著不正常时,还应进行化学成分分析。验收时包括尺寸、表面及质量偏差等检验项目。

(3)钢筋拉伸及冷弯使用的试样不允许进行车削加工。试验应在20℃±10℃的温度下进行,否则应在报告中注明。

(4)验收取样时,自每批钢筋中任取2根截取拉伸试样,任取2根截取冷弯试样。在拉伸试验的试件中,若有1根试件的屈服点、抗拉强度和伸长率三个指标中有一个达不到标准中的规定值,或冷弯试验中有1根试件不符合标准要求,则在同一批钢筋中再抽取双倍数量的试件进行该不合格项目的复验,复验结果中只要有一个指标不合格,则该试验项目判定为不合格,整批不得交货。

(5)拉伸和冷弯试件的长度L,分别按下式计算后截取:

拉伸试件:

$$L = L_0 + 2h + 2h_1 \tag{6-2}$$

冷弯试件:

$$L_w = 5a + 150 \tag{6-3}$$

式中:L、L_w——分别为拉伸试件和冷弯试件的长度(mm);

L_0——拉伸试件的标距(mm),$L_0 = 5a$ 或 $L_0 = 10a$;

h、h_1——分别为夹具长度和预留长度(mm),$h_1 = (0.5 \sim 1)a$;

a——钢筋的公称直径(mm)。

实训一　拉 伸 试 验

基本操作技能

一、试验目的

测定钢筋的屈服点、抗拉强度和伸长率,评定钢筋的强度等级。

二、主要仪器设备

(1)万能材料试验机:误差不大于1%。量程的选择:试验时达到最大荷载时,指针最好在第三象限(180°~270°)内,或者数显破坏荷载在量程的50%~75%之间。

(2)钢筋打点机或划线机、游标卡尺(精度为0.1mm)等。

三、试样制备

拉伸试验用钢筋试件不得进行车削加工,可以用2个或一系列等分小冲点或细划线标出试件原始标距，测量标距长度 L_0，精确至 0.1mm，见图 6-5。

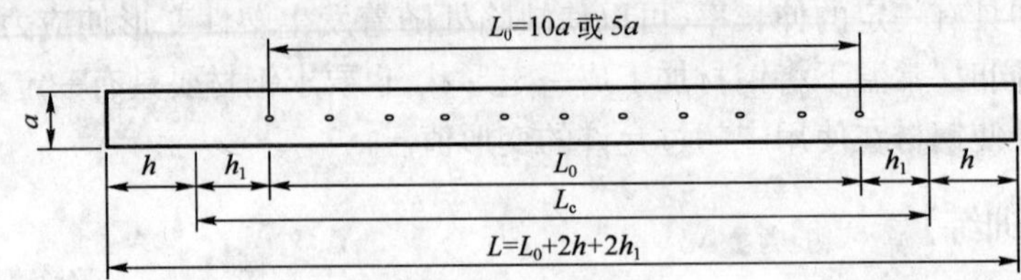

图 6-5　钢筋拉伸试验试件

a-试样原始直径；L_0-标距长度；h_1-取(0.5 ~ 1)a；h-夹具长度

四、试验步骤

(1)将试件上端固定在试验机上夹具内，调整试验机零点，装好描绘器、纸、笔等，再用下夹具固定试件下端。

(2)开动试验机进行拉伸，拉伸速度为：屈服前应力增加速度为 10MPa/s；屈服后试验机活动夹头在荷载下移动速度不大于 $0.5L_c$/min，直至试件拉断。

(3)拉伸过程中，测力度盘指针停止转动时的恒定荷载，或第一次回转时的最小荷载，即为屈服荷载 F_s(N)。向试件继续加荷直至试件拉断，读出最大荷载 F_b(N)。

(4)测量试件拉断后的标距长度 L_1。将已拉断的试件两端在断裂处对齐，尽量使其轴线位于同一条直线上，如图 6-6 所示。

如拉断处距离邻近标距端点大于 $L_0/3$ 时，可用游标卡尺直接量出 L_1。如拉断处距离邻近标距端点小于或等于 $L_0/3$ 时，可按下述移位法确定 L_1：在长段上自断点起，取等于短段格数得 B 点，再取等于长段所余格数[偶数见图 6-6a)]之半得 C 点；或者取所余格数[奇数如图 6-6b)]减 1 与加 1 之半得 C 与 C_1 点。则移位后的 L_1 分别按式(6-4)、式(6-5)计算。

$$L_1 = AB + 2BC \tag{6-4}$$

$$L_1 = AB + BC + BC_1 \tag{6-5}$$

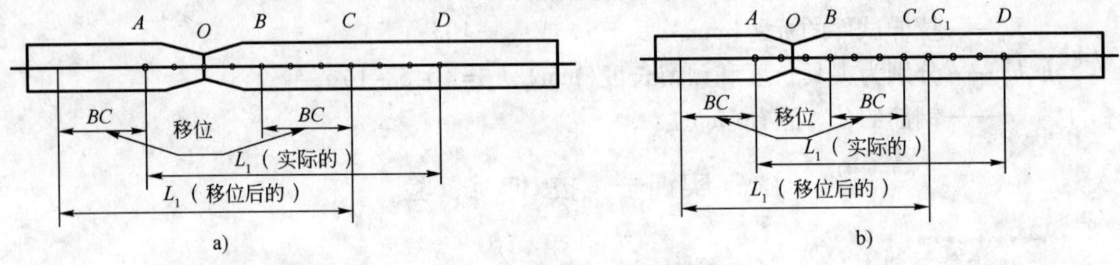

图 6-6　用移位法计算标距

如果直接测量所求得的伸长率能达到技术条件要求的规定值，则可不采用移位法。

五、结果评定

(1)钢筋的屈服强度 σ_s 和抗拉强度 σ_b 按下式计算：

$$\sigma_s = \frac{F_s}{A} \tag{6-6}$$

$$\sigma_b = \frac{F_b}{A} \tag{6-7}$$

式中：σ_s、σ_b——分别为钢筋的屈服强度和抗拉强度（MPa）；

F_s、F_b——分别为钢筋的屈服荷载和最大荷载（N）；

A——试件的公称横截面积（mm^2）。

当σ_s、σ_b大于1 000MPa时，应计算至10MPa，按“四舍六入五单双法”修约；σ_s、σ_b为200～1 000MPa时，计算至5MPa，按“二五进位法”修约；σ_s、σ_b小于200MPa时，计算至1MPa，小数点数字按“四舍六入五单双法”处理。

（2）钢筋的伸长率δ_5或δ_{10}按下式计算：

$$\delta_5(\text{或}\,\delta_{10}) = \frac{L_1 - L_0}{L_0} \times 100\% \tag{6-8}$$

式中：δ_5、δ_{10}——分别为$L_0 = 5a$或$L_0 = 10a$时的伸长率（精确至1%）；

L_0——原标距长度$5a$或$10a$（mm）；

L_1——试件拉断后直接量出或按移位法的标距长度，精确至0.1mm。

如试件在标距端点上或标距处断裂，则试验结果无效，应重做试验。

进行到屈服阶段后，所加最大荷载值不得超过测力度盘的80%。

重点提示

（1）钢筋取样和制样方法：由同一厂别、同一炉号、同一规格、同一交货状态、同一进场时间为一验收批。取2个试件的，均应从2根（或2盘）中分别切取，每根钢筋上切取一个拉力试件、一个冷弯试件。低碳钢热轧圆盘条冷弯试件应取自同盘的两端。试件切取时，应在钢筋或盘条的任意一端截去500mm后切取。

（2）根据估计试验中要加的最大荷载，并由此选择合适的测力量程，同时调整好自动记录装置。

（3）认真阅读试验机的构造原理、使用方法和注意事项。试验机测力示值误差应不大于±1%；在规定负荷下停止施荷时，试验机操作应能精确到测力度盘上的一个最小分格，负荷示值至少能保持30s；试验机应具有调速指示装置，能在标准规定的速度范围内灵活调节，且加卸荷平稳；试验机还应备有记录装置，能满足标准用绘图法测定强度特性的要求。

（4）装夹拉伸试样必须正确，防止装偏或夹持部分装夹过短。

（5）加载要缓慢均匀，特别是对液压式万能材料试验机，不能把油门开得过大，以避免发生突然加载或超载，使试验失败，甚至造成事故。

思考题

1. 如何评定钢筋的强度等级？
2. 如何确定钢筋的屈服强度和抗拉强度？
3. 如何确定试件拉断后的标距长度L_1？

实训二　冷 弯 试 验

基本操作技能

一、试验目的

通过冷弯试验，对钢筋塑性进行严格检验，也间接测定钢筋内部的缺陷及可焊性。

二、主要仪器设备

万能材料试验机,具有一定弯心直径的冷弯冲头等。

三、试验步骤

(1)按图 6-7a)所示调整试验机各种平台上支辊距离 L_1。d 为冷弯冲头直径,$d=na$,n 为自然数,其值大小根据钢筋级别确定,a 是试件原始直径。

(2)将试件按图 6-7a)安放好后,平稳地加荷,钢筋弯曲至规定角度(90°或 180°)后,停止冷弯,见图 6-7b)和 c)。

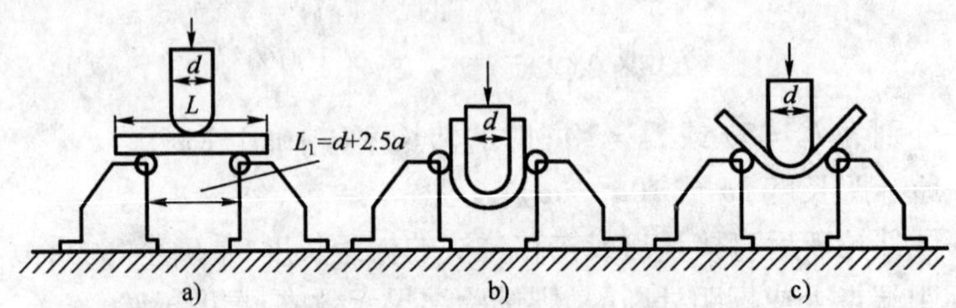

图 6-7 钢筋冷弯试验装置示意图

a)冷弯试件和支座;b)弯曲 180°;c)弯曲 90°

四、结果评定

(1)在常温下,在规定的弯心直径和弯曲角度下对钢筋进行弯曲,检测 2 根弯曲钢筋的外表面,若无裂纹、断裂或起层,即判定钢筋的冷弯性能合格,否则不合格。

(2)根据试验完成试验报告。

重点提示

(1)工程中经常需对钢材进行冷弯加工,冷弯试验就是模拟钢材弯曲加工而确定的。冷弯是桥梁钢材的重要工艺性能,用以检验钢材在常温下承受规定弯曲程度的弯曲变形能力,并显示其缺陷。

(2)通过冷弯试验不仅能检验钢材适应冷加工的能力和显示钢材内部缺陷(如起层、非金属夹渣等)状况,而且由于冷弯时试件中部受弯部位受到冲头挤压以及弯曲和剪切的复杂作用,因此也是考察钢材在复杂应力状态下发展塑性变形能力的一项指标。所以,冷弯试验对钢材质量是一种较严格的检验。

(3)冷弯试验是以圆形、方形、长方形或多边形横截面试样经受弯曲塑性变形,不改变加力方向,直至达到规定的弯曲角度,然后卸除试验力,检查试样承受变形的性能。通常检查试样弯曲部分的外面、里面和侧面,若弯曲处无裂纹、起层或断裂现象,即可认为冷弯性能合格。

思考题

1. 什么是钢材的冷弯性能?应如何进行评价?
2. 工程中为什么需要做冷弯试验?
3. 如何判定冷弯性能是否合格?

【章节自测题】

一、名词解释

1. 弹性模量
2. 时效

3. 钢材 Q235-B

4. 镇静钢

5. 低温冷脆性

二、填空题

1. (　　)和(　　)是衡量钢材强度的两个重要指标。

2. 按冶炼时脱氧程度分类,钢可以分成(　　)、(　　)、(　　)和特殊镇静钢。

3. 钢的化学成分中,(　　)是有害元素,含量提高,钢材的强度提高,(　　)和(　　)显著下降。(　　)也是有害成分,存在于非金属杂物内,使钢的(　　)降低,特别是(　　)下降。

4. 冷拉后的钢筋经过时效处理,其(　　)、(　　)及(　　)进一步提高,而(　　)、(　　)继续降低。

三、单项选择题

1. 钢是指含碳量低于(　　)的铁碳合金。

A. 0.25%　　B. 0.6%　　C. 2%　　D. 5%

2. 低碳钢是指含碳量低于(　　)的碳素钢。

A. 0.25%　　B. 0.6%　　C. 2%　　D. 5%

3. 低合金钢是指合金元素的含量低于(　　)的合金钢。

A. 0.6%　　B. 2%　　C. 5%　　D. 10%

4. 钢材可按照其主要有害杂质(　　)的含量来划分质量等级。

A. 铁、碳　　B. 锰、硅　　C. 氧、氮　　D. 硫、磷

5. 随着含碳量的增加,钢材的强度、硬度会(　　),塑性、韧性会(　　)。

A. 提高、提高　　B. 提高、降低　　C. 降低、降低　　D. 降低、提高

6. 硅的含量小于1%时,能显著提高钢材的强度,而对钢材的塑性和韧性(　　)。

A. 提高　　B. 降低　　C. 不变　　D. 影响不明显

7. 磷可使钢材的(　　)显著增加。

A. 塑性　　B. 韧性　　C. 脆性　　D. 强度

8. 低碳钢拉伸处于(　　)时,其应力与应变成正比。

A. 弹性阶段　　B. 屈服阶段　　C. 强化阶段　　D. 颈缩阶段

9. 低碳钢拉伸处于(　　)时,其应力的变化滞后于应变。

A. 弹性阶段　　B. 屈服阶段　　C. 强化阶段　　D. 颈缩阶段

10. 低碳钢拉伸处于(　　)时,其应力的变化超前于应变。

A. 弹性阶段　　B. 屈服阶段　　C. 强化阶段　　D. 颈缩阶段

11. 在弹性阶段,可得到钢材的(　　)这一指标。

A. 弹性模量　　B. 屈服强度　　C. 抗拉强度　　D. 伸长率

12. 在屈服阶段,可得到钢材的(　　)这一指标。

A. 弹性模量　　B. 屈服强度　　C. 抗拉强度　　D. 伸长率

13. 在强化阶段,可得到钢材的(　　)这一指标。

A. 弹性模量　　B. 屈服强度　　C. 抗拉强度　　D. 伸长率

14. 在颈缩阶段,可得到钢材的(　　)这一指标。

A. 弹性模量　　B. 屈服强度　　C. 抗拉强度　　D. 伸长率

15. 钢材的伸长率越大,表示其(　　)越好。

A. 抗压强度　B. 塑性　C. 硬度　D. 抗拉强度

16. 钢材经过冷加工强化后,其强度和硬度(　　),而塑性和韧性(　　)。

A. 增大、增大　B. 增大、降低　C. 降低、降低　D. 降低、增大

17. 钢材经时效以后,其强度、硬度会(　　),而塑性、韧性则会(　　)。

A. 增大、增大　B. 增大、降低　C. 降低、降低　D. 降低、增大

18. 设计时,钢材强度的取值依据是钢材的(　　)。

A. 屈服强度　B. 抗压强度　C. 抗拉强度　D. 抗折强度

19. 钢材的屈强比越大,则结构的安全可靠性(　　)。

A. 越低　B. 越高　C. 不一定　D. 没有变化

20. 热轧光圆钢筋的牌号是(　　)。

A. HPB235　B. HPB335　C. HRB400　D. HRB500

21. 热轧带肋钢筋的牌号是(　　)。

A. HPB235　B. HPB335　C. HRB400　D. CRB550

22. 冷轧带肋钢筋的牌号是依据其(　　)确定的。

A. 屈服强度　B. 抗拉强度　C. 最小抗拉强度　D. 最大抗拉强度

23. 钢材经冷拉后在常温下存放(　　)的这个过程称为时效。

A. 5 ~ 10d　B. 10 ~ 15d　C. 15 ~ 20d　D. 20 ~ 25d

四、简答题

1. 画出低碳钢拉伸性能试验的应力—应变图,指出受拉过程的 4 个阶段,并在图中标出强度指标。

2. 钢筋经冷加工和时效处理后,其机械性能如何变化?钢筋混凝土或预应力混凝土用钢筋进行冷拉或冷拔及时效处理的主要目的是什么?

3. 简述建筑工程中选用钢材的原则及选用沸腾钢须注意的条件。

4. 为何说屈服点、抗拉强度和伸长率是建筑用钢材的重要技术性能指标?

五、计算题

一钢材试件,直径为 25mm,原标距为 125mm,做拉伸试验,测得屈服点荷载为 201.0kN,达到最大荷载为 250.3kN,拉断后测得的标距长为 138mm,求该钢筋的屈服点、抗拉强度及拉断后的伸长率。

章节自测题参考答案

一、名词解释

1. 弹性模量:钢材在弹性阶段应力与应变的比值为常数,即为弹性模量,是反映钢材弹性变形能力的指标。

2. 时效:钢材经冷加工后,随着时间的进展,钢的强度逐渐提高,而塑性和韧性相应降低的现象称为时效。

3. 钢材 Q235-B:屈服强度为 235MPa 的 B 级镇静钢。

4. 镇静钢:一种脱氧完全的钢。它是除了在炼钢炉中加锰铁和硅铁脱氧外,还在盛钢桶中加铝进行补充脱氧。残留在钢中的氧极少,铸锭时钢水很平静,无沸腾现象,叫镇静钢。

5. 低温冷脆性:冲击值 a_k 随着温度的降低而减小,并在某一温度范围内急剧下降而呈脆

性断裂,使冲击值显著降低的现象称为低温冷脆性。与之相对应的温度(范围),称为脆性转变温度(范围)。

二、填空题

1. 屈服强度、抗拉强度　2. 沸腾钢、镇静钢、半镇静钢　3. 磷、塑性、韧性、氧、机械性能、韧性　4. 屈服点、抗拉强度、硬度、塑性、韧性

三、单项选择题

1. C　2. A　3. C　4. D　5. B　6. D　7. D　8. A　9. B　10. C
11. A　12. B　13. C　14. D　15. B　16. B　17. B　18. A　19. A　20. B
21. C　22. B　23. C

四、简答题

1. **答:** 4个阶段为弹性阶段、屈服阶段、强化阶段、颈缩阶段。强度指标有:钢筋的屈服强度和抗拉强度。

2. **答:** 钢筋经冷加工后,其屈服点提高,抗拉强度基本不变,而塑性、韧性降低;时效处理后钢材屈服强度和抗拉强度、硬度提高,塑性、韧性降低。对该类钢筋进行冷拉或冷拔及时效处理的最终目的是提高强度(屈服强度和抗拉强度),节约钢材。

3. **答:** 选用原则有:(1)考虑结构对性能的要求;(2)考虑荷载类型(静载、动载和重复载荷);(3)注意结构连接方式(铆、螺栓、焊接等);(4)考虑环境温度;(5)注意周围环境介质(潮湿、腐蚀性介质、干燥等);(6)注意环境使用温度,特别是低温条件下钢的冷脆断裂。

一般情况下,限制沸腾钢使用的场合有:①直接承受动荷载的焊接结构;②非焊接结构而计算温度等于或低于-20℃的承受重级动载作用;③受静荷载作用,而计算温度等于或低于-30℃时的焊接结构。

4. **答:** 因钢材受力大于屈服点后,会出现较大的塑性变形,已不能满足使用要求,因此屈服强度是设计上钢材取值的依据。抗拉强度是钢材受拉时所能承受的最大应力值,屈服强度和抗拉强度的比值能反映钢材的利用率和结构安全可靠性。伸长率是衡量钢材塑性的一个重要指标,其值越大说明钢材的塑性越好,而强度较低。因此说这三个指标是钢材的重要技术性能指标。

五、计算题

解: (1)屈服强度:

$$\sigma_s = \frac{F_s}{A} = \frac{201.0 \times 10^3}{1/4 \times \pi \times 25^2} = 409.7\text{MPa}$$

(2)抗拉强度:

$$\sigma_s = \frac{F_b}{A} = \frac{250.3 \times 10^3}{1/4 \times \pi \times 25^2} = 510.2\text{MPa}$$

(3)伸长率:

$$\delta = \frac{L_1 - L}{L_0} \times 100\% = \frac{138 - 125}{125} \times 100\% = 10.4\%$$

第七章　建筑功能材料

【学习目标】

掌握：

1. 建筑密封材料的概念、功能及要求。
2. 绝热材料的基本概念、特性及常用的种类。
3. 吸声材料以及隔声材料的定义、类型、性能及应用。
4. 防水涂料的组成、分类及特点。

理解：

吸声材料的构造、隔声材料的隔声原理。

了解：

密封材料、绝热材料的生产原理。

【基础知识】

一、建筑功能材料的基本概念及类型

1. 建筑功能材料的定义

建筑功能材料是以材料的力学性能以外的功能为特征的材料，它赋予建筑物防水、防火、绝热、采光、防腐等功能。

2. 常见建筑功能材料的类型

(1)防水材料。

(2)密封材料。

(3)绝热材料。

(4)吸声材料。

(5)隔声材料。

二、防水材料

详见第十章“沥青及防水材料”。

三、建筑密封材料

1. 建筑密封材料定义

建筑密封材料是嵌入建筑物缝隙中，能承受位移且能达到气密、水密目的的材料，也称建筑防水油膏。主要应用在板缝、接头、裂隙、屋面等部位。

2. 建筑密封材料应满足的要求

(1)具有良好的黏结性、抗下垂性、不渗水、不透气。

(2)有良好的弹塑性，能长期经受被粘构件的伸缩和振动，在接缝发生变化时不断裂、不剥落。

(3)要有良好的耐老化性能，不受热和紫外线的影响，长期保持密封所需要的黏结性和内

聚力等。

3. 密封材料的分类

密封材料按形态不同分为定型密封材料（密封条和压条等）和非定型密封材料（密封膏或嵌缝膏等）两大类。不定型密封材料按原材料及其性能可分为：

（1）塑性密封膏。该材料价格低，具有一定的弹塑性和耐久性，但弹性差，延伸率也较差。

（2）弹塑性密封膏。该材料延伸性及黏结性较好，但弹性较低，塑性较大。

（3）弹性密封膏。该材料综合性能较好，但较贵。

4. 密封材料的组成

以高分子合成材料为主体，加入适量化学助剂、填充料和着色剂，经过特定生产工艺而制成的膏状密封材料。

5. 密封材料的主要品种

主要品种有橡胶沥青油膏、水乳型丙烯酸酯密封膏、聚氯乙烯胶泥、聚氨酯弹性密封膏、聚硫橡胶密封膏、有机硅建筑密封膏。

四、绝热材料

1. 绝热材料定义

绝热材料是指用于建筑围护或者热工设备、阻抗热流传递的材料或者材料复合体，既包括保温材料，也包括隔热材料。

2. 绝热材料的特点

通常绝热材料具有质轻、疏松、多孔、导热系数小的特点。绝热材料一方面满足了建筑空间或热工设备的热环境，另一方面也节约了能源。因此，有些国家将绝热材料看作是继煤炭、石油、天然气、核能之后的“第五大能源”。

3. 常用的绝热材料

常用的绝热材料有：有机气泡状绝热材料、无机纤维状绝热材料、无机多孔状绝热材料、保温材料等。

重点难点提示

1. 绝热材料结构形式分类
- 纤维状
- 气泡状
- 多孔状
- 层状

2. 绝热材料按成分分类
- 无机：耐腐蚀、阻燃、耐高温、防虫
- 有机：密度小、原料广、成本低

3. 传热方式有：导热、对流、辐射 3 种方式，对建筑材料来讲，主要是导热。

4. 影响导热的因素有：①表观密度内部构造；②环境温湿度；③热流方向；④分子结构。其中以表观密度和湿度对材料导热系数影响最大。热阻 R 是材料层抵抗热流通过的能力，或者说是热流通过材料层所遇到的阻力，其大小等于导热系数的倒数乘以材料层的厚度。

五、吸声材料

建筑声学主要研究两个问题：一是室内音质，二是建筑物的隔声。不论是改善室内混响条件，提供良好音质，还是控制室内噪声污染，都需要使用吸声材料。

1. 吸声材料的定义

吸声材料是能在较大程度上吸收由空气传递的声波能量的建筑材料，用吸声系数表示。为全面反映材料的吸声频率特性，工程上通常认为对 125Hz、250Hz、500Hz、1 000Hz、2 000Hz和 4 000Hz 六个频率的平均吸声系数大于 0.2 的材料，才可称之为吸声材料。

2. 吸声系数影响因素

(1)内部的孔隙特征。

(2)材料的厚度。

(3)材料背后的空气层。

(4)材料的表面特征。

3. 常用吸声材料的结构

(1)多孔吸声材料。

(2)厚板振动吸声结构。

(3)共振吸声结构。

(4)穿孔板组合共振吸声结构。

(5)悬挂空间吸声结构。

(6)帘幕吸声结构。

重点难点提示

吸声材料的选择与应用：

(1)选择吸声系数大的材料，多数情况下，以低频吸声系数为控制指标。

(2)吸声材料安装在易接触声波，且波反射次数最多的部位，并考虑室内表面布置的均匀性。

(3)吸声材料应置护壁台度以上，以防碰撞损坏。

(4)吸声性与装饰性相结合。

(5)安装时留足缝隙。

(6)防火、阻燃，不易霉变、虫驻。

(7)注意区别绝热材料和吸声材料。

(8)注意安装使用方法，以便最大限度地发挥其吸声作用。

六、隔声材料与隔声处理

1. 隔声材料

隔声材料是指用来隔绝声音的材料。

2. 隔声处理

隔声处理包括两种：一是对空气声，二是对固体声。

(1)对空气声，通常是增加声波的反射，减少声波的透射。工程中加大墙体厚度即可。

(2)对固体声，最有效的办法是采用柔性材料隔断声音传播的途径。可在材料表面加设弹性面层或弹性垫层。

【章节自测题】

一、名词解释

1. 建筑密封材料

2. 绝热材料

3. 吸声材料

4. 热阻

二、填空题

1. 建筑密封材料主要应用在(　　)、(　　)、(　　)、(　　)等部位。密封材料的组成主要是以(　　)为主体,加入适量(　　)、(　　)和(　　)。

2. 不定型密封材料按原材料及其性能可分为(　　)、(　　)、(　　)。

3. 建筑密封材料的防水效果主要取决于油膏本身的(　　)、(　　)、(　　)及油膏和基材的(　　)。

4. 建筑密封材料按形态的不同一般可分为(　　)和(　　)。

三、简答题

1. 建筑密封材料应满足的要求有哪些?

2. 什么是绝热材料?工程上对绝热材料有哪些要求?

3. 影响吸声系数的因素有哪些?

4. 某绝热材料受潮后,其绝热性能明显下降,请分析原因。

章节自测题参考答案

一、名词解释

1. 建筑密封材料:嵌入建筑物缝隙中,能承受位移且能达到气密、水密目的的材料,也称建筑防水油膏。

2. 绝热材料:用于建筑围护或者热工设备、阻抗热流传递的材料或者材料复合体,既包括保温材料,也包括隔热材料。

3. 吸声材料:能在较大程度上吸收由空气传递的声波能量的建筑材料,用吸声系数表示。

4. 热阻 R:材料层抵抗热流通过的能力,或者说是热流通过材料层所遇到的阻力。其大小等于导热系数的倒数乘以材料层的厚度。

二、填空题

1. 板缝、接头、裂隙、屋面、高分子合成材料、化学助剂、填充料、着色剂　2. 弹性密封膏、弹塑性密封膏、塑性密封膏　3. 密封性、憎水性、耐久性、黏附力　4. 不定型密封材料、定型密封材料

三、简答题

1. 答:应满足(1)具有良好的黏结性、抗下垂性、不渗水、不透气。(2)有良好的弹塑性,能长期经受被粘构件的伸缩和振动,在接缝发生变化时不断裂、不剥落。(3)要有良好的耐老化性能,不受热和紫外线的影响,长期保持密封所需要的黏结性和内聚力等。

2. 答:绝热材料是指用于建筑围护或者热工设备、阻抗热流传递的材料或者材料复合体,既包括保温材料,也包括隔热材料。建筑中要求绝热材料的导热系数值小于 $0.23\mathrm{W/(m \cdot k)}$;热阻值大于 $4.35\mathrm{(m^2 \cdot k)/W}$;毛体积密度不大于 $600\mathrm{kg/m^3}$;抗压强度大于 $0.3\mathrm{MPa}$,且构造简

单、施工容易，造价低廉。

3. 答：主要有(1)内部的孔隙特征；(2)材料的厚度；(3)材料背后的空气层；(4)材料的表面特征。

4. 答：当绝热材料受潮后，材料的孔中有水分。除孔隙中剩余的空气分子传热、对流及部分孔壁的辐射作用外，孔隙中的蒸汽扩散和分子的热传导起了主要作用。因水的导热能力远大于孔隙中空气的导热能力，故材料的绝热性能下降。

第八章　建筑装饰材料

【学习目标】

掌握：

掌握石材、陶瓷砖、木材、塑料、涂料、玻璃等常用装饰材料的基本概念、主要技术性能及在工程实践中的用途。

【基础知识】

一、建筑装饰材料的定义及使用要求

1. 定义

又称装修材料或饰面材料，一般是在建筑主体工程完成后，最后进行装修阶段所使用的材料。

2. 使用要求

同时考虑材料的装饰性、功能性和经济性。

(1)满足造型、质感、色调等美学方面的要求。

(2)要与使用环境相协调的各种功能，如耐磨性、吸声、隔声性、防污性。

(3)满足安全性、经济性的要求。

二、建筑石材的基本知识

1. 岩石的种类

(1)岩浆岩：由地壳深处熔融岩浆上升冷却而成，属结晶结构，如花岗岩。

(2)沉积岩：由岩浆岩风化破坏后，经沉积压实而成，具有层状结构，如砂岩、石灰岩。

(3)变质岩：由岩浆岩或沉积岩经高温高压作用变质后形成的一种岩石，如大理石。

2. 建筑石材的概念

建筑石材是指具有一定的物理、化学性能，可用作建筑材料的岩石。建筑石材包括天然石材和人工石材两大类。

3. 石材的特点

重量大，抗拉和抗弯强度小，连接困难。

4. 天然石材

天然石材是将开采来的岩石，对其形状、尺寸和质量三方面进行加工处理后得到的材料。

5. 石材的作用

古代对天然石材的使用比较多，有了钢筋混凝土以后，石材不作为结构材料，一般用做建筑装饰材料和混凝土集料。

6. 常用天然石材的品种、技术性能及应用(表 8-1)

常用天然石材的品种、性能及应用　　表 8-1

品　种	技 术 性 能	应　用
天然花岗石	结构致密;质地坚硬、强度高;装饰性好;耐久性好,不易风化变质;耐火性差	多用于公共建筑、纪念性建筑的外墙饰面
天然大理石	结构致密,强度高;装饰性好;硬度相对较小;耐腐蚀能力差;耐久性次于花岗岩;耐酸能力差	用于室内装修。磨光后装饰效果好,可制作大理石壁画、工艺品等

7. 人造石材

人造石材是人造大理石和人造花岗岩的总称,是以大理石碎料、石英砂、石粉等为骨料,以树脂、聚酯等聚合物或水泥黏结剂,在真空条件下经强力拌和振动、加压成型、打磨抛光以及切割等工序制成的板材。

8. 人造石材的技术性能

(1)花色纹理仿真性强,品种多,质感好。

(2)不存在色差,重量轻,耐腐蚀、耐久性好。

(3)施工便捷,无缝拼接,整体性好。

(4)利于环保。

三、建筑装饰陶瓷砖的基本知识

1. 陶瓷砖概念

陶瓷砖指由黏土和其他无机非金属原料,经成型、烧结等工艺生产的板状或块状陶瓷制品,用于装饰与保护建筑物、构筑物的墙面和地面。

2. 建筑陶瓷砖的主要品种

(1)釉面砖;(2)外墙面砖;(3)地面砖;(4)陶瓷锦砖。

重点难点提示

(1)釉面砖通常不宜用于室外。

(2)釉面砖铺贴前必须进行浸水处理。

(3)墙地砖是陶瓷锦砖、地砖、面砖、墙面砖的总称,它们强度高、耐腐蚀性、耐火性、耐水性都很好。主要用于建筑物外墙贴面和室内外地面装饰。

四、建筑装饰木材的基本知识

1. 木材的种类、特点及应用(表 8-2)

木材的种类、特点及应用　　表 8-2

种　类	主 要 特 点	主 要 应 用
针叶树(软木材)	树干通直高大,纹理顺直;强度较高,变形较小,耐腐蚀性较强;木质较软易于加工	是建筑工程中的主要用材,用作承重构件
阔叶树(硬木材)	树干通直部分较短;一般较重,强度高,变形大,易开裂;材质坚硬,加工较困难	用于建筑中尺寸较小的装饰构件;用作室内装修、家具及胶合板

2. 建筑木材的特点

1)优点

(1)质轻而强度高。

(2)有较好的弹性和韧性。

(3)导热性好。

(4)具有良好的装饰性,易加工。

(5)耐久性好。

2)缺点

(1)构造不均匀。

(2)各向异性。

(3)容易吸收或散发水分,引起尺寸、形状、强度的变化,引起裂缝和翘曲。

(4)天生缺陷太多,影响材质。

(5)耐火性差,容易燃烧。

3. 木材的主要技术性能

1)水分种类

(1)木材中水分的种类见表8-3。

木材中的水分　　表8-3

木材中的水分	存在部位	蒸发顺序
自由水	存在于细胞腔和细胞间隙中	首先蒸发
吸附水	存在于细胞壁中	在自由水蒸发后蒸发
结合水	以化学结合水的形式存在	化合水

(2)含水率:木材中水分的质量与木材干燥质量的比值(%)。

①纤维饱和点含水率(纤维饱和点):木材内部自由水完全蒸发为零,而吸附水饱和的状态为纤维饱和点状态。

②平衡含水率:木材长时间处于一定温度和湿度的空气中,达到相对稳定的含水率。

③湿胀干缩:木材细胞壁吸附水含量的变化会引起木材的变形,称为湿胀变形。

2)强度

(1)木材按受力状态分为抗拉、抗压、抗弯和抗剪4种强度,而抗拉、抗压和抗剪强度又都有顺纹和横纹之分。

(2)影响强度的因素:含水率、负荷时间、环境温度、缺陷。

4. 建筑中常用人造板品种(表8-4)

建筑中常用木材　　表8-4

品　种	特　征
胶合板	原木旋切成薄片,再用胶黏剂按奇数层,以各层纤维互相垂直,黏合热压而成的人造板材
细木工板	是人造板的一种,是一种特种胶合板,芯板采用木板拼接而成,两面黏结1层或2层板,表面有美丽木纹
纤维板	以植物纤维为原料,经破碎、浸泡、研磨成木浆,再加入胶料,经热压成型、干燥而成的人造板材
刨花板	利用木材加工中产生的刨花、木丝、木屑等切削成一定规格的碎片为原料,经干燥,拌以胶黏剂、硬化剂、防水剂,在一定的温度和压力下压制而成的人造板材
纸质饰面人造板	是以人造板为基材,在表面贴有木纹或其他图案的特质纸质饰面材料

5. 木材腐朽与防止

1)木材腐朽

木材受到真菌侵害后，其细胞改变颜色，结构逐渐变松、变脆，强度和耐久性降低。

2）木材防腐方法

（1）将木材干燥至含水率在20%以下，以防滋生真菌。

（2）采用化学防腐剂，使木材成为有毒物质，抑制真菌生长。

（3）对木结构采取通风、防潮或表面涂刷涂料。

（4）采用表面喷涂、浸渍、压力渗透。

重点难点提示

（1）平衡含水率随大气含水率的变化而变化。

（2）避免湿胀干缩的措施是在木材的端部涂以油料或其他涂料。

（3）木材的强度存在各向异性。

五、金属装饰材料

1. 金属装饰材料的特点及种类

1）特点

在现代建筑中，金属材料品种繁多，尤其是钢、铁、铝、铜及其合金材料，它们耐久、轻盈，易加工，表现力强，这些特质是其他材料所无法比拟的。因此，在现代建筑装饰中，被广泛地采用，如柱子外包不锈钢板或铜板，墙面和顶棚镶贴铝合金板，楼梯扶手采用不锈钢管或铜管，隔墙、幕墙采用不锈钢板等。

2）种类

金属装饰材料有各种金属及合金制品如铜和铜合金制品、铝和铝合金制品、锌和锌合金制品、锡和锡合金制品等，但应用最多的还是铝与铝合金以及钢材及其复合制品。

2. 铝及铝合金

铝作为化学元素，在地壳组成中占第3位，约占7.45%，仅次于氧和硅。随着炼铝技术的提高，铝及铝合金成为一种被广泛应用的金属材料。

1）铝及铝制品的特性

铝属于有色金属中的轻金属，质轻，密度为$2.7g/cm^3$，为钢的1/3，是各类轻结构的基本材料之一。铝的熔点低，为660℃。铝呈银白色，反射能力很强，因此常用来制造反射镜、冷气设备的屋顶等。铝有很好的导电性和导热性，仅次于铜，所以，铝也被广泛用来制造导电材料、导热材料和蒸煮器具等。

铝具有良好的延展性，有良好的塑性，易加工成板、管、线及箔等。铝的强度和硬度较低，所以，常可用冷压法加工成制品。铝在低温环境中塑性、韧性和强度不下降，因此，铝常作为低温材料用于航空和航天工程及制造冷冻食品的储运设备等。

2）铝合金的性质和应用

纯铝强度较低，为提高其实用价值，常在铝中加入适量的铜、镁、锰、硅、锌等元素组成铝合金。

（1）铝合金的性质：铝中有入合金元素后，其机械性能明显提高，并仍能保持铝质量轻的固有特性，使用也更加广泛，不仅用于建筑装修，还能用于建筑结构。铝合金装饰材料具有重量轻、不燃烧、耐腐蚀、经久耐用、不易生锈、施工方便、装饰华丽等优点。

（2）铝合金的应用：目前铝合金广泛用于建筑工程结构和建筑装饰，如屋架、屋面板、幕墙、门窗框、活动式隔墙、顶棚、暖气片、阳台和楼梯扶手以及其他室内装修及建筑五金等。

3)常用的铝合金制品

建筑上常用的铝合金制品有铝合金门窗、铝合金装饰板、铝箔、铝粉以及铝合金吊顶龙骨等,另外,家具设备及各种室内装饰配件也大量采用铝合金。

(1)铝合金门窗:铝合金门窗是将已表面处理过的型材,经过下料、打孔、铣槽、攻丝、制配等加工工艺而制造的门窗框料构件,再加连接件、密封件、开闭五金件一起组合装配而成。现代建筑装修工程,尽管铝合金门窗比普通钢门窗的造价高 3 ~4 倍,但因其长期维修费用少、性能好、美观、节约能源等,所以,在国内外得到广泛应用。

(2)铝合金装饰板

①铝合金花纹板:是采用防锈铝合金等坯料,用特制的花纹轧制而成的。花纹美观大方,不易磨损,防滑性能好,防腐蚀性强,便于冲洗;通过表面处理可以得到不同的颜色。花纹板材平整,裁剪尺寸精确,便于安装。

②铝质浅花纹板:是优良的建筑装饰材料之一。它花纹精巧别致,色泽美观大方,除具有普通铝板共有的优点外,刚度提高 20%,抗污垢、抗划伤、抗擦伤能力均有提高,尤其是增加了立体图案和美丽的色彩,更使建筑物生辉。它是我国所特有的建筑装修产品。

③铝及铝合金波纹板:铝及铝合金波纹板是世界上广泛应用的装饰材料。它主要用于墙面装饰,也可用于屋面装饰;表面经化学处理可以有各种颜色,有较好的装饰效果,又有很强的反射阳光能力;十分经久耐用,在大气中使用 20 年不需要换,搬迁拆卸下的波纹板仍可重新使用。

④铝合金穿孔吸声板:铝合金穿孔板采用各种铝合金平板经机械穿孔而成。孔型根据需要有圆孔、方孔、长圆孔、长方孔、三角孔、大小组合孔等。这是一种降低噪声并兼有装饰作用的新产品。

⑤铝合金吊顶龙骨:具有不锈、质轻、防火、抗震、安装方便等特点,适用于室内吊顶装饰。

重点难点提示

(1)金属装饰材料的结构:金属装饰材料主要结构为各种板材,如花纹板、波纹板、压型板、冲孔板。其中波纹板可增加强度,降低板材厚度以节省材料,也有其特殊装饰风格;冲孔板主要为增加其吸声性能,大多用作吊顶材料,孔型有圆孔、方孔、长圆孔、长方孔、三角孔、菱形孔、大小组合孔等。金属装饰箔是一种极薄的装饰材料,幅面常在 100mm 以下,常用于古建筑的装修。

(2)铝是活泼的金属元素,它和氧的亲和力很强,暴露在空气中,表面易生成一层致密而坚固的氧化铝(Al_2O_3)薄膜,可以阻止铝继续氧化,从而起到保护作用,所以铝在大气中的耐腐蚀性较强。但氧化铝薄膜的厚度一般小于 0.1μm,因而它的耐腐蚀性亦是有限的,如钝铝不能与盐酸、浓硫酸、氢氟酸、强碱及氯、溴、碘等接触,否则将会产生化学反应而被腐蚀。

(3)铝合金波纹板的特点:自重轻(仅为钢的 3/10),有银白色等多种颜色,既有装饰效果,又有很强的反射阳光能力。它能防火、防潮、耐腐蚀,在大气中可使用 20 年以上。搬迁拆卸下来的波纹板仍可重复使用,它适合于旅馆、饭店、商场等建筑墙面和屋面的装饰。

(4)铝合金穿孔板材质轻、耐高温、耐腐蚀、防火、防潮、防震、化学稳定性好,造型美观,色泽幽雅,立体感强,装饰效果好,且组装简便,可用于宾馆、饭店、影院、播音室等公共建筑和中高档民用建筑改善音质条件,也可用于各类车间厂房、人防地下室等作为降噪措施。

(5)铝合金吊顶龙骨可与板材组成 450mm × 450mm、500mm × 500mm、600mm × 600mm 的方格,不需要大幅面的吊顶板材,可灵活选用小规格吊顶材料。铝合金材料经过电氧化处理,光亮、不锈、色调柔和,吊顶龙骨呈方格状外露,美观大方。

3. 建筑装饰用钢材制品

目前,建筑装饰工程中常用的钢材制品主要有不锈钢板与钢管、彩色不锈钢板、彩色涂层钢板和彩色压型钢板以及塑料复合钢板及轻钢龙骨等。

1)不锈钢的一般特性

不锈钢是加铬元素为主并加其他元素的合金钢,铬含量越高,钢的抗腐蚀性越好。主要特点是耐腐蚀性好,经不同表面加工可形成不同的光泽度和反射能力,安装方便,装饰效果好。

2)普通不锈钢装饰制品

建筑装饰用不锈钢制品包括薄钢板、管材、型材及各种异型材。主要的是薄钢板,其中,厚度小于2mm的薄钢板用得最多。

(1)彩色不锈钢板:系在不锈钢板上进行技术性和艺术性加工,使其表面成为具有各种绚丽色彩的不锈钢装饰板。

(2)彩色涂层钢板:这种钢板涂层可分为有机涂层、无机涂层和复合涂层,以有机涂层钢板发展最快。有机涂层可以配制各种不同色彩和花纹,故称之为彩色涂层钢板。彩色涂层钢板可用作建筑外墙板、屋面板、护壁板、拱覆系统等。

(3)塑料复合钢板:塑料复合钢板是在Q215、Q235钢板上,覆以厚0.2~0.4mm的软质或半软质聚氯乙烯膜而成,被广泛用于交通运输及生活用品方面,如汽车外壳、家具等。但在建筑方面的应用仍占50%左右,主要用作墙板、顶棚及屋面板。

(4)轻钢龙骨:是以镀锌钢带或薄钢板由特制轧机以多道工艺轧制而成的。它广泛用于各种民用建筑工程以及轻纺工业厂房等场所,对室内装饰造型、隔音等功能起到良好效果。

(5)彩色压型钢板:彩色压型钢板是以镀锌钢板为基材,经成型机轧制,并涂敷各种耐腐蚀涂层与彩色烤漆而制成的轻型围护结构材料。适用于工业与民用及公共建筑的屋盖、墙板及墙壁装贴等。

重点难点提示

(1)不锈钢的耐腐蚀原理,是由于铬的性质比铁活泼,在不锈钢中,铬首先与环境中的氧化合,生成一层与钢基材牢固结合的致密氧化膜层,称作钝化膜,它能使合金钢得到保护,不致锈蚀。

(2)彩色不锈钢板具有抗腐蚀性强、机械性能较高、彩色面层经久不褪色、色泽随光照角度不同会产生色调变幻等特点,而且彩色面层能耐200℃的温度,耐盐雾腐蚀性能比一般不锈钢好,耐磨和耐刻划性能相当于箔层涂金的性能。当弯曲90℃时,彩色层不会损坏。

(3)彩色涂层钢板的特点是具有优异的装饰性,涂层附着力强,可长期保持新颖的色泽,并且具有良好的耐污染性能、耐高低温性能和耐沸水浸泡性能,另外加工性能也好,可进行切断、弯曲、钻孔、铆接、卷边等。

(4)轻钢龙骨具有强度大、通用性强、耐火性好、安装简易等优点,可装配各种类型的石膏板、钙塑板、吸音板等,用作墙体隔断和吊顶的龙骨支架,美观大方。

(5)彩色压型钢板具有质量轻、抗震性好、耐久性强、色彩鲜艳、易加工以及施工方便等特点。

4. 铜和铜合金

1)概况

铜在地壳中储藏量不大,约占0.01%,且在自然界中很少以游离状态存在,多是以化合物状态存在的。

2）铜的应用

在现代建筑装饰方面，铜材集古朴和华贵于一身。可用于外墙板、执手或把手、门锁、纱窗（紫铜纱窗）、西式高级建筑的壁炉等。在卫生器具、五金配件方面，铜材具有广泛的用途。

3）铜的特点

铜材经铸造、机械加工成型，表面处理用镀镍、镀铬工艺，具有抗腐蚀、色泽光亮、抗氧化性强的特点，可用于宾馆、旅社、学校、机关、医院等多种民用建筑中，还可用于楼梯扶手栏杆、楼梯防滑条等。

4）铜合金及其应用

在铜中掺加锌、锡等元素可制成铜合金，铜合金主要有黄铜、白铜和青铜，其强度、硬度等机械性能得到提高，且价格比纯铜低。

重点难点提示

（1）纯铜强度低，不宜直接用作结构材料。

（2）纯铜表面氧化而生成氧化铜薄膜后呈紫红色，故称紫铜，具有高的导电性、导热性、耐蚀性及良好的延展性、易加工性，可压延成薄片（紫铜片）和线材，是良好的止水材料和导电材料。

六、建筑塑料制品

1. 建筑塑料的定义及特点

1）建筑塑料的定义

建筑塑料是指由高分子聚合物加入（或不加）填料、增塑剂及其他添加剂，经过加工形成的塑性材料或固化交联形成的刚性材料。

2）塑料的特点

（1）优点：轻质高强、加工性能好、导热系数小，绝热性好、装饰性优异、多功能、经济。

（2）缺点：耐热性差、易燃、易老化、热膨胀性大、刚度小。

2. 建筑塑料组成及各种成分的作用（表 8-5）

建筑塑料组成 表 8-5

组　　成	含　　量	主要作用
合成树脂	30% ~60%	起胶黏剂作用
填料	40% ~70%	可提高塑料的强度、硬度、耐热性、耐老化性、抗冲击性等
增塑剂		提高塑料加工时的可塑性、流动性，以及塑料制品的弹性和柔软性
固化剂	用于热固性树脂中	
着色剂	染料、颜料	使塑料制品具有鲜艳的色彩和光泽
其他助剂		改善和调节塑料的其他性能

3. 常用建筑装饰塑料

（1）塑料门窗：以聚氯乙烯（PVC）树脂为主要原料，按适当的配合比加入适量添加剂等特质，经挤出形成各种型材，型材经加工、拼装便可组成所需塑料门窗。

(2)塑料墙纸:是以一定材料为基材,表面进行涂塑后,再经印花、压花或发泡处理等多种工艺制成的一种墙面装饰材料。

(3)塑料地板:是指高分子树脂及其助剂通过适当的工艺所制成的片状地面覆盖材料。

重点难点提示

塑料门窗的特点

(1)保温隔热性能好。

(2)密封性好。

(3)装饰性好。

(4)耐腐蚀、耐老化、耐久性好。

七、建筑装饰涂料

1.建筑涂料的定义

建筑涂料是指涂敷于建筑物表面,并能形成牢固、完整、坚韧的涂膜,从而对建筑物起到保护、装饰或使其具有某些特殊功能的材料。

2.涂料的主要技术性能

(1)遮盖力。

(2)黏度。

(3)细度。

(4)附着力。

3.建筑涂料的组成(表8-6)

建筑涂料的组成　　表8-6

组成		原料
主要成膜物质	油脂	动物油脂、植物油脂
	树脂	天然树脂、合成树脂
次要成膜物质	颜料	无机颜料、有机颜料、防锈颜料
	填料	滑石粉、碳酸钙、硫酸钡等
辅助成膜物质	助剂	增韧剂、催化剂、固化剂、乳化剂、稳定剂等
挥发物质	稀释剂	石油溶剂、苯、乙醇、水等

4.建筑涂料的分类

(1)按主要成膜物质分:有机涂料、无机涂料、有机—无机涂料。

(2)按使用部位分:外墙涂料、内墙涂料、顶棚涂料、地面涂料、屋面防水涂料。

(3)按分散介质和主要成膜物质的溶解情况分:溶剂型涂料、水溶型涂料、乳液型涂料。

5.溶剂型建筑涂料

(1)组成:以合成树脂或油脂为主要成膜物质,以有机溶剂为稀释剂,再加入适量的颜料、填料及助剂,经研磨而成的涂料。

(2)优点:涂膜细腻、光洁、坚韧,有较好的硬度、光泽,耐水性、耐候性、耐酸碱性能及气密性较好。

(3)缺点:易燃,溶剂挥发时对人体有害,施工时要求基层干燥,涂膜透气性差,价格较贵。

6.水溶型建筑涂料

(1)优点:用水作为稀释剂,无毒,环保,成本较低。

(2)缺点:涂膜耐水性差,耐候性不强,耐洗刷性差,一般只能作为内墙涂料。

7. 乳液型建筑涂料(乳胶漆)

(1)组成:由合成树脂借助乳化剂的作用,以0.1~0.5μm的极细微粒分散于水中构成乳液,并以乳液作为主要成膜物质,再加入适量颜料、填料等助剂,经研磨而成的涂料。

(2)特点:以水稀释剂,价格便宜,无毒、不燃,对人体无害,涂膜具有一定透气性,涂布时不需要基层很干燥,涂膜耐水性和耐擦洗的性能较好。

(3)应用:室内、室外。

8. 建筑中常用的建筑涂料

(1)外墙涂料:外墙涂料的主要功能是装饰和保护建筑物的外墙面。外墙涂料一般应具有装饰好、耐水性好、耐候性好、耐污染性好的特点。

(2)内墙涂料:内墙涂料又可用于顶棚,它的主要功能是装饰和保护内墙墙面及顶棚。内墙涂料应具有色彩丰富、细腻、和谐、耐碱性好、耐水性好、耐粉化性好的特点,且具有良好透气性能,涂刷容易,价格合理。

八、建筑玻璃

1. 玻璃的基本性质

(1)光学性质:有良好光学性质,当光线入射玻璃时,表面有反射、吸收和透射三种性质。

(2)热学性质:导热系数低,耐急冷急热性差。

(3)化学性质:化学稳定性好。

2. 常用的建筑玻璃分类

常用的建筑玻璃分类见图8-1。

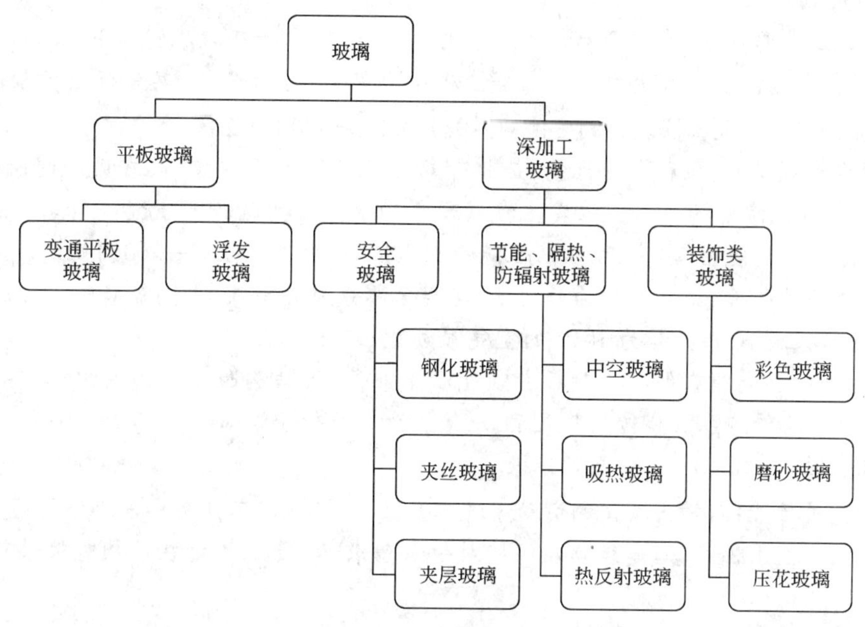

图8-1　常用的建筑玻璃分类

3. 玻璃的验收

(1)资料验收:包括出厂合格证、质保书和3C认证书。

(2)产品验收:对各种玻璃根据其技术指标进行验收。

九、建筑幕墙

1. 建筑幕墙的定义

是由支承结构体系与面板组成，相对主体结构有一定的位移能力、不分担主体结构所受结构荷载与作用的建筑外围结构或装饰性结构。

2. 建筑幕墙的分类

1）按板材（面板）分类

（1）玻璃幕墙：单层玻璃、中空玻璃、夹层（夹胶、夹丝）玻璃等。

（2）金属幕墙：铝板幕墙、单层铝板、复合铝板、蜂窝铝板、不锈钢板、彩钢板、钛锌板、铜板、钛板等。

（3）石材幕墙。

（4）其他：瓷板、微晶玻璃、千思板等。

2）按面板的固定方式分类

（1）明框幕墙。

（2）隐框、半隐框。

（3）全玻璃幕墙。

3）按构造来分类

（1）嵌板体系。

（2）框格体系。

重点难点提示

1. 幕墙的物理性能

（1）抗风压变形性能：是指开启部位处于关闭状态时，幕墙在风压作用下，变形不超过允许范围且不发生结构损坏的能力。以安全检测压力差 P_3 进行分级，其分级指标应符合《建筑幕墙气密、水密、抗风压性能检测方法》（GB/T 15227—2007）规定。

（2）雨水渗漏性能：又称水密性能，是指开启部位处于关闭状态时，在风雨同时作用下，建筑幕墙阻止雨水渗透的能力。以发生渗漏现象的前级压力值 P 作为分级依据，其分级指标应符合《建筑幕墙气密、水密、抗风压性能检测方法》（GB/T 15227—2007）规定。

（3）空气渗透性能：是指在压力作用下，其开启部分为关闭状态时，幕墙阻止透过空气的能力。以标准状态下，压力差为10Pa的空气渗透量 q 为分级依据。

（4）保温性能：是指在结构两侧存在空气温差条件下，结构阻止从高温向低温一侧传热的能力，一般以其传热系数和传热阻表示，以传热系数进行分级。

（5）隔声性能：以隔声量 R_w 进行分级。

（6）耐撞击性能：以撞击物体的运动量进行分级，分界线以不使幕墙发生损伤为依据。

（7）平面内变形性能：用建筑物层间相对位移值表示，要求幕墙在该相对位移范围内不受损伤。

（8）安全性能：指防火、防雷性能。

2. 面板材料

面板材料是幕墙的艺术风格及外观效果的主要体现者，影响或决定幕墙的各项性能。

【典型例题解析】

例 8-1 单项选择题

1.(　　)俗称青石。

A. 石灰岩　　B. 花岗岩　　C. 大理岩　　D. 砂岩

2.(　　)又称条石。

A. 料石　　B. 平毛石　　C. 乱毛石　　D. 青石

3.(　　)外形大致方正,一般不加工或仅稍加修整,高度不应小于 200mm,叠砌面凹入深度不大于 20mm。

A. 细料石　　B. 毛料石　　C. 粗料石　　D. 半细料石

4. 一般情况下,天然岩石中强度最高的种类是(　　)。

A. 岩浆岩　　B. 变质岩　　C. 沉积岩　　D. 喷出岩

5. 建筑工程中的花岗石属于(　　)。

A. 火山凝灰岩　　B. 喷出岩　　C. 岩浆岩及其变质岩　　D. 深成岩

6. 建筑工程中的大理岩属于(　　)。

A. 火山凝灰岩　　B. 喷出岩　　C. 沉积岩或变质岩　　D. 深成岩

7. 下列岩石中耐久性最好的是(　　)。

A. 大理岩　　B. 花岗岩　　C. 石灰岩　　D. 砂岩

8. 汉白玉是一种白色的(　　)。

A. 石灰岩　　B. 凝灰岩　　C. 大理岩

答案:1. A　2. A　3. B　4. A　5. C　6. C　7. B　8. C

例 8-2 影响木材受力强度的主要因素是什么?

答:影响木材受力强度的主要因素有:

(1)含水率:木材含水率对力学性质有显著影响,在纤维饱和点之前,木材由于含水率增高使纤维软化,同时引起膨胀而相互分离,因此强度降低。

(2)温度:当温度升高并在长期受热条件下,木材的力学强度要降低,同时脆性增加。

(3)荷载持续时间:木材长期受荷载作用,其强度比暂时作用要低得多,同时变形随时间而增长。

(4)木材缺陷:木材缺陷(指节子、腐朽、斜纹、裂纹)也是降低强度的主要因素。

例 8-3 试述木材受力性能的特征?

答:由于木材组织的不均匀性和各向异性,因此木材各方向的力学性能不同,作用力方向与纤维方向平行称顺纹受力,作用力方向与纤维方向垂直称横向受力,所得强度不同。

例 8-4 木材中有那三种水?

答:木材中的三种水是:在木材细胞内和细胞间隙中的水分称为自由水,存在于细胞壁中的水称为吸附水,木材化学成分中的水称为化合水。

例 8-5 试述木材含水率对木材性质的影响?

答:木材含水率对其力学强度有显著的影响,在纤维饱和点以前,木材由于含水率增高,使其纤维软化,同时引起膨胀而互相分离,因此,强度降低;反之,木材中水分蒸发,使纤维发生干缩,密度提高,强度提高。但当含水率超过纤维饱和点以后,含水率虽然增加,但强度并不再降低。

例 8-6 铝合金门窗与普通门窗相比,具有哪些特点?

答:(1)质量轻。铝合金门窗用材省,质量轻,每平方米门窗耗用铝型材质量平均为 8 ~ 12kg,而每平方米钢门窗耗钢量平均为 17 ~ 20kg。

(2)密封性好。气密性、水密性、隔声性均好。

(3)色泽美观。表面光洁,外观美丽。可着成银白色、古铜色、暗灰色、黑色等多种颜色。

(4)耐腐蚀,使用维修方便。铝合金门窗不锈蚀、不褪色、不需要油漆,维修费用少。

(5)铝合金门窗强度高,刚度好,坚固耐用。

(6)便于工业化生产。有利于实行设计标准化、生产工厂化、产品商品化。

【章节自测题】

一、名词解释

1. 平衡含水率
2. 建筑涂料
3. 建筑幕墙
4. 抗风压变形性能

二、填空题

1. 幕墙的空气渗透性能是指在压力作用下,其(　　)的能力。以标准状态下,(　　)为分级依据。

2. 安全玻璃分为(　　)、(　　)、(　　),装饰类玻璃有(　　)、(　　)、(　　)。

3. 按使用部位分,常用的建筑涂料有(　　)、(　　)、(　　)。

4. 不锈钢的耐腐蚀原理,是由于其中(　　)的性质比(　　)活泼,在不锈钢中,(　　)首先与环境中的氧化合,生成一层与钢基材牢固结合的(　　),称作钝化膜,它能使合金钢得到保护,不致锈蚀。

5. 建筑幕墙按板材分类有(　　)、(　　)、(　　)等,按构造来分有(　　)、(　　)等。

6. 木材中的水分分为(　　)、(　　)、(　　),首先蒸发的是(　　)。

三、简答题

1. 建筑装饰材料应满足哪些要求?
2. 金属装饰材料主要有哪些结构?举例说明结构对其使用性能有何影响?
3. 简述涂料保管中应注意的事项。
4. 以钢化玻璃为例说明如何进行玻璃验收?

章节自测题参考答案

一、名词解释

1. 平衡含水率:木材长时间处于一定温度和湿度的空气中,达到相对稳定的含水率。

2. 建筑涂料:是指涂敷于建筑物表面,并能形成牢固、完整、坚韧的涂膜,从而对建筑物起到保护、装饰或使其具有某些特殊功能的材料。

3. 建筑幕墙:是由支承结构体系与面板组成,相对主体结构有一定的位移能力、不分担主体结构所受结构荷载与作用的建筑外围结构或装饰性结构。

4. 抗风压变形性能:是指开启部位处于关闭状态时,幕墙在风压作用下,变形不超过允许范围且不发生结构损坏的能力。以安全检测压力差 P_3 进行分级,其分级指标应符合《建筑幕墙气密、水密、抗风压性能检测方法》(GB/T 15227—2007)规定。

二、填空题

1. 开启部分为关闭状态时幕墙阻止透过空气、压力差为 10Pa 的空气渗透量　2. 压花玻璃、夹丝玻璃、夹层玻璃、彩色玻璃、磨砂玻璃、钢化玻璃　3. 外墙涂料、内墙涂料、顶棚涂料　4. 铬、铁、铬、致密氧化膜层　5. 玻璃幕墙、金属幕墙、石材幕墙、嵌板体系、面板框格体系　6. 自由水、吸附水、结合水、自由水

三、简答题

1. **答:**应同时满足材料的装饰性、功能性和经济性。

(1)满足造型、质感、色调等美学方面的要求。

(2)要与使用环境相协调的各种功能,如耐磨性、吸声性、隔声性、防污性。

(3)满足安全性、经济性的要求。

2. **答:**金属装饰材料主要结构为各种板材,如花纹板、波纹板等、压型板、冲孔板等。其中波纹板可增加强度,降低板材厚度以节省材料,也有特殊的装饰风格;冲孔板主要为增加其吸声性能,大多用作吊顶材料。

3. **答:**因涂料中都含有挥发性很大的各种强溶剂,这些溶剂容易燃烧和爆炸,有些挥发的气体还有毒性,因此保管涂料时要注意以下几点:

(1)单独存放。

(2)应分类存放。

(3)定期翻转、密封存放。

(4)装箱时要特别注意不要钉坏铁桶。

(5)在开启涂料桶盖时,应先拧松桶盖,让桶内挥发气体的压力减低后才可全部卸下;同时,人体的任何部位不得置于桶盖的正上方,以免挥发气体冲击时受伤。

4. **答:**对玻璃的验收包括各种出厂资料的验收和玻璃产品的验收。

(1)资料验收:钢化玻璃属安全玻璃,在工程上验收时,除检查厂商的质保书、出厂合格证、近期检测报告外,还必须通过 3C 认证。

(2)玻璃产品的验收在工地现场可抽查尺寸偏差和外观等技术指标。钢化玻璃分优等品和合格品两个等级,其外观质量要求不同。

第九章　砂石材料及稳定土

【学习目标】

掌握：

1. 砂石材料的技术性质及技术要求。
2. 集料级配计算参数的确定及级配曲线的绘制。
3. 矿质混合料的组成设计方法。
4. 评价砂石材料技术性质的主要指标及检验砂石材料技术性质的方法。
5. 稳定土组成、材料的种类、技术性质与组成设计。
6. 稳定土的强度试验方法及结合料剂量确定方法。

理解：

1. 矿质混合料的级配理论。
2. 稳定土的强度形成原理及性能特点。

【基础知识】

一、砂石材料的分类

1. 砂石材料按形状分类

(1)块状石料：简称石料。

(2)粒状石料：简称集料，又按大小分为粗集料（如碎石、卵石）、细集料（如砂、石屑）。

2. 砂石材料按来源分类

(1)天然石料。

(2)人工轧制的集料。

(3)工业冶金矿渣。

二、石料

1. 石料的技术性质

石料的技术性质可分为物理性质、力学性质、化学性质。

1)石料内部组成结构（图9-1）

(1)矿质实体（体积为 V_s，质量为 m_s）。

(2)开口孔隙（体积为 V_i）。

(3) 封闭孔隙（体积为 V_n）。

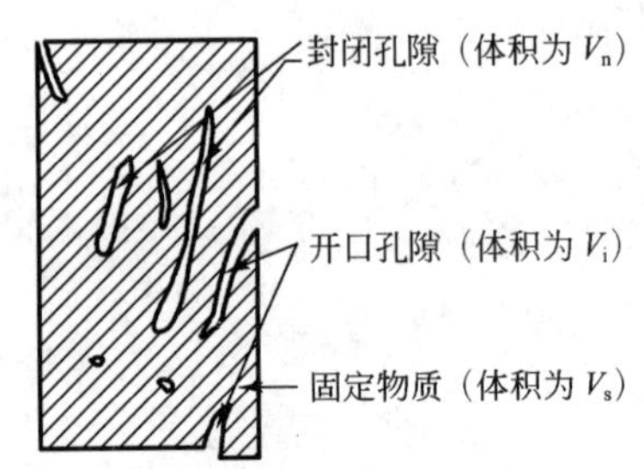

图9-1　石料的内部组织结构图

2)物理性质

物理性质包括物理常数、吸水性和耐候性。

(1)物理常数。

①真实密度：是石料在规定条件下，烘干石料矿质单位体积的质量，用 ρ_t 表示。

$$\rho_t = \frac{m_s}{V_s} \tag{9-1}$$

式中：V_s——固体物质的体积(m^3)；

m_s——石料矿质实体的质量(g)。

②毛体积密度：在规定条件下，烘干石料(包括孔隙在内)的单位体积的质量。

$$\rho_h = \frac{m_s}{V_s + V_n + V_i} = \frac{M}{V} \tag{9-2}$$

式中：V——石料的毛体积(cm^3)；

其他符号意义同前。

③孔隙率：石料的孔隙率是指孔隙体积占总体积的百分率。

$$n = \frac{V_0}{V} \times 100 = \left(1 - \frac{\rho_h}{\rho_t}\right) \times 100 \tag{9-3}$$

式中：n——石料的孔隙率；

V_0——石料的孔隙体积(cm^3)。

(2) 吸水性：是石料在规定条件下吸水的能力。

①吸水率：20 ℃ ± 2 ℃和大气压状态下，石料试件最大的吸水质量占烘干质量的百分率。又分为质量吸水率和体积吸水率两种。

质量吸水率：
$$w_x = \frac{m_2 - m_1}{m_1} \tag{9-4}$$

体积吸水率：
$$w_v = \frac{m_2 - m_1}{V\rho_w} \tag{9-5}$$

式中：w_x、w_v——分别为石料的质量吸水率、体积吸水率(%)；

m_1——石料试件烘干至恒重时的质量(g)；

m_2——石料试件吸水至恒重时的质量(g)；

ρ_w——水的密度(g/m^3)；

V——石料的毛体积(cm^3)。

②饱水率：20℃ ± 2℃真空条件下，石料最大吸水质量占烘干试件的百分率。

$$w'_x = \frac{m'_2 - m_1}{m_1} \times 100 \tag{9-6}$$

式中：m_1——石料试件烘干至恒重时的质量(g)；

m'_2——试件经强制吸水后的质量(g)。

(3)耐候性：抵抗大气自然因素(目前主要考虑抗冻性)，常用抗冻性标号表示，测定经过冻(－150℃，4h)、融(200℃ ±50℃，4h)循环，质量损失不超过5%，抗压强度变化不超过25%的次数。

3)力学性质

(1)单轴抗压强度按下式计算：

$$R = \frac{P}{A} \tag{9-7}$$

(2)磨耗性：指石料抵抗撞击、边缘剪力和摩擦等联合作用的性质。

$$Q_{磨}=\frac{m_1-m_2}{m_1} \tag{9-8}$$

式中：m_1——装入圆筒中的试样质量(g)；

m_2——试验后洗净烘干的试样质量(g)。

4)化学性质

选择石料时应考虑石料的酸碱性对沥青与石料黏结的影响。

按 SiO_2 含量，将石料划分为：酸性岩($SiO_2>65\%$)、中性岩($52\%\leqslant SiO_2\leqslant 65\%$)、碱性岩($SiO_2<52\%$)。

2. 石料的技术要求

1)路用石料的技术分级

根据造岩矿物成分含量及组织结构来确定岩石名称，然后将不同名称的岩石按其物理、力学性质分为以下4级。

(1)I级——最坚强的岩石。

(2)II级——坚强的岩石。

(3)III级——中等坚强的岩石。

(4)IV级——较软的岩石。

2)路用石料的技术标准

符合《公路工程集料试验规程》(JTG E42—2005)中各技术指标的要求。

重点难点提示

(1)真实密度与毛体积密度最关键的区别：毛体积密度所测体积为石料的总体积(包括孔隙体积)；真实密度所测体积为石料的矿质实体的体积。

(2)干燥状态下的毛体积密度、吸水饱和状态下毛体积密度的区别：饱和状态的毛体积密度＝干燥状态毛体积密度＋吸入的水质量。

(3)各种密度的区别如表9-1所示。

集料各种密度比较 表9-1

比较项目	表观密度(g/cm^3)	毛体积密度(g/cm^3)	表干密度(g/cm^3)	堆积密度(g/cm^3)
定义	是在规定条件下单位表观体积的质量	是在规定条件下单位毛体积的质量	单位毛体积的饱和面干质量	是集料装于容器中单位体积的质量(包括集料之间的空隙和颗粒内部的孔隙)
集料状态及质量	105℃±5℃烘干至恒重时质量(m_s)	105℃±5℃烘干至恒重时质量(m_s)	饱和面干状态时的质量(m_f)	自然干燥时质量
材料体积计算	表观体积＝V_s+V_n	毛体积＝$V_s+V_n+V_i$	毛体积＝$V_s+V_n+V_i$	堆积体积＝$V_s+V_p+V_v$
公式	$\rho_a=\frac{m_s}{V_s+V_n}$	$\rho_h=\frac{m_s}{V_s+V_n+V_i}$	$\rho_s=\frac{m_f}{V_s+V_n+V_i}$	$\rho=\frac{m_s}{V_s+V_v+V_p}$
式中符号含义	V_s——矿质实体的体积(cm^3)； V_n——闭口孔隙的体积(cm^3)； V_i——开口孔隙的体积(cm^3)； V_v——空隙体积(cm^3) V_p——孔隙体积(cm^3)； m_s——集料烘干至恒重时的质量(g)； m_f——饱和面干状态时的质量(g)；			

三、集料的技术性质

集料是指在混合料中起骨架或填充作用的粒料，包括岩石天然风化而成的砾石(卵石)和砂等，以及由岩石经人工轧制成各种尺寸的碎石、石屑等。工程上分为粗集料和细集料。

1.粗集料的技术性质

1)物理性质

(1)粗集料的密度：根据集料的体积和密度的关系可分表观密度、毛体积密度、表干密度、堆积密度、空隙率等，各种密度概念的比较见表9-1。

(2)空隙率：

$$n = \left(1 - \frac{\rho}{\rho_a}\right) \times 100\% \tag{9-9}$$

2)力学性质

力学性质包括压碎值、磨耗值、抗滑表层磨光值、集料冲击等指标。

(1)粗集料压碎值

①沥青路面：取粒径13.2~16mm试样3kg，在400kN的压力下，持续加压10min后，将试样过2.36mm筛，称其筛余质量。

②混凝土路面：取粒径10~20mm试样2.5kg，在3~5min内加压至200kN，保持5s，将试样过2.5mm筛，称其筛余质量。

压碎值计算公式如下：

$$Q_a = \frac{m_0 - m_1}{m_0} \tag{9-10}$$

式中：m_0——试样总质量(g)；

m_1——试样筛余质量(g)。

重点难点提示

(1)各种密度都是在规定条件下，单位体积的质量，但状态不同、体积不同，所对应的密度值就不同，注意区分。

(2)粗集料堆积密度的应用：粗集料的堆积密度包括自然堆积密度、振实密度、捣实密度3种，计算沥青混合料间隙率时用捣实状态下的堆积密度，计算水泥混凝土空隙率时用振实状态下的堆积密度。

(2)集料磨耗值AAV

测定方法：用集料按一定的方法排列并固定，用磨耗仪磨500圈，用下式计算集料磨耗值：

$$\mathrm{AAV} = \frac{3(m_1 - m_2)}{\rho_s} \tag{9-11}$$

式中：AAV——集料的磨耗值；

m_1——磨耗前试样总质量(g)；

m_2——磨耗后试样总质量(g)；

ρ_s——集料饱和面干密度(g/cm^3)。

3)粗集料的级配

(1)级配的定义：各组成颗粒的分级和搭配称为级配，用筛分法测定砂的级配。

(2)确定级配的方法：用标准筛筛分试验来确定。

①筛分试验标准及取样量见表9-2。

筛分试验标准及取样量　　表9-2

公称最大粒径（mm）	方孔	75	63	37.5	31.5	26.5	19	16	9.5	4.75
	圆孔	80	63	40	31.5	25	20	16	10	5.1
质量不少于（kg）		10	8	5	4	2.5	2	1	1	0.5

②筛分试样须备2份：水洗法（混凝土可省去水洗法）、干筛法。

③必须在除去超粒径部分颗粒后，进行筛分试验。

④有关参数计算。

分计筛余百分率计算：

$$\alpha_i = \frac{m_i}{M} \times 100\% \tag{9-12}$$

累计筛余百分率计算：

$$A_i = \alpha_1 + \alpha_2 + \cdots + \alpha_i \tag{9-13}$$

通过百分率：

$$P_i = 1 - A_i \tag{9-14}$$

2. 细集料的技术性质

1)定义

在沥青混合料中，指粒径小于2.36mm的天然砂、人工砂及石屑。在水泥混凝土中，指粒径小于4.75mm的天然砂、人工砂。

2)分类

(1)天然砂：由岩石在自然条件下风化形成的。天然砂通常包括以下几种类型：

①河砂：性质较好，多用。

②山砂：含泥量及有机杂质多。

③海砂：混有贝壳和盐分等有害杂质。

(2)人工砂：由岩石轧碎而成的颗粒，表面有棱角，较洁净，但价格较高，无特殊情况多不采用。

3)粗度（细度）

粗度（细度）是评价砂粗细程度的一种指标，用细度模数表示。

(1)计算公式：

$$M_x = \frac{(A_{0.15} + A_{0.3} + A_{0.6} + A_{1.18} + A_{2.36}) - 5A_{4.75}}{100 - A_{4.75}} \tag{9-15}$$

式中：　M_x——细度模数；

$A_{4.75}$、$A_{2.36}$、…、$A_{0.15}$——分别为4.75mm、2.36mm、…、0.15mm各筛的累计筛余百分率（%）。

(2)砂的粗度分类：细度模数越大，表示砂越粗。砂的粗度按细度模数可分为以下三级：$M_x = 3.7 \sim 3.1$ 为粗砂，$M_x = 3.0 \sim 2.3$ 为中砂，$M_x = 2.3 \sim 1.6$ 为细砂。

重点难点提示

细度模数的数值主要取决于累计筛余量，由于在累计筛余的总和中，粗颗粒分计的“权”比细颗粒大，所以它的数值很大程度上取决于粗颗粒含量，另外，细度模数的值与小于0.15mm的颗粒含量无关，所以细度模数在一定程度上能反应砂的粗细程度，但并未能全面反映砂的粒径分布情况，不同级配的砂可以有相同的细度模数。

3. 矿质混合料的组成设计

1）级配对混合料的影响

矿料的级配组成影响到水泥混凝土或沥青混合料的强度、耐久性和施工和易性，原因是级配直接决定矿料的密实度和矿料颗粒间内磨阻力。

（1）在混合料中是以结合料（水泥或沥青）来填充集料的空隙并包裹集料，所以，集料空隙越大，填充集料颗粒空隙所需的结合料越多；集料的总表面积越大，包裹集料颗粒所需的结合料越多。从节约结合料的角度考虑，最好采用空隙较小，总表面积也较小的集料。

（2）若各种粒径的集料颗粒在相互排列时，能够互相嵌锁又互相不干涉，形成紧密多级嵌挤的空间骨架结构，则集料颗粒间将具有较最大的内摩阻力。

2）矿质混合料颗粒级配应满足的基本要求

（1）最小空隙率：使不同粒径的各级矿质集料按一定的比例搭配后，应有最大密实度。

（2）最大摩擦力：各级矿质集料在进行比例搭配时，应使各级集料排列紧密，形成一个多级空间骨架结构，且具有最大的摩擦力。

3）组成设计的目的

是选配一个具有足够密实度，并且有较高的内摩阻力的矿质混合料。

4）矿质混合料的组成设计方法及依据

矿质混合料的组成设计就是根据实际工程中现有的各种集料的级配参数（即筛分结果），针对设计要求或技术规范要求，采用一定的方法确定各种规格集料在合成矿料中占有比例的操作过程。实际级配合成操作时，只要得出的合成级配结果位于要求的级配范围之间，则认为该合成级配基本满足设计级配的要求。设计依据是：

（1）各种集料的筛分结果。

（2）规范要求的级配范围（即标准级配）。

5）试算法（适用于2~3种矿料组成）

（1）试算法基本原理：

①在确定各组成集料在混合料中的比例时，先假定混合料中某种粒径的颗粒是由某一种对这一粒径占优势的集料组成，而其他各种集料中不含有此粒径。

②根据各个主要粒径去试算各种集料在混合料中的大致比例，再经过校核调整，最终获得满足混合料级配的各集料的配合比例。

（2）解题思路（两个重要假设）：

①假定混合料中某种粒径的颗粒是由某一种对这一粒径占优势的集料组成，而其他各种集料中不含有此粒径。

②设碎石、砂和矿粉的配合比为X、Y、Z，则$X+Y+Z=100$。

③设混合料M中某一级粒径(i)要求的含量为$\alpha_{M(i)}$，A、B、C三种集料原来级配中此粒径颗粒的含量分别为$\alpha_{A(i)}$、$\alpha_{B(i)}$、$\alpha_{C(i)}$。

则 $$\alpha_{A(i)}X + \alpha_{B(i)}Y + \alpha_{C(i)}Z = \alpha_{M(i)}$$

④假设混合料 M 中某一粒径(i)主要由 A 集料所提供(即 A 料占优势),而忽略其他集料在此粒径的含量,$\alpha_{A(i)}X = \alpha_{M(i)}$、$\alpha_{B(i)} = 0$、$\alpha_{C(i)} = 0$,即可计算出 A 料在混合料中的用量比例 $X = \frac{\alpha_{M(i)}}{\alpha_{A(i)}} \times 100$。同理可计算出 C 料在混合料中的用量比例 $Z = \frac{\alpha_{M(i)}}{\alpha_{C(j)}} \times 100$,则 B 料在混合料中的用量比例为 $Y = 100 - (X + Z)$。

⑤按上述步骤即可计算 A、B、C 三种集料在组成矿质混合料中的用量比例 X、Y、Z。经校核,如不在要求的级配范围内,应调整配合比重新计算和复核。

6)图解法设计步骤(适用于由 3 种以上的多种集料进行组配)

(1)绘制级配曲线图。

①绘制图解法坐标图(纵坐标为通过率的常坐标,横坐标为筛孔尺寸的对数坐标)。

②计算设计级配范围中值,确定相应横坐标中值。

③ 绘制图框并作对角线(为设计级配中值)。

④确定纵坐标:通过百分率(%)。

⑤确定横坐标:筛孔尺寸位置,根据设计级配中值,在图上由 $P \rightarrow$对角线$\rightarrow d$,确定筛孔尺寸位置。

(2)将各种集料的级配(通过量)绘在图中,确定各集料的用量。

重点难点提示

矿料组成设计(图解法)重点难点总结:

(1)各种集料在混合料中的级配等于原级配 × 该种集料的含量。

(2)合成级配中某种粒径的含量等于各种集料中该粒径含量的和。

(3)初步合成曲线中,某种粒径(<0.075mm)未接近规范规定的中值用量时,应调整各集料的用量。

(4)按调整后的比例绘制的合成曲线正好位于规范规定的中值附近时,则调整后的比例即为设计的配合比。

4.稳定土材料

1)定义

稳定土是在粉碎的或原来松散的土中(包括各种粗、中、细粒土),掺入足量的石灰、水泥、工业废渣、沥青及其他材料后,经拌和、压实及养生后,得到的具有较高后期强度,整体性和水稳定性均较好的一种混合材料。

2)作用及适用范围

承受车辆荷载的作用,起主要承重层的作用,适用于路面的基层及底基层,不适用于路面的面层。

3)分类

(1)按所用结合料可分为:石灰稳定土、水泥稳定土、沥青稳定土、石灰稳定工业废渣、综合稳定土等。

(2)按土的颗粒组成分:稳定粗粒土(二灰稳定碎石等,常用作基层)、稳定中粒土(水泥稳定砂砾等,常用作基层)、稳定细粒土(二灰稳定土等,常用作底基层)。

4)力学特点

(1)具有较大的抗压强度和一定的抗拉强度。

(2)强度随龄期逐渐增长,但后期增加幅度较小。

(3)环境温度对半刚性材料强度的形成和发展有很大影响。

(4)稳定土材料的刚度介于刚性材料和柔性材料之间。

5)稳定土材料的组成

(1)组成稳定土的基本材料是土,一般规定土的液限不大于40%,塑性指数不大于20%,且级配良好。

(2)稳定土的外掺材料:

①石灰。各种化学组成的石灰均可用于稳定土,石灰的最佳剂量,对黏性土和粉性土为干土重的8% ~16%,对砂性土为干土重的10% ~18%。

②水泥。各种水泥均可用于稳定土,通常情况下硅酸盐水泥比铝酸盐水泥的稳定效果好。在保证质量的前提下,应尽可能降低水泥的用量。

③粉煤灰。粉煤灰加入土中既能起填充的作用,又能与石灰反应,生成起胶结作用的产物,从而达到改善稳定土的水稳定性、提高强度与密实度的目的。

④沥青。各种沥青,包括石油沥青、煤沥青、乳化沥青、沥青膏浆等均可用于拌和稳定土。一般情况下多用液体沥青。

6)稳定土的性质

(1)水泥稳定材料强度形成原理:水泥水化作用、离子交换作用、化学激发作用、碳酸化作用。

(2)石灰稳定材料强度作用原理:离子交换作用(初期强度)、碳酸化反应(后期强度)、火山灰反应(中后期强度)、氢氧化钙的结晶反应。

(3)工业废渣稳定材料(粉煤灰):与石灰稳定材料类似,但不能自行水化。

7)影响稳定土强度的因素

(1)土质:对于石灰稳定土和石灰粉煤灰稳定土,用塑性指数为10% ~20%的黏性土较适宜,不适宜用塑性指数小于10%的低塑性土及重黏土。对于水泥稳定土,可用各种砂砾、粉土和黏土,但级配良好的粗、中颗粒的土比单纯黏性土较适宜。

(2)稳定剂品种及用量:当采用石灰稳定剂时,必须测定石灰中有效氧化钙和氧化镁的含量,宜用技术等级为3级以上的石灰。用水泥稳定时,硅酸盐水泥比铝酸盐水泥效果好一些,不宜采用快硬或早强水泥。水泥稳定土的强度随水泥剂量增加而增加,石灰稳定土的强度则存在一个最佳石灰剂量值,超过或低于此值,石灰稳定土的强度则降低。

(3)含水率:存在一个最佳含水率。

(4)密实度:希望密实度越大越好。

(5)施工时间长短的影响:主要针对水泥稳定土,要求其从开始加水到完全压实的时间尽可能短,一般不要超过6h。

(6)养生条件:稳定土必须在适当的温度、湿度下养护,其强度才会不断提高。

8)稳定土材料的变形性能

(1)缩裂特性(干缩):随着无机结合料稳定土强度的不断形成,水分逐渐消耗以及蒸发,体积发生收缩,收缩变形受到约束时,逐渐产生裂缝,即为干缩裂缝。

(2)温缩:无机结合料稳定土具有热胀冷缩性质,随着气温的降低,稳定土会产生冷却收缩变形,收缩变形受到约束时,逐渐形成裂缝,即为温缩裂缝。

9)裂缝防治措施

(1)改善土质:稳定土用土越黏,则缩裂越严重。

(2)控制含水率及压实度。

10)石灰稳定类材料组成设计

石灰稳定土混合料组成设计按下列步骤进行:

(1)对同一种土样,按初选的石灰剂量制备几种不同石灰剂量的石灰土混合料。

(2)至少做3个不同石灰剂量(最小剂量、中间剂量和最大剂量)混合料的压实试验,确定不同石灰剂量时混合料的最大干密度和最佳含水率。

(3)按工地预定达到的压实度,分别计算不同石灰剂量时试件应达到的干压实密度。再按最佳含水率和计算出的干压实密度制备试件。

(4)试件在规定温度下保湿养生6d,浸水1d后,进行无侧限抗压强度试验,并计算试验结果的平均值和偏差系数。

(5)按强度标准要求,选定合适的石灰剂量。

11)水泥稳定土混合料组成设计

主要任务是以抗压强度为主要控制指标,通过试验选取最适合于稳定的土,确定混合料中水泥的剂量和最佳含水率,以及必要时掺加料的比例。水泥稳定土混合料的组成设计过程如下:

(1)根据《公路工程无机结合料稳定材料试验规程》中的规定及施工经验,对同一种土样确定5~6个不同含水率和5个水泥用量。

(2)通过压实试验确定混合料的最大干密度和最佳含水率。

(3)通过无侧限抗压强度确定混合料的水泥剂量。

12)石灰粉煤灰稳定材料的组成设计过程

(1)根据混合料的强度标准,通过试验选取最适宜于稳定的土,制备同一种土样的4~5种不同配合比的二灰土或二灰集料混合料。

(2)确定石灰粉煤灰与土(包括各种集料)的比例(均指重量比)。

(3)确定各种二灰土或二灰集料混合料的最佳含水率和最大干密度(用重型压实试验法)。

(4)按最佳含水率和计算得的干密度制备试件。

(5)试件在规定温度下保湿养生6d,浸水1d后,进行无侧限抗压强度试验。

(6)二灰混合料的7d浸水抗压强度应符合规范的规定。

(7)根据规范规定的强度标准,选定混合料的配合比。

重点难点提示

(1)石灰的稳定效果:可使土粒胶结成整体,密实性提高,水稳定性提高,强度提高。石灰稳定土具有良好的力学性能,并有较好的水稳性和一定程度的抗冻性,它的初期强度和水稳性较低,后期强度较高。由于干缩、温缩,易产生裂缝。石灰稳定土适用于各级公路路面的底基层,可用作二级和二级以下公路的基层,但石灰土不应用作高级路面的基层。在冰冻地区的潮湿路段以及其他地区的过分潮湿路段,不宜采用石灰土作基层。

石灰常与其他结合料(如水泥)一起形成综合稳定土,此时,石灰起着一种活化剂的作用。有时,在加石灰的同时,还掺加工业废渣(粉煤灰、煤渣等)或少量的化学添加剂(如$CaCl_2$、NaOH、Na_2CO_3等)以改善石灰和土之间的相互作用和石灰稳定土的硬化条件。

(2)沥青加入土或集料中,可分两种类型。结构沥青:有利于提高沥青稳定土的水稳定与强度;自由沥青:在稳定土压实时起润滑和填充的作用。

(3)水泥稳定土是一种经济实用的筑路材料,具有较优良的性能,由于是以水泥为主要胶结材料,通过水泥的水化、硬化将集料黏结起来,因此水泥稳定土具有良好的力学性能和板体性。其强度随养护龄期的增加而增加,并且早期的强度较高;同时其强度的可调范围较大,由几个兆帕到十几个兆帕。水泥稳定土的水稳定性和抗冻性也较其他稳定材料好。所不足的是,水泥稳定土在温度、湿度变化时,易产生裂缝,而影响面层的稳定性;当细颗粒含量高、水泥用量大时,开裂更为严重。因此水泥土不应用作高等级沥青路面的基层,只能用作底基层。在高速公路和一级公路上的水泥混凝土面板下,水泥土也不应用作基层。

(4)各种材料的结构定位见表9-3:

各种材料在路面结构中的定位表　　表9-3

面　　层	沥青混凝土、水泥混凝土
基层	稳定土材料
底基层	
土基	压实土、改善土

(5)在荷载和温度的反复作用下,无机结合料基层上的裂缝逐渐向上反射,形成沥青路面的反射裂缝。

(6)在沥青路面上产生反射裂缝后,水沿裂缝面逐渐渗入基层顶面,在高速车载的作用下,高压水流不断冲刷无机结合料稳定材料基层上的细小颗粒,逐渐泵吸到路面,形成唧泥。

(7)优化材料设计,尽量减小路面的反射裂缝,增强抵抗水损害的能力。

(8)稳定土材料的综合性能由其力学性能、收缩性能、水稳定性、疲劳性能所决定,存在以下关系:

①力学性能(抗压强度)增加,收缩性能(干缩)存在最佳值。

②力学性能(抗压强度)增加,水稳定性也越好。

③力学性能(抗压强度)增加,疲劳性能也越好。

【典型例题解析】

例9-1　取500g砂做筛分试验,结果如表9-4所示,试计算砂的细度模数,并评定砂的粗细程度。

筛分试验结果　　表9-4

筛孔(mm)	9.5	4.75	2.36	1.18	0.6	0.3	<0.15
筛余量(g)	0	10	20	45	100	135	190

解:计算结果如表9-5所示:

计算结果　　表9-5

筛孔(mm)	9.5	4.75	2.36	1.18	0.6	0.3
筛余量(g)	0	10	20	45	100	135
分计筛余百分率(%)	0	2	4	9	20	27
累计筛余百分率(%)	0	2	6	15	35	62
通过百分率(%)	100	98	94	85	65	38

$$M_x = \frac{(A_{0.15} + A_{0.3} + A_{0.6} + A_{1.18} + A_{2.36}) - 5A_{4.75}}{100 - A_{4.75}} = 2.05$$

评定结果:砂为细砂。

例 9-2 有一份残缺的砂子筛分记录如表 9-6 所示,根据现有的材料补全。

残缺的砂子筛分记录 表 9-6

筛孔(mm)	5	2.5	1.25	0.63	0.315	0.16	<0.16
分计筛余百分率(%)				20		20	
累计筛余百分率(%)	5	19					
通过百分率(%)				37	22	2	

解:根据计算得计算结果如表 9-7 所示:

补全后的筛分记录 表 9-7

筛孔(mm)	5	2.5	1.25	0.63	0.315	0.16	<0.16
分计筛余百分率(%)	5	14	24	20	15	20	2
累计筛余百分率(%)	5	19	43	63	78	98	100
通过百分率(%)	95	81	57	37	22	2	0

例 9-3 结合料稳定类材料的优缺点有哪些?

答:优点:整体性强,承载能力大,较为经济,强度和刚度介于刚性混凝土和柔性粒料材料之间。

缺点:耐久性差,平整度低,易产生干缩裂缝、起尘等。

例 9-4 石灰稳定类混合料对组成材料的质量要求有哪些?

答:(1)石灰:3 级以上消石灰或生石灰(磨细生石灰适用于高速公路和一级公路)。

(2)土:塑性指数范围宜为 15~20,硫酸盐含量不得超过 0.8%,有机质含量不得超过 30%。

(3)集料:级配碎石、未筛分碎石、砂砾、碎石土、砂砾土、煤矸石、粒状矿渣均可以,当集料为无塑性指数的粒料或不含黏土的集料时黏性土含量在 +15% 左右。要求级配良好,当级配不好时,宜外加某种集料改善其级配。另外对粒料的最大粒径和压碎值也有要求。

例 9-5 水泥稳定土有哪些类型?

答:有以下类型:

(1)水泥土——水泥稳定砂性土、粉性土和黏性土。

(2)水泥砂——水泥稳定砂。

(3)水泥稳定碎石、水泥稳定砂砾——水泥稳定级配碎石、未筛分碎石、砂砾等。

例 9-6 水泥稳定土与水泥混凝土相比具有什么特点?

答:特点如下:

(1)材料组成:水泥用量较低、允许混合料中含土。

(2)施工方法:机械摊铺、碾压。

(3)技术特性:强度小、耐久性差、抗裂性低。

【实践技能训练】

实训一　细集料筛分试验

基本操作技能

一、目的与适用范围

1. 目的

测定细集料(天然砂、人工砂、石屑)的颗粒级配及粗细程度。

2. 适用范围

(1)水泥混凝土用细集料用干筛法。

(2)对沥青混合料及基层用细集料必须用水洗法筛分。

二、主要仪器设备

(1)烘箱:能使温度控制在(105±5)℃。

(2)标准方孔筛:孔径为150μm、300μm、600μm、1.18mm、2.36mm、4.75mm及9.50mm的筛各1只,并附有筛底和筛盖。

(3)天平:称量1 000g,感量不大于0.5g。

(4)其他:摇筛机、搪瓷盘、毛刷等。

三、试验准备

(1)选择适宜的标准筛:通常为9.50mm筛(水泥混凝土用天然砂)或4.75mm筛(沥青路面及基层用的天然砂、石屑、机制砂等)。

(2)按规定方法取样约1 100g,放入烘箱内于(105±5)℃下烘干至恒重,待冷却至室温后,筛除大于9.50mm的颗粒,用四分法缩分至每份不少于550g的试样2份备用。

注:恒重系指试样在2次称量时间大于3h情况下,其前后2次质量之差不大于该项试验所要求的称量精度。

四、试验步骤

1. 干筛法试验步骤

(1)称取试样500g,精确至0.5g。将试样倒入按孔径从大到小顺序排列、有筛底的套筛最上面一只筛上,准备进行筛分。

(2)将套筛置于摇筛机上,筛分10min;取下套筛,按孔径大小顺序从最大的筛号开始,在清洁的浅盘上再逐个手筛,筛至每分钟通过量小于试验总量的0.1%为止。通过筛的试样并入下一号筛中,并和下一号筛中的试样一起筛分;依次按顺序进行,直至各号筛全部筛完为止。

(3)称取各号筛的筛余量,精确至0.5g。试样在各号筛上的筛余量和筛底上剩余量的总量与筛分前的总量相差不得超过后者的0.1%。

注:①试样为特细砂时,试样质量可减少至100g。

②试样含泥量超过5%时,不宜采用干筛法。

③无摇筛机时,可直接用手筛。

2. 水洗法试验步骤

(1)称取试样500g(m_1),精确至0.5g。

(2)将试样置于一洁净容器中,加入足够数量的洁净水,将集料全部盖没。

(3)用搅棒充分搅动集料，使集料表面洗涤干净，使细粉悬浮在水中，但不得有集料从水中溅出。

(4)取 1.18mm 及 0.075mm 筛组成套筛，仔细将容器中混有细粉的悬浮液徐徐倒出，经过套筛流入另一容器中，不得有集料倒出。

(5)重复 2 ~ 4 步骤，直至倒出的水洁净且将小于 0.075mm 的颗粒全部倒出。

(6)将容器中的集料倒入搪瓷盘中，用少量水冲洗搪瓷盘和筛，操作过程中不得有集料散失。

(7)将搪瓷盘连同集料一起置于(105 ± 5)℃的烘箱中烘干至恒重，称取干燥集料试样的总质量(m_2)，准确至1%，m_1 与 m_2 之差即为通过 0.075mm 部分。

(8)将全部要求筛孔组成套筛(但不需要 0.075mm)，将已经洗去小于 0.075mm 部分的干燥集料置于套筛上(通常为4.75mm)，将套筛置于摇筛机上，筛分 10min；取下套筛，按孔径大小顺序从最大的筛号开始，在清洁的浅盘上再逐个手筛，筛至每分钟通过量小于试验总量的0.1%为止。通过筛的试样并入下一号筛中，并和下一号筛中的试样一起筛分；依次按顺序进行，直至各号筛全部筛完为止。

(9)称取各号筛的筛余量，精确至 0.5g。试样在各号筛上的筛余量和筛底上剩余量的总量与筛分前后的试样总量(m_2)相差不得超过后者的 0.1%。

五、结果评定

(1)计算分计筛余率：以各号筛筛余量占筛分试样总质量百分率表示，精确至 0.1%。

(2)计算累计筛余率：累计未通过某号筛的颗粒质量占筛分试样总质量的百分率，精确至0.1%。如各号筛的筛余量同筛底的剩余量之和，与原试样质量之差超过 1%时，须重做试验。

(3)计算通过百分率：各号筛的通过百分率等于 100 减去该号筛的累计筛余百分率，精确至 0.1%。

(4)根据各筛的累计筛余百分率，绘制级配曲线。

(5)砂的细度模数按下式计算(精确至 0.01)：

$$M_x = \frac{(A_2 + A_3 + A_4 + A_5 + A_6) - 5A_1}{100 - A_1}$$

式中：M_x——细度模数；

A_1、A_2、A_3、A_4、A_5、A_6——分别为 4.75mm、2.36mm、1.18mm、0.60mm、0.30mm、0.15mm 筛的累计筛余百分率。

(6)应进行 2 次平行试验，累计筛余百分率取 2 次试验结果的算术平均值，精确至 0.1%。细度模数取 2 次试验结果的算术平均值，精确至 0.1。如 2 次试验细度模数之差超过 0.20 时，须重做试验。

六、上交资料

每人上交一份细集料筛分试验实训报告(包括数据整理表)。

重点提示

(1)试验过程中要避免将试样散落在外，称量要准确无误，精确至 0.5 g。最后用分计筛余量和底盘中剩余量的总和与筛分前试样总量相比，核准试验精度，如各号筛的筛余量同筛底的剩余量之和，与原试样质量之差超过 1%时，须重做试验。

(2)细集料的级配鉴定方法：用各筛号的累计筛余百分率绘制级配曲线，对照国家规范规定的级配区范围来判定，砂的实际级配全部在任一级配区规定范围内为合格（除4.75mm和600μm筛档外，其他可以略有超出，但超出总量应小于5%），否则为不合格。

（3）细集料粗细程度鉴定方法：用细度模数判定。砂按细度模数大小分为粗砂、中砂、细砂。$M_x=3.7\sim3.1$ 时为粗砂；$M_x=3.0\sim2.3$ 时为中砂；$M_x=2.2\sim1.6$ 时为细砂。

思考题

1. 为什么要测定细集料的颗粒级配及粗细程度？

2. 水洗法筛分与干筛法筛分的结果有何区别？

实训二　石子的筛分试验

基本操作技能

一、目的与适用范围

1. 目的

测定粗集料（碎石、砾石、矿渣）的颗粒组成。

2. 适用范围

（1）水泥混凝土用粗集料用干筛法筛分。

（2）对沥青混合料及基层用粗集料必须用水洗法筛分。

（3）本方法适用于同时含有粗集料、细集料、矿粉的矿质混合料，如无机结合料稳定基层材料、沥青混合料以抽提后的矿料等筛分试验。

二、主要仪器设备

（1）烘箱：能使温度控制在（105±5）℃。

（2）方孔筛：根据需要选用规定的标准筛，并附有筛底和筛盖。

（3）天平和台秤：称量10kg，感量不大于试样质量的0.1%。

（4）其他：摇筛机、搪瓷盘、毛刷等。

三、试验准备

按规定方法取样，并将试样缩分至略大于表9-8中规定的数量，烘干或风干后备用。根据需要可按要求的集料最大粒径的筛孔尺寸过筛，除去超粒径部分颗粒后，再进行筛分。

筛分用的试样数量　　表9-8

最大粒径(mm)	4.75	9.5	16.0	19.0	26.5	31.5	37.5	63.0	75.0
最少试样质量(kg)	0.5	1	1	2	2.5	4	5	8	10

四、试验步骤

1. 水泥混凝土用粗集料干筛法试验步骤

（1）称取按表9-8中规定数量的试样1份，置于（105±5）℃的烘箱中烘干至恒重，称取干燥集料试样的总质量（m_0），准确至1%，将试样倒入按孔径大小从上到下组合、附底筛的套筛上进行筛分。

（2）将套筛置于摇筛机上，筛分10min；取下套筛，按筛孔尺寸大小顺序逐个手筛，筛至每分钟通过量小于试样总质量的0.1%为止。通过的颗粒并入下一号筛中，并和下一号筛中的试样一起过筛，按此顺序进行，直至各号筛全部筛完为止。

（3）如果某个筛上的集料过多，影响筛分作业时，可以分2次筛分，当筛余颗粒的粒径大于19.00mm时，在筛分过程中，允许用手指拨动颗粒。

(4)称出各号筛的筛余量，精确至总质量的0.1%，试样在各号筛上的筛余量和筛底上剩余量的总量与筛分前后的试样总量(m_0)相差不得超过后者的0.5%。

2. 沥青混合料及基层用粗集料水洗法试验步骤

(1)称取1份试样，置于(105±5)℃的烘箱中烘干至恒重，称取干燥集料试样的总质量(m_3)，准确至1%。

(2)将试样置于一洁净容器中，加入足够数量的洁净水，将集料全部盖没，但不得使用任何洗涤剂或表面活性剂。

(3)用搅棒充分搅动集料，使集料表面洗涤干净，使细粉悬浮在水中，但不得破碎集料或有集料从水中溅出。

(4)根据集料大小选择一组套筛，其底部为0 .075mm标准筛，上部为2 .36mm或4.75mm筛，仔细将容器中混有细粉的悬浮液徐徐倒出，经过套筛流入另一容器中，不得有集料倒出。

(5)重复2~4步骤，直至倒出的水洁净。

(6)将套筛每个筛子上的集料及容器中的集料倒入搪瓷盘中，操作过程中不得有集料散失。

(7)将搪瓷盘连同集料一起置于(105±5)℃的烘箱中烘干至恒重，称取干燥集料试样的总质量(m_4)，准确至1%，m_3与m_4之差即为通过0 .075mm部分。

(8)将回收的干燥集料按干筛法分出0.075mm筛以上各筛的筛余量，此时0.075mm筛上部分应为0。

五、结果评定

1. 干筛法筛分结果的计算

(1)计算分计筛余率：以各号筛筛余量及筛底存量的总和与筛分前试样的干燥总质量m_0之差，作为筛分时的损耗，若大于0.3%，应重新进行试验。

$$m_5 = m_0 - (\sum m_i + m_{底})$$

式中：m_0——用于干筛的干燥集料总质量(g)；

m_i——各号筛上的分计筛余(g)；

i——依次为0.075mm、0.15mm、…至集料最大粒径的排序；

$m_{底}$——筛底(0.075mm以下部分)集料总质量(g)。

(2)分计筛余百分率：干筛后各号筛上的分计筛余百分率P_i按下式计算，精确至0.1%。

$$P_i = m_i/(m_0 - m_5)$$

式中各符号意义同前。

(3)累计筛余百分率：各号筛的累计筛余百分率为该号筛以上各号筛的分计筛余百分率之和，精确至0.1%。

(4)通过百分率：各号筛的质量通过百分率P_i等于100减去该号筛累计筛余百分率，精确至0.1%。

(5)用筛底存量除以扣除损耗后的干燥集料总质量计算0 .075mm筛的通过率。

(6)试验结果用2次试验的平均值表示，准确至0.1%。当2次试验结果$P_{0.075}$的差值超过1%时，试验应重新进行。

2. 水筛法筛分结果的计算

(1)按下式计算粗集料中0.075mm筛筛下部分质量$m_{0.075}$和含量$P_{0.075}$，准确至0.1%。

当2次试验结果$P_{0.075}$的差值超过1%时，试验应重新进行。

$$m_{0.075} = m_3 - m_4$$

$$P_{0.075} = m_{0.075}/m_3 = (m_3 - m_4)/m_3$$

式中：$P_{0.075}$——粗集料中小于0.075mm的含量（通过率）（%）；

$m_{0.075}$——粗集料中水洗得到的小于0.075mm部分的质量（g）；

m_3——用于水洗的干燥粗集料总质量（g）；

m_4——水洗后的干燥粗集料总质量（g）。

（2）计算各筛分计筛余量及筛底存量的总和与筛分前试样的干燥总质量m_4之差，作为筛分时的损耗，若大于0.3%，应重新进行试验。

$$m_5 = m_3 - (\sum m_i + m_{0.075})$$

式中：m_5——由于筛分造成的损耗（g）；

m_3——用于水筛筛分的干燥集料总质量（g）；

m_i——各号筛上的分计筛余（g）；

i——依次为0.075mm、0.15mm、…至集料最大粒径的排序；

$m_{0.075}$——水洗后得到的0.075mm筛以下部分质量（g），即$m_3 - m_4$。

（3）计算其他各筛的分计筛余百分率、累计筛余百分率、通过百分率，计算方法与干筛法相同，当干筛筛分有损耗时，应按干筛法从总质量中扣除损耗部分。

（4）试验结果以两次试验的平均值表示。

六、上交资料

每人上交一份粗集料筛分试验实训报告。

重点提示

（1）根据试验结果要求粗集料各号筛上的累计筛余百分率应满足国家规范规定的粗集料颗粒级配范围要求。

（2）由于0.075mm筛干筛几乎不能反沾在粗集料表面的小于0.075mm，部分的石粉筛过去，而且对水泥混凝土用粗集料而言，0.075mm通过率意义不大，所以也可以不筛，且把通过0.15mm筛的筛下部分作为0.075mm的分计筛余，将粗集料的0.075mm通过率假设为0。

思考题

1. 分计筛余百分率、累计筛余百分率、通过百分率之间有什么联系？如何计算？

2. 粗集料干筛法与水洗法分别适用于什么情况？计算过程有何不同？

实训三　无机结合料稳定土的无侧限抗压强度试验

基本操作技能

一、目的和适用范围

为路面施工中无机结合料细粒土、中粒土和粗粒土配合比设计提供数据，同时也用此方法检验路面结构层强度是否满足要求。

二、仪器设备

(1)圆孔筛:孔径 40mm、25mm(或 20mm)及 5mm 的筛各 1 个。

(2)试模:适用于下列不同土的试模尺寸为细粒土(最大粒径不超过 10mm),试模直径×高 = 50mm×50mm;中粒土(最大粒径不超过 25mm),试模直径×高 = 100mm×100mm;粗粒土(最大粒径不超过 40mm),试模直径×高 = 150mm×150mm。

(3)脱模器。

(4)反力框架:规格为 400kN 以上。

(5)液压千斤顶:200~1 000kN。

(6)夯锤与导管:夯锤底面直径 50mm,总质量 4.5kg。夯锤在导管内的总行程为 450mm。

(7)密封湿气箱或湿气池:设在能保持恒温的小房间内(约 6~8m^2,高 2m,热天用空调保持恒温,冷天用温度控制器或电炉保持恒温)。

(8)水槽:深度应大于试件高度 50mm。

(9)路面材料强度试验仪或其他合适的压力机(不大于 200kN)。

(10)天平:感量 0.01g。

(11)台秤:称量 10kg,感量 5g。

(12)其他:量筒、拌和工具、漏斗、大小铝盒、烘箱等。

三、试验方法与步骤

1.试验准备

将有代表性的风干试样(必要时也可以在 50℃烘箱内烘干),用木锤或木碾捣碎,但应避免破碎粒料的原粒径。将土过筛并进行分类,如试样为粗粒土,则除去大于 40mm 的颗粒备用;如试样为中粒土,则除去大于 25mm 或 20mm 的颗粒备用;如试样为细粒土,则除去大于 10mm 的颗粒备用。

在预定做试验的前一天,取有代表性的试样测定其风干含水率。对细粒土,试样应不少于 100g;对粒径小于 25mm 的中粒土,试样应不少于 1 000g;对于粒径小于 40mm 的粗粒土,试样应不少于 2 000g。

用压实试验法确定无机结合料混合料的最佳含水率和最大干密度。

2.试验步骤

1)试件制作

(1)同一无机结合料剂量的混合料,应在相同试验状态下做规定数量的试件;无机结合料稳定细粒土至少制作 6 个试件;无机结合料稳定中粒土和粗粒土至少分别制作 9 个和 13 个试件。

(2)称取一定数量的风干土并计算土的干质量,按试件尺寸的大小称取不同的数量:对于 50mm×50mm 的试件,1 个试件约需干土 180~210g;对于 100mm×100mm 的试件,1 个试件约需干土 1 700~1 900g;对于 150mm×150mm 的试件,1 个试件约需干土 5 700~6 000g。

细粒土一次可称取 6 个试件的土:中粒土一次可称取 3 个试件的土;粗粒土一次只能称取 1 个试件的土。

(3)将称好的土放在长方盘内。向土中加水,对于细粒土(特别是黏性土)使其含水率较最佳含水率小 3%,对于中粒土和粗粒土可按最佳含水率加水。将土和水拌和均匀后放在密闭容器内浸润备用。如为石灰稳定土和水泥、石灰综合稳定土,可将石灰与土一起拌匀后进行浸润。

浸润时间：黏性土 12～24h；粉性土 6～8h；砂性土、砂砾土、红土砂砾、级配砂砾等可缩短到 4h 左右；含土很少的未筛分碎石、砂砾及砂可以缩短到 2h。

在浸润过的试样中，加入预定数量的水泥或石灰并拌和均匀。拌和过程中，应预留 3% 的水（对于细粒土）加入土中，使混合料的含水率达到最佳含水率。拌和均匀加水泥的混合料应在 1h 内按下述方法制成试件，超过 1h 的混合料应该作废。其他结合料稳定土，混合料虽不受限制，但也应尽快制成试件。

（4）按预定的干密度制件：用反力框架和液压千斤顶制件。制备一个预定干密度的试件，需要的稳定土混合料数量 m_1（g）随试模的尺寸而变。

$$m_1 = \rho_d V(1 + w)$$

式中：V——试模的体积；

w——稳定土混合料的含水率（%）；

ρ_d——稳定土试件的干密度。

事先在试模的内壁及上下压柱的底面涂一薄层机油。将试模的下压柱放入试模的下部，外露 2cm 左右。将称量的规定数量 m（g）的稳定土混合料分 2～3 次灌入试模中（利用漏斗），每次灌入后用夯棒轻轻均匀插实。

如制作的是 50mm×50mm 小试件，则可将混合料一次倒入试模中，然后将上压柱放入试模内，应使其也外露 2cm 左右（即上下压柱露出试模外的部分应该相等）。

将整个试模（连同上下压柱）放到反力框架内的液压千斤顶上（液压千斤顶下应放一扁球座），加压直到上下压柱都压入试模为止。维持压力 1min，解除压力后，拿去上压柱，并放到脱模器上将试件顶出（利用千斤顶和下压柱）。称出试件的质量 m_2，小试件准确到 1g，中试件准确到 2g，大试件准确到 5g。然后用游标卡尺量出试件的高度，准确到 0.1 mm。

（5）用击锤制件，步骤同前。只是用击锤（可以利用做击实试验的锤，但压柱顶面需要垫一块牛皮或胶皮，以保护锤面和压柱顶面不受损伤）将上下压柱打入试模内。

（6）养生：试件从试模内脱出并称量后，应立即放到密封湿气箱和恒温室内进行保温保湿养生。但中试件和大试件应先用塑料薄膜包裹，有条件时，可封蜡保湿养生。养生时间根据需要而定，作为工地控制，通常只取 7d。整个养生期间的温度，在北方地区应保持 20℃±2℃，在南方地区应保持 25℃±2℃。养生期的最后一天，应将试件浸泡在水中，水深应使水面在试件顶上约 2.5cm。浸泡在水中之前，应再次称试件的质量 m，在养生期间，试件的质量损失应该符合下列规定：小试件不超过 1g，中试件不超过 4g，大试件不超过 10g。质量损失超过此规定的试件，应该作废。

2）无侧限抗压强度试验

（1）将已浸水一昼夜的试件从水中取出，用软的旧布吸去试件表面的可见自由水，并称试件的质量 m_4。

（2）用游标卡尺量试件的高度，准确到 0.1mm。

（3）将试件放在路面材料强度试验仪的升降台上（台上先放一扁球座），进行抗压试验。试验过程中，应使试件的形变等速增加，并保持形变速率约为 1mm/min。记录试件破坏时的最大压力 P（N）。

（4）从试件内部取有代表性的样品（经过打破），测定其含水率。

（5）试件的无侧限抗压强度 R_c，用下列的相应公式计算：

对于小试件　　　　　　$R_e = P/A = 0.000\,51P$(MPa)

对于中试件　　　　　　$R_e = P/A = 0.000\,127P$(MPa)

对于大试件　　　　　　$R_e = P/A = 0.000\,057P$(MPa)

式中:P——试件破坏时的最大压力(N);

A——试件的截面积(m^2)[$A = \pi \times D^2/4$,D 为试件直径(mm)]。

(6)精密度或允许差:若干次平行试验的偏差系数 c(%)应符合下列规定:小试件不大于10%,中试件不大于15%,大试件不大于20%。

四、结果整理

试验报告应包括以下内容:

(1)材料的颗粒组成。

(2)水泥的种类和强度等级或石灰的等级。

(3)确定最佳含水率时的结合料用量以及最佳含水率(%)和最大干密度(g/m^3)。

(4)石灰或水泥剂量(%)或石灰(或水泥)、粉煤灰和集料的比例。

(5)试件的干密度(准确到0.01g/cm^3)或压实度。

(6)吸水量以及测抗压强度时的含水率(%)。

(7)抗压强度:小于2.0MPa时,采用两位小数,并用偶数表示;大于2.0MPa时,采用一位小数。

(8)若干个试验结果的最大值和最小值、平均值 R_e、标准差 S、偏差系数 C_v 和95%的概率值 $R_{c0.95} = R_c - 1.645S$ 。

五、上交资料

每人上交一份无机结合料稳定土的无侧限抗压强度试验实训报告。

重点提示

基层在路面结构中起着承上启下的作用,将经由路面传来的荷载应力传入土基,并且起着支撑路面结构以保持其平整度,从而保证行车的安全和舒适性的作用。因此要求路面基层材料应具有足够的强度、稳定性,较小的收缩变形,较强的抗水性和耐冻性等性能。

思考题

1. 为什么要对无机结合料试样进行浸润?

2. 试验中用到哪些筛孔直径的标准筛?

3. 如何测定无机结合料混合料的最佳含水率和最大干密度?

【章节自测题】

一、名词解释

1. 细度

2. 间断级配

3. 连续级配

4. 无机结合料稳定材料

二、填空题

1. 砂石料级配设计的目的是选配一个具有(　　),并且有较高的(　　)的矿质混合料。

2. 磨耗性是岩石抵抗(　　)、(　　)的性能。集料磨耗率越高,表示其耐磨性(　　)。

3. 在沥青混凝土中,凡粒径大于(　　)者称为粗集料,在水泥混凝土中凡粒径大于(　　)者称为粗集料。

4. 砂的技术性质主要包括(　　)、(　　)、(　　)、(　　)和(　　)。

5. 砂的颗粒级配是指砂的(　　)颗粒的(　　)情况。其粗细程度可以用(　　)模数来表示。

6. 试算法适用于矿质混合料由(　　)种矿料组成,在决定各组成比例时,先假定混合料中某种粒径颗粒含量由对这一粒径(　　)的集料组成。而其他各种集料中(　　)。

7. 水泥稳定类土强度的主要影响因素有(　　)、(　　)、(　　)、(　　)、(　　);影响稳定土材料水稳定性和冰冻稳定性的因素有(　　)、(　　)、(　　)及(　　)。

8. 矿料的级配组成影响到水泥混凝土或沥青混合料的(　　)、(　　)和(　　);原因是级配直接决定矿料的(　　)和矿料颗粒间的(　　)。

9. 无机结合料温缩是(　　)而造成的,收缩干缩是因(　　)收缩。

三、选择题(多选或单选)

1. 中砂的细度模数 M_X 为(　　)。

A. 3.7 ~ 3.1　　B. 3.0 ~ 2.3　　C. 2.2 ~ 1.6　　D. 1.4

2. 粗集料的毛体积密度是在规定条件下,单位毛体积的质量,其中毛体积包括(　　)。

A. 矿质实体　　B. 闭口孔隙
C. 开口孔隙　　D. 颗粒间空隙

3. 计算集料的堆集密度时体积包括(　　)几部分体积。

A. 矿质实体　　B. 闭口孔隙
C. 开口孔隙　　D. 空隙
E 所有

4. 空隙体积可以利用(　　)与(　　)求得。

A. 表观密度　　B. 堆积密度
C. 真实密度　　D. 毛体积密度

5. 石子级配有(　　)。

A 连续级配　　B. 间断级配　　C. 混合级配　　D. 单粒级

6. 集料中有害杂质包括(　　)。

A. 含泥量和泥块含量　　B. 硫化物和硫酸盐含量
C. 轻物质含量　　D. 云母含量

7. 矿质混合料的最大密度曲线是通过试验提出的一种(　　)。

A. 实际曲线　　B. 理论曲线　　C. 理想曲线　　D. 理论直线

8. 集料最大粒径与集料公称最大粒径的关系是(　　)。

A. 同一个概念　　B. 最大粒径较大
C. 公称最大粒径较大　　D. 一样大

四、简答题

1. 矿质混合料颗粒级配应满足的基本要求是什么？

2. 无机结合料稳定材料基层为什么会开裂？有什么危害？并说明裂缝防治措施。

3. 提高无机结合料稳定材料水稳定性的措施有哪些？

章节自测题参考答案

一、名词解释

1. 细度(粗度):是评价砂粗细程度的一种指标,用细度模数表示。

2. 间断级配:在矿质混合料中剔除其一个分级或几个分级而形成一种不连续的混合料,这种混合料称为间断级配混合料。

3. 连续级配:是采用标准套筛对某一混合料进行试验,所得级配曲线平顺圆滑,具有连续性。这种由大到小,逐级粒径均有,按比例互相搭配组成的矿质混合料称之为连续级配混合料。

4. 无机结合料稳定材料:在破碎的或原来松散的土(包括各种粗、中、细粒土)中,掺入足量的水泥、石灰或工业废渣材料和水,经拌和得到的混合料,在压实和养生后,抗压强度符合规定要求的混合料。

二、填空题

1. 足够密实度、内摩阻力　2. 撞击、摩擦、差　3. 2. 36mm、4. 75mm　4. 堆积密度、表观密度、空隙率、级配、细度　5. 粒径、分配、细度　6. 2～3 种、占优势、不含有此粒径　7. 土质、稳定剂种类及剂量、含水率、密实度、施工时间、养生条件、土类、稳定剂种类及剂量、密实度、龄期　8. 强度、耐久性、施工和易性、密实度、内磨阻力　9. 因温度变化、含水率变化而造成的

三、选择题(多选或单选)

1. B　2. ABC　3. E　4. AB　5. AB　6. ABCD　7. B　8. B

四、简答题

1. 答:(1)最小空隙率:使不同粒径的各级矿质集料按一定的比例搭配后,应有最大密实度。

(2)最大摩擦力:各级矿质集料在进行比例搭配时,应使各级集料排列紧密,形成一个多级空间骨架结构,且具有最大的摩擦力。

2. 答:(1)无机结合料产生裂缝的原因有干缩和温缩两种。干缩:随着无机结合料稳定土强度的不断形成,水分逐渐消耗以及蒸发,体积发生收缩,收缩变形受到约束时,逐渐产生裂缝,即为干缩裂缝。温缩:无机结合料稳定土具有热胀冷缩性质,随着气温的降低,稳定土会产生冷却收缩变形,收缩变形受到约束时,逐渐形成裂缝,即为温缩裂缝。

(2)危害:在荷载和温度的反复作用下,无机结合料基层上的裂缝逐渐向上反射,形成沥青路面的裂缝。在沥青路面上产生反射裂缝后,水沿裂缝面逐渐渗入基层顶面,在高速车载的作用下,高压水流不断冲刷无机结合料稳定材料基层上的细小颗粒,逐渐泵吸到路面,形成唧泥。

(3)裂缝防治措施:改善土质,稳定土用土越黏,则缩裂越严重;控制含水量及压实度;优

化材料设计,尽量减小路面的反射裂缝;优化材料设计,增强抵抗水损害的能力。

3. **答**:提高无机结合料稳定材料水稳定性的措施主要有:

(1)加强路面结构排水,采取“排防结合”的设计原则,减少降雨和地下水的不利影响。

(2)加强无机结合料稳定材料的配合比设计,尽量减少细集料用量。

(3)在可能的情况下,尽可能采用水泥稳定类材料,提高抗冲刷能力。

(4)及时进行路面的裂缝修补。

第十章　沥青及防水材料

【学习目标】

掌握:

1. 石油沥青、煤沥青的化学组分、胶体结构。
2. 石油沥青、煤沥青的技术性质和技术标准。
3. 石油沥青、煤沥青的生产工艺及应用情况。

理解:

1. 沥青的分类、组成结构及性能特点。
2. 乳化沥青的形成机理。

了解:

1. 了解石油沥青的组分及作用,沥青的改性和掺配等。
2. 其他沥青的基本性能及应用情况。

【基础知识】

一、沥青的基础知识

1. 沥青的定义

(1)沥青是一种有机胶凝材料,它是复杂的高分子碳氢化合物及非金属(氧、硫、氮等)衍生物的混合物,在常温下呈固体、半固体或液体状态。

(2)天然沥青:地壳中的石油,在各种自然因素的作用下,经过轻质油分蒸发、氧化和缩聚作用,最后形成的天然产物。

(3)石油沥青:石油经各种炼制工艺的加工而得到的沥青产品,称“石油沥青”。

(4)焦油沥青:是干馏有机燃料所收集的焦油再经加工而得到的一种沥青材料,包括木沥青、页岩沥青和煤沥青。

2. 沥青的特点

(1)不透水、不导电。

(2)耐酸、碱、盐的腐蚀。

(3)良好的黏结性、塑性。

3. 沥青的分类(图10-1)

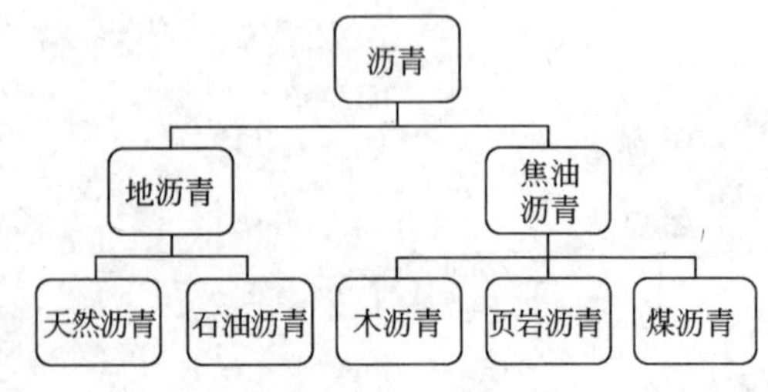

图10-1　沥青分类

二、石油沥青

1. 生产工艺概述

(1)蒸馏法:直馏沥青因为仅分馏出一些轻质油品,其化学组分并未发生化学变化,它与氧化沥青相比,温度稳定性和气候稳定性较差。

(2)氧化法:氧化沥青软化点升高,针入度减小，延度降低。

（3）溶剂法：溶剂沥青可获得兼具高温稳定性和低温抗裂性。

2. 石油沥青的组成

（1）沥青的元素组成：指组成石油沥青化学元素的种类和含量。

沥青是一个复杂的化学混合物，主要是碳氢化合物及其非金属的衍生物组成的混合物。把不同原油制造的沥青进行基本分析，结果显示大部分沥青含有下列成分：碳 80% ~87%、氢 10% ~15%、硫 0% ~6%、氧 0% ~1.5%、氮 0% ~1%。

（2）化学组分的概念：化学组分分析就是将沥青分离为几个化学性质相近，而且与路用性质有一定联系的组，这些组就称为“组分”。有 2 种组分分析法，其组成及各组分对沥青性质的影响如表 10-1 所示。

石油沥青的组分及含量对其性质的影响 表 10-1

三组分分析法	四组分分析法
油分：使沥青具有流动性	沥青质：含量高，其针入度值较小（稠度较高），软化点较高
树脂：增加沥青与矿质集料黏结力	饱和分：含量高，其针入度值较大（稠度较低），软化点较低
沥青质：决定沥青的温度稳定性、黏性及硬度，沥青质含量大，沥青脆性增大，塑性降低	环烷—芳香分：含量对针入度、软化点无影响
	极性—芳香分：含量高，对其黏附性有利

3. 石油沥青的化学结构

1）胶体结构的形成

沥青的胶体结构是以沥青质为胶核，胶质被吸附在其表面，并逐渐向外扩散形成胶团，胶团再分散于芳香分和饱和分中。沥青的胶体结构有溶胶、溶—凝胶、凝胶 3 种，是因沥青化学元素含量和化学组分特性的不同而引起的。

2）胶体结构类型（用针入度指数判断）

（1）溶胶结构：沥青质含量少，同时由于树脂作用，沥青质完全胶溶分散于介质中，胶团之间没有吸引力或者吸引力极小。在路用性质上具有较好的自愈性和低温变形能力，但温度感应性较差。

（2）溶—凝胶结构：沥青中沥青质含量很多，并且有相当数量的树脂保护，胶团间形成空间网络结构。油分分散网络空间。这种结构在高温时具有较低的感温性，低温时又有较好的形变能力。

（3）凝胶结构：沥青中沥青质含量适当，并用较多的树脂作为保护物质。它所组成的胶团之间相互有一定的吸引力。这种结构的特点是弹性和黏性较高，温度敏感性较小，流动性、塑性较低。

（4）胶体结构类型的判定：

沥青的胶体结构与沥青路用性能有密切关系，用针入度指数法来判别沥青胶体结构类型。

①$PI < -2$ 为溶胶结构。

② $-2 \leq PI \leq 2$ 为溶—凝胶结构。

③$PI > 2$ 为凝胶结构。

4. 主要技术性质

（1）黏性（表征沥青的凝聚力）：是指沥青材料在外力的作用下，沥青粒子产生相互位移时抵抗变形的性能，包括黏结性（与其他物体黏结）和黏聚性（沥青分子间的黏聚）。

②黏稠沥青相对黏度的测定方法：沥青的针入度是测定沥青相对黏度的一种方法。在规定温度（25℃）和时间（5s）内，附加一定重量（100g）的标准针垂直贯入试样的深度，以0.1mm表示。针入度是划分黏稠沥青标号的重要依据。

①黏度（液体沥青黏结性的测定方法）

沥青黏度的测定方法可分为两类，一类为“绝对黏度法”，采用的仪器有毛细管黏度计、同轴旋转黏度计和滑板式微膜黏度计等；另一类为“相对黏度法”，采用的仪器有道路标准黏度计、赛氏黏度计和恩氏黏度计等。

（2）塑性：是指沥青材料在外力作用下发生变形而不破坏的能力。目前以沥青的延度指标来反映沥青的塑性。

沥青的延度是指规定形状的试样在规定温度下，以一定速度受拉伸至断开时的长度，以cm表示。延度越大，沥青的塑性越好，柔性和抗断裂性越好。

（3）沥青的感温性：是沥青随温度改变，其性质和状态发生改变的性能。当沥青化学组分中的沥青质含量多，蜡含量少，则感温性低，用感温性低的沥青修筑路面不易发生车辙、推移和裂缝。

主要评价方法目前普遍采用针入度指数PI、针入度黏度指数PVN、黏温指数VTS、沥青等级指数C.I等。

（4）沥青的黏附性：沥青与集料的黏附性直接影响沥青路面的使用质量和耐久性，黏附性是评价沥青技术性能的重要指标。提高沥青与集料黏附性的方法有：①选用碱性集料；②使用抗剥落剂；③添加适量石灰粉或水泥。

（5）耐久性：耐久性可以解释为路面在长期使用过程中，保持良好的流变性能、凝聚力和黏附性的能力。评价方法有室内加速老化试验、自然老化试验、薄膜烘箱试验（加热163℃，5h，测定其重量损失）。

（6）安全性

①沥青的闪点是试样在规定的克利夫兰开口杯盛样器内，按规定的升温速度受热时所蒸发的气体，以规定的方法与试焰接触，初次发生一瞬即灭的火焰时的试样温度，以℃表示。

②沥青的燃点是试样继续受热时，蒸气接触火焰能持续燃烧时间不少于5s时的试样温度，以℃表示。沥青材料在使用时必须加热，加热温度必须低于闪点。

（7）含水率：要求沥青中含水率不宜过高。

（8）加热稳定性：沥青在过热或过长时间加热过程中，会发生一系列变化，使沥青的化学组分及性质相应地发生变化。为了解沥青在路面施工及使用过程的耐久性，《公路工程沥青及沥青混合料实验规程》（JTG E30—2005）规定要进行沥青的加热质量损失和加热后残渣性质（三大指标）的试验。

①沥青的蒸发损失试验（中、轻交通量用道路黏稠石油沥青）。将50g的沥青试样装入盛样皿（筒状，内径55mm，深35mm）内，置于烘箱中，在163℃下保持受热时间5h，冷却。测定质量损失，并测定残留物的针入度。

②沥青薄膜加热试验（重交通量用道路黏稠石油沥青）。将3.2mm厚度的试样在规定温度条件下，经规定时间加热，测定试验前后沥青质量和性质变化的试验。

③液体石油沥青（沥青的蒸馏试验）。测定试样受热时，在规定温度范围内蒸出的馏分含量，以占试样的体积百分率表示。

重点难点提示

(1)对化学组分的理解:

①与石油沥青的胶体结构有密切关系,由于沥青各组分含量与性质不同,石油沥青可以呈溶胶结构、溶—凝胶结构和凝胶结构。

②与石油沥青的流变学性质有密切关系。

③与沥青的路用性质有密切的关系。

(2)对沥青标准的理解:

①各国现行的沥青标准主要分为三大类,一类是针入度级标准,一类是黏度级标准,还有一类就是美国最新提出的 Superpave 性能级标准。Superpave 胶结料性能规范主要是在美国的部分州应用,黏度级规范以加拿大的沥青新标准为代表,而我国及其他大部分国家还主要应用针入度级标准。

②针入度值主要用来划分黏稠沥青的等级。不少研究认为,沥青25℃时的针入度与其在路面使用性能和施工要求没有直接关系,用它来作为沥青标准有一定的局限性。

(3)沥青黏性的理解:黏性是在外力作用下,沥青粒子产生相互位移时抵抗变形的能力,包括黏结性(与其他物体黏结)和黏聚性(沥青分子间的黏聚)。黏性是石油沥青最基本的性质,它的指标是划分石油沥青标号的依据。黏性与工程关系为:黏性高,高温稳定性好,强度高,不易发生过大的永久变形,但低温易开裂,因此黏度应适当。

(4)优质路用沥青应该是化学组分比例适当,蜡含量少,胶体结构是溶—凝胶结构。

(5)随着交通载荷不断增加,对路用性能要求也越来越高,因而也需要路面有长期的路用性能。路用性能取决于多方面因素,其中包括设计、应用以及其他各成分的品质。虽然按体积而言沥青在混合料中仅属次要成分,但是它是耐久的黏结料并且令混合料具有黏—弹性质,因而不可忽视它的关键作用。要有良好的路用性能,沥青的4种性能(流变性、凝聚力、黏附性、耐久性)必须加以控制。

(6) 针入度、延度、软化点是评价黏稠石油沥青路用性能最常用的经验指标,所以通称“三大指标”。

(7)针入度指数(PI)是沥青高温稳定性的一种指标,它与针入度与软化点有关。PI越大,表示沥青的感温性越小。在25℃,100g,5s条件下测定的针入度值(1/10mm)按下式计算:

$$\mathrm{PI}=\frac{30}{1+50\,\dfrac{\lg 800-\lg P_{25^\circ\mathrm{C},100\mathrm{g},5\mathrm{s}}}{T_{\mathrm{R\&B}}-25}}-10 \tag{10-1}$$

式中:$T_{\mathrm{R\&B}}$——环球法测得的软化点(℃)。

(8)沥青中加入石灰可以提高软化点和黏度,减少针入度,有利于改善沥青与矿料之间的黏结,可以降低沥青与矿料之间的黏结,有利于提高老化性能和低温下的抗裂性。

由于有机抗剥落剂的耐久性问题没有得到明确的结论,因此目前工程中使用消石灰粉、生石灰粉和水泥作抗剥落剂的比例越来越多,其掺量通常为集料质量的1%~2%。

三、煤沥青

1. 煤沥青定义

煤沥青是用煤干馏炼焦和制煤气的副产品煤焦油炼制而成。

2. 煤沥青的特点

与石油沥青相比,在技术性质上的特点有:

(1)温度稳定性差。

(2)气候稳定性差。

(3)塑性较差。

(4)与矿质材料表面黏附性好。

(5)防腐性能好。

四、乳化沥青

1. 定义

乳化沥青是指沥青的颗粒微粒在机械破碎搅拌力的作用下,使沥青以微粒状均匀稳定地分散在水溶液之中的乳状液。主要由沥青、乳化剂、稳定剂和水组成。

2. 乳化沥青特点

(1)可冷态施工。

(2)与湿集料拌和时黏结力较大。

(3)节省资源,降低成本,增加结构沥青。

(4)稳定性差。

(5)修筑路面时,成型期较长。

五、改性沥青

按照我国《公路沥青路面施工技术规范》(JTG F40—2004)的定义,改性沥青是指掺加橡胶、树脂、高分子聚合物、天然沥青、磨细的橡胶粉或其他填料等外掺剂(改性剂)而制成的沥青结合料,从而使沥青或沥青混合料的性能得以改善。

为使沥青具有某种或某些特定性能为目标,通过添加某些物质或通过某种工艺的加工而得到的沥青胶结料,可统称为改性沥青。

六、沥青基防水材料

1. 定义

沥青用作防水、防潮材料的主要品种有防水卷材和防水涂料,石油沥青防水卷材广泛应用于地下、水工、工业及其他建筑物的防水工程。

2. 石油沥青防水卷材需具备的性能

(1)耐水性。

(2)温度稳定性。

(3)机械强度、延伸度和抗断裂性。

(4)柔韧性。

(5)大气稳定性。

3. 防水卷材品种

防水卷材是一种可卷曲的片状防水材料,包括:

(1)石油沥青防水卷材。

(2)高聚物改性沥青防水卷材。

(3)合成高分子防水卷材。

4. 防水涂料

防水涂料是以高分子合成材料、沥青等为主体,在常温下呈无定型流态或半流态,经涂布能在结构物表面结成坚韧防水膜的物料的总称。

(1)沥青类防水涂料:石油基防水涂料是由石油沥青或改性沥青经乳化或高温加热成黏稠状液态材料,涂喷在建筑防水工程表面,使其表面与水隔绝,起到防水防潮的作用。它是一种柔性防水材料,又可分为溶剂型涂料和水乳型涂料。

(2)高聚合物改性沥青防水涂料:是以沥青为基料,用合成高分子聚合物进行改性,制成的水乳型或溶剂型防水涂料。

重点难点提示

改性沥青可用作排水层或磨耗层及其下面的防水层,在老路面上用作应力吸收膜中间层,以减少反射裂缝。常用的改性剂及特点如下:

SBS:聚苯乙烯丁二烯苯乙烯,不仅使沥青低温性能得到增强,高温性能也大幅提高。

PE:聚乙烯,可大幅改善改性沥青的高温性能。

SBR:对沥青的高温性能影响不大,较为突出的是沥青的低温变形能力大幅度提高。

(1)SBS 改性沥青可以直接热喷或与表面活性剂制成乳液,具有良好的弹性、低温柔性和高温耐热性能。

(2)改性沥青防水涂料具有良好的防水防渗能力,耐变形、弹性好、低温不开裂,高温不流淌,黏附性强,使用寿命长,已逐渐代替有毒、易燃且价格较高的沥青基涂料。

【典型例题解析】

例 10-1 某沥青的针入度为 58(0.1mm),软化点为 50℃,确定针入度指数并判断其胶体结构。

解:

$$PI = \frac{30}{1 + 50\dfrac{\lg 800 - \lg P_{25℃,100g,5s}}{T_{R\&B} - 25}} - 10 = \frac{30}{1 + 50 \times \dfrac{\lg 800 - \lg 58}{50 - 25}} - 10$$

$$= \frac{30}{1 + 50 \times 0.046} - 10 = -0.91$$

故 PI 在 2 ~ -2 之间,应为溶—凝胶型结构沥青。

例 10-2 沥青的温度稳定性用何指标评定?在工程中对温度稳定性是如何考虑的?

答:温度稳定性应用软化点与脆点指标来评定。温度稳定性直接受温度的影响,外界温度高,沥青变软;外界温度低,沥青就变稠变脆。实际应用时,总希望沥青有较高的软化点和较低的脆点。

例 10-3 黏稠石油沥青标号如何化分?举例说明。

答:黏稠石油沥青标号是根据针入度指标来划分的,同时对各标号沥青的延度、软化点提出相应要求。例如在温度为 25℃、荷载 100g、时间为 5s 的试验条件下,针入度在 160 ~ 200 (0.1mm),同时延度大于等于 100cm,软化点为 35 ~ 45℃ 的沥青为 180 号沥青。

例 10-4 何谓沥青的老化,说明沥青老化过程及沥青的老化对路面性能有何影响?

答:沥青是一种高分子化合物的胶体物系,它在外界条件影响下(如太阳的照射,空气中氧与其氧化作用等)随时间而逐渐改变性能的过程,称为老化。沥青的老化过程一般分为热老化和使用过程中的长期老化。施工过程中的短期老化主要发生在沥青加热和摊铺的过程中,老化程度和温度、拌和时间及储存时间密切相关。使用过程中的长期老化除了和光、氧等自然条件相关外,也与沥青材料的形态有关。路用性能表现为沥青老化后会引起沥青物理力学性质发生变化,通常的规律是:针入度变小,延度降低,软化点和脆点升高,沥青变硬、变脆、延伸性降低,沥青路面容易产生裂缝、松散,耐久性变差。

【实践技能训练】

实训一 沥青针入度试验

基本操作技能

一、目的及适用范围

本方法适用于测定道路石油沥青、改性沥青及液体石油沥青蒸馏或乳化沥青蒸发后残留物的针入度。

二、主要仪器设备

(1)针入度仪:针和针连杆组合件的总质量为(50 ±0.05)g。试验时总质量为 100g ±0.05g,如图 10-2 所示。

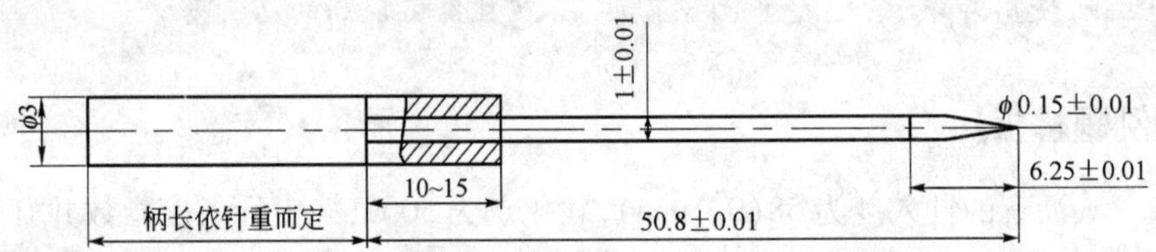

图 10-2 标准钢针的形状及尺寸(尺寸单位:mm)

(2)标准针:由硬化回火的不锈钢制成,洛氏硬度 54 ~60,针与针杆总质量 2.5g ±0.05g。

(3)试样皿:为金属圆柱形平底容器,针入度小于 200 时,内径为 55mm,内部深度 35mm;针入度在 200 ~350 时,内径 70mm,内部深度为 45mm。

(4)恒温水浴:容量不小于 10L,能保持温度在试验温度的 ±0.1℃范围内。水中应备有一个带孔的支架,位于水面下不少于 100mm,距浴底不少于 50mm 处。

(5)其他:平底玻璃皿、秒表、温度计、金属皿或瓷柄皿、筛、砂浴或可控制温度的密闭电炉等。

三、试样制备

(1)将预先除去水分的沥青试样在砂浴或密闭电炉上小心加热,不断搅拌以防止局部过热,加热温度不得超过试样估计软化点 100℃。加热时间不得超过 30min,用筛过滤除去杂质。加热搅拌过程中避免试样中混入空气。

(2)将试样倒入预先选好的试样皿中,试样深度应大于预计穿入深度 10mm。

(3)试样皿在 15 ~30℃的空气中冷却 1 ~1.5h(小试样皿)或 1.5 ~2h(大试样皿),防止灰尘落入试样皿。然后将试样皿移入保持规定试验温度的恒温水浴中,小试验皿恒温 1 ~1.5h,大试验皿恒温 1.5 ~2h。

四、试验步骤

(1)调节针入度仪的水平状态,检查针连杆和导轨,以确认无水和其他外来物,无明显摩擦。用甲苯或其他合适的溶剂清洗针,用干净布将其擦干,把针插入针连杆中固定。按试验条件放好砝码。

(2)从恒温水浴中取出试验皿,放入水温控制在试验温度的平底玻璃皿中的三腿支架上,试样表面以上的水层高度应不小于10mm。将平底玻璃皿置于针入度仪的平台上。

(3)慢慢放下针连杆,使针尖刚好与试样接触,必要时用放置在合适位置的光源反射来观察。拉下活杆,使其与针杆顶端接触,调节针入度仪读数为零。

(4)用手紧压按钮,同时启动秒表,使标准针自由下落穿入沥青试样,到规定时间停压按钮,使针停止移动。

(5)拉下活杆与针连杆顶端接触,此时的读数即为试样的针入度。

(6)同一试样至少重复测定3次,测定点之间及测定点与试样皿之间距离不应小于10mm。每次测定前应将平底玻璃皿放入恒温水浴。每次测定换一根干净的针或取下针用甲苯或其他溶剂擦干净,再用干净布擦干。

(7)测定针入度大于200的沥青试样时,至少用3根针,每次测定后将针留在试样中,直至3次测定完成后,才能把针从试样中取出。

五、结果评定

(1)取3次测定针入度的平均值,取至整数作为试验结果。3次测定的针入度值相差不应大于表10-2中规定的数值,否则,试验应重做。

针入度测定允许最大差值 表10-2

针入度	0~49	50~149	150~249	250~350
最大差值	2	4	6	20

(2)重复性和再现性的要求见表10-3。

针入度测定的重复性与再现性要求 表10-3

试样针入度,25℃	重复性	再现性
小于50(0.1mm)	不超过2单位(0.1mm)	不超过4单位(0.1mm)
50及大于50(0.1mm)	不超过平均值的4%	不超过平均值的8%

(3)根据试验结果完成试验报告。

重点提示

沥青的温度敏感必用针入度指数描述,宜在30℃、25℃、15℃等3个以上温度条件下测定针入度后计算得到,所以试验时温度控制必须严格。

思考题

1. 测定针入度有何作用?
2. 为什么在试验中要严格控制试验温度?如何控制?
3. 如何测定针入度指数?

实训二 延度测定

基本操作技能

一、目的及适用范围

本方法适用于测定道路石油沥青、液体沥青蒸馏物和乳化沥青残留物等材料的延度。

二、主要仪器设备

(1)延度仪:见图 10-3。

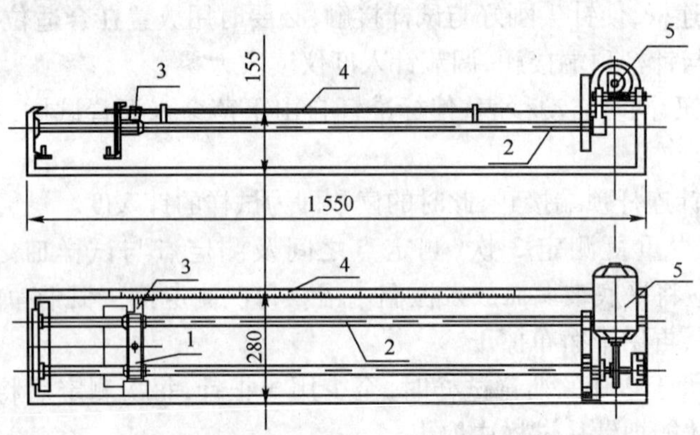

图 10-3 沥青延度仪(尺寸单位:mm)

1-滑动器;2-螺旋杆;3-指针;4-标尺;5-电动机

(2)试件模具:由 2 个端模和 2 个侧模组成,形状及尺寸见图 10-4。

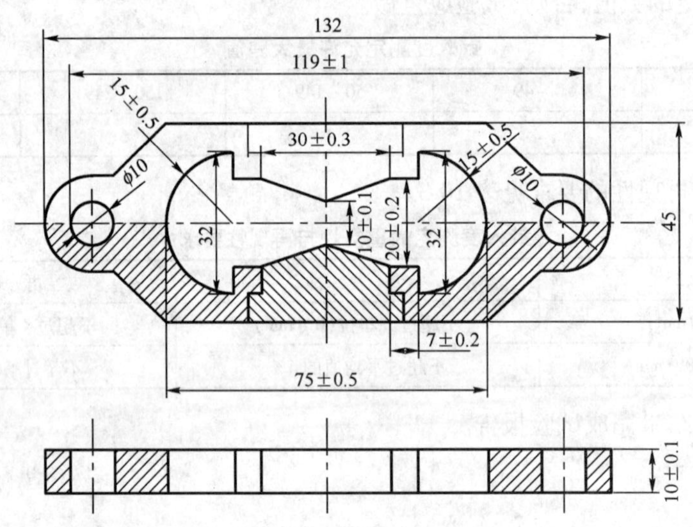

图 10-4 延度仪试模(尺寸单位:mm)

(3)恒温水浴:容量不小于 10L,能保持温度在试验温度的 ±0.1℃范围内。水中应备有一个带孔的支架,位于水面下不少于 100mm,距浴底不少于 50mm 处。

(4)温度计(0 ~50℃,分度 0.1℃和 0.5℃的各 1 支)、金属皿或瓷皿、筛、砂浴或可控制温度的密闭电炉等。

三、试样制备

(1)将甘油滑石粉隔离剂(甘油: 滑石粉 =2: 1,以质量计)拌和均匀,涂于磨光的金属板上。

(2)将除去水分的试样在沙浴上小心加热,防止局部过热,加热温度不得超过试样估计软化点 100℃。用筛过滤,充分搅拌,避免试样中混入空气。然后将试样呈细流状,自模的一端至另一端往返倒入,使试样略高于模具。

(3)试样在 15 ~30℃的空气中冷却 30min,然后放入(25 ±0.1)℃的水浴中,保持 30min 后取出,用热刀将高出模具的沥青刮去,使沥青面与模具面平齐。沥青的刮法应自模的中间向两边刮,表面应十分光滑。将试件连同金属板再浸入(25 ±0.1)℃的水浴中恒温1~1.5h。

四、试验步骤

(1)检查延度仪的拉伸速度是否符合要求,然后移动滑板使其指针正对标尺的零点,保持水槽中水温为(25 ±0.5)℃。

(2)将试件移至延伸仪的水槽中,模具两端的孔分别套在滑板及槽端的金属柱上,水面距试件表面应不小于25mm,然后去掉侧模。

(3)确认延度仪水槽中水温为(25 ±0.5)℃时,开动延度仪,此时仪器不得有振动,观察沥青的拉伸情况。在测定时,如发现沥青细丝浮于水面或沉入槽底时,则应在水中加入食盐水调整水的密度,至与试样的密度相近后,再进行测定。

(4)试件拉断时指针所指标尺上的读数,即为试样的延度,以cm表示。在正常情况下,应将试样拉伸成锥尖状,在断裂时实际横断面为零。如不能得到上述结果,则应报告在此条件下无测定结果。

五、结果评定

(1)同一试样,平行测定3个结果的算术平均值作为测定结果。若3次测定值均大于100cm,试验结果记作“>100cm”;如3个测定结果中,有一个以上的测定值小于100cm时,若最大值或最小值与平均值之差满足重复性试验精密度要求时,则取3个测定结果的平均值的整数作为延度试验结果;若平均值大于100cm,记作“>100cm”;若最大值或最小值与平均值之差不符合重复性试验精度要求时,试验应重新进行。

(2)当试验结果小于100cm时,重复性试验的允许差为20%,复现性试验的允许差为30%。

(3)根据试验结果完成试验报告。

重点提示

(1)试验中采用的温度应在试验报告中注明。

(2)试验中水温应始终保持在试验温度规定范围内。

(3)成型试件时应用热刀将高出模具的沥青刮去,使沥青面与模具面平齐。沥青的刮法应自模的中间向两边刮,表面应十分光滑。

(4)如发现沥青细丝浮于水面或沉入槽底时,则应在水中加入食盐水调整水的密度,至与试样的密度相近后,再进行测定。

思考题

1. 隔离剂是由什么成分构成?如何确定比例以及试验中起什么作用?

2. 如何确定试验结果的准确性和有效性?

实训三　沥青软化点测定(环球法)

基本操作技能

一、目的与适用范围

本方法适用于测定道路石油沥青、煤沥青的软化点,也适用于测定液体沥青经蒸馏或乳化沥青破乳蒸发后残留物的软化点。

二、主要仪器设备

(1)沥青软化点测定器:包括钢球、试样环、钢球定位器、支架、温度计等,如图 10-5 所示。

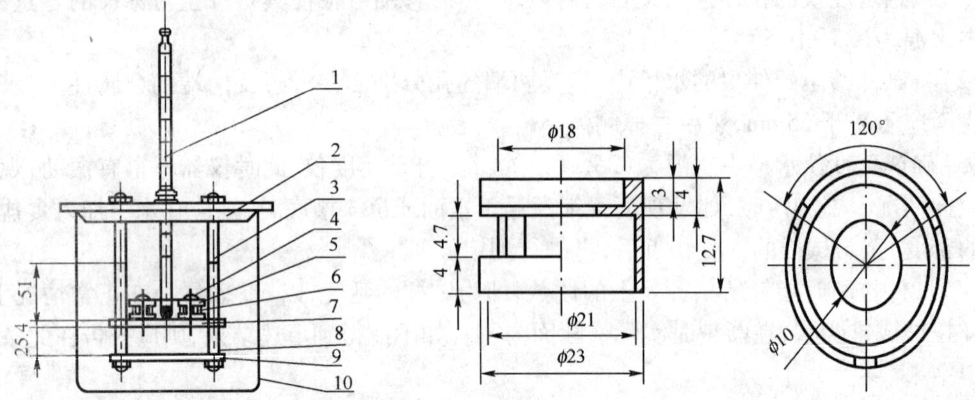

图 10-5 沥青软化点测定器图(尺寸单位:mm)

1-温度计;2-上承板;3-枢轴;4-钢球;5-环套;6-环;7 中承板;8-支承座;9-下承板;10-烧杯

(2)电炉及其他加热器。

(3)其他:金属板或玻璃板、刀、筛等。

三、试样制备

(1)将黄铜环置于涂有甘油滑石粉质量比为 2:1 的隔离剂的金属板或玻璃板上。

(2)将预先脱水试样加热熔化,不断搅拌,以防止局部过热。加热温度不得高于试样估计软化点 100℃,加热时间不超过 30min,用筛过滤。将试样注入黄铜环内至略高出环面为止。若估计软化点在 120℃以上时,应将黄铜环和金属板预热至 80～100℃。

(3)试样在 15～30℃的空气中冷却 30min 后,用热刀刮去高出环面的试样,使沥青与环面平齐。

(4)估计软化点高于 80℃的试样,将盛有试样的黄铜环及板置于盛有水的保温槽内,水温保持在(5±0.5)℃,恒温 15min。估计软化点高于 80℃的试样,将盛有试样的黄铜环及板置于盛有甘油的保温槽内,甘油温度保持在(32±1)℃,恒温 15min,或将盛试样的环水平地安放在环架中承板的孔内,然后放在盛有水或甘油的烧杯中,恒温 15min,温度要求同保温槽。

(5)烧杯内注入新煮沸并冷却至 5℃的蒸馏水(估计软化点不高于 80℃的试样),或注入预先加热至约 32℃的甘油(估计软化点高于 80℃的试样),使水平面或甘油面略低于环架连杆上的深度标记。

四、试验步骤

(1)从水或甘油中取出盛有试样的黄铜环放置在环架中承板的圆孔中,套上钢球定位器,把整个环架放入烧杯内,调整水面或甘油液面至深度标记,环架上任何部分不得有气泡。将温度计由上层板中心孔垂直插入,使水银球底部与铜环下面平齐。

(2)将烧杯移至有石棉网的三角架上或电炉上,然后将钢球放在试样上(须使各环的平面在全部加热时间内处于水平状态),立即加热,使烧杯内水或甘油温度在 3min 内保持每分钟上升(5±0.5)℃。在整个测定过程中如温度的上升速度超出此范围时,则试验应重做。

(3)试验时试样受热软化下坠至与下承板面接触时的温度,即为试样的软化点。

五、结果评定

(1)取平行测定的 2 个结果的算术平均值作为测定结果。

(2)精密度:重复测定2个结果间的温度差,不得超过表10-4的规定;同一试样由2个试实验室各自提供的试验结果之差不应超过5.5℃。

软化点测定的重复性要求 表10-4

软化点(℃)	<80	80~100	100~140
允许差数(℃)	1	2	3

(3)根据试验结果完成试验报告。

重点提示

(1)针入度是黏稠沥青相对黏度的测定方法,针入度越大,黏结性小。针入度是划分沥青标号的重要依据。

(2)以沥青的延度指标来反映沥青的塑性,延度越大,沥青的塑性越好,柔性和抗断裂性越好。

(3)沥青的软化点越高,温度稳定性越好。

思考题

1. 石油沥青三大指标是什么?其值大小说明其路用性能如何?
2. 沥青试样在砂浴或密闭电炉上加热时,为什么要不断搅拌?
3. 测定沥青的针入度和延度时恒温水浴的作用是什么?
4. 沥青延度试验中甘油滑石粉的作用是什么?如何配制?
5. 如何确定沥青软化点的温度?

【章节自测题】

一、名词解释

1. 乳化沥青
2. 黏(滞)度
3. 延度
4. 加热稳定性

二、填空题

1. 石油沥青的基本性质有(　　)、(　　)、(　　)、(　　)、(　　)、(　　)、(　　)。
2. 沥青其他非常规性能有(　　)、(　　)、(　　)、(　　)。
3. 沥青的黏滞性对于黏稠沥青用(　　)表示,液体沥青用(　　)表示。
4. 道路黏稠石油沥青三大指标是(　　)、(　　)、(　　)。它们分别表示沥青的(　　)、(　　)、(　　)。
5. 国产石油沥青的主要化学组分有(　　)、(　　)、(　　)、(　　)。
6. 乳化沥青主要由(　　)、(　　)、(　　)、(　　)几种材料组成。
7. 为满足沥青在路面工程中的使用要求,最好选用(　　)型结构的沥青作为路面材料。
8. 石油沥青的温度稳定性是以(　　)与(　　)来表示的。
9. 我国黏稠沥青的标号是按(　　)划分的。以(　　)为单位,测试条件为(　　)。
10. 按胶体学说,石油沥青可以分为(　　)、(　　)、(　　)三种结构,路用优质沥青属于(　　)。

11. 煤沥青的化学组分分为(　　)、(　　)、(　　)、(　　)。

12. 按来源的不同,沥青可以分为(　　)和(　　)两大类。沥青在常温下,可以呈(　　)、(　　)和(　　)状态。

三、选择题(单项或多项)

1. 沥青的牌号是根据以下(　　)技术指标来划分的。

A. 针入度　　B. 延度　　C. 软化点　　D . 闪点

2. 表征沥青的施工安全性能的技术指标有(　　)。

A. 针入度　　B. 闪点　　C. 燃点　　D 延度

3. 石油沥青温度敏感性是指石油沥青的(　　)和随温度变化的性能。

A. 黏滞性　　B. 塑性　　C. 耐久性　　D. 延度

4. 通常分别采用(　　)试验来检验各种沥青的加热稳定性。

A. 沥青的蒸发损失试验　　B. 沥青薄膜加热试验

C. 液体石油沥青蒸馏试验　　D. 针入度试验

5. 黏稠石油沥青通常包括(　　)。

A. 氧化沥青和直流沥青　　B. 氧化沥青

C. 直流沥青　　D. 氧化沥青和液体沥青

6. 石油沥青的三组分分析法是采用(　　)。

A. 沉淀法　　B. 溶解—吸附法　　C. 蒸馏法　　D. 氧化法

7. 在相同稠度等级的沥青中,沥青质含量增加,使沥青的高温稳定性得到(　　),但低温抗裂性也相应(　　)。

A. 提高、提高　　B. 降低、降低　　C. 提高、降低　　D. 降低、提高

8. 饱和分含量增加,可使沥青稠度(　　);树脂含量增加,可使沥青的延性(　　)。

A. 降低、降低　　B. 增加、增加　　C. 增加、降低　　D. 降低、增加

9. 在沥青的3种胶体结构中,(　　)具有较好的自愈性和低温时变形能力,但温度感应性较差。

A. 凝胶型结构　　B. 溶—凝胶型结构　　C. 溶胶型结构　　D. 固胶型结构

10. 修筑现代高等级沥青路面用的沥青,都应属于(　　)。

A. 凝胶型结构　　B. 溶—凝胶型结构　　C. 溶胶型结构　　D. 固胶型结构

11. (　　)的沥青当施加荷载很小时,或在荷载作用时间很短时,具有明显的弹性变形。

A. 凝胶型结构　　B. 溶—凝胶型结构　　C. 溶胶型结构　　D. 固胶型结构

12. 为工程使用方便,通常采用(　　)确定沥青胶体结构的类型。

A. 针入度指数法　　B. 马歇尔稳定度试验法

C. 环与球法　　D. 溶解—吸附法

13. (　　)是沥青标号划分的主要依据。

A. 针入度　　B. 软化点　　C. 沥青质含量　　D. 含硫量

14. 用标准黏度计测沥青黏度时,在相同温度和相同孔径条件下,流出时间越长,表示沥青的黏度(　　)。

A. 越大　　B. 越小　　C. 无相关关系　　D. 不变

15. 针入度指数越大,表示沥青的感温性(　　)。

A. 越大　　B. 越小　　C. 无相关关系　　D. 不变

16. 沥青是一种典型的(　　)材料。

A. 黏性　　B. 弹性　　C. 塑性　　D. 以上均不是

四、判断题

1. 增加石油沥青中的油分含量,或者提高石油沥青的温度,都可以降低它的黏性,这两种方法在施工中都有应用。(　　)

2. 当沥青质含量多、树脂含量少时沥青的胶体结构为凝胶结构。(　　)

3. 煤沥青的表面黏附性比石油沥青差,防腐性能好。(　　)

4. 乳化沥青所用沥青材料针入度越大越好。(　　)

5. 在石油沥青胶体结构中,以溶—凝胶型沥青的高温稳定性最好。(　　)

6. 道路石油沥青的标号是按针入度值划分的。(　　)

7. 与石油沥青相比,煤沥青温度稳定性和与矿质集料的黏附性均较差。(　　)

8. 沥青质是石油沥青化学组分中性能最好的一个组分。(　　)

9. 黏度是沥青材料最重要的技术性质之一。(　　)

五、简答题

1. 道路石油沥青的标号是根据什么划分的?共有几个标号?其三大指标如何变化?

2. 简述石油沥青和煤沥青在路用性能上的差异?

3. 道路石油沥青的化学组分与路用性能的关系如何?

章节自测题参考答案

一、名词解释

1. 乳化沥青:沥青在含有乳化剂的水溶液中,经机械搅拌使沥青微粒子分散而形成的沥青乳液,称为乳化沥青。

2. 黏(滞)度:是指一定量的沥青试样在规定的温度下,通过规定尺寸的流孔流出规定体积所需的时间,以 s 计。

3. 延度:是指沥青试样在规定的温度和拉伸速度下被拉断时的长度。

4. 加热稳定性:是指沥青在过热或过长时间加热过程中,轻馏分抵抗因挥发、氧化、裂化、聚合等一系列物理化学变化,使沥青化学组分及性质相应地发生变化的能力,这种性质称之为加热稳定性。

二、填空题

1. 黏滞性、塑性、温度稳定性、加热稳定性、安全性、溶解度、含水率　2. 针入度指数、劲度模量、含蜡量、老化　3. 针入度、黏滞度　4. 针入度、延度、软化点、黏滞性、塑性、温度稳定性　5. 油分、树脂、沥青质、石蜡　6. 沥青、乳化剂、稳定剂、水　7. 溶—凝胶结构　8. 软化点、脆点　9. 针入度、0.1mm、(25℃、100g、5s)　10. 溶胶结构、凝胶结构、溶—凝胶结构、溶—凝胶结构　11. 游离碳、树脂、油分、碱性物质和酸性物质　12. 地沥青、焦油沥青、固态、半固态、黏性液态

三、选择题(单项或多项)

1. A　2. BC　3. AB　4. ABC　5. A　6. B　7. C　8. D　9. C　10. B　11. A　12. A　13. A　14. A　15. B　16. D

四、判断题

1. √　2. √　3. ×　4. ×　5. ×　6. √　7. ×　8. ×　9. √

五、简答题

1. **答**:道路石油沥青的标号是根据针入度划分的,共有 7 个标号:200 号、180 号、140 号、100 号、100 号甲、100 号乙、60 号甲、60 号乙。标号从高到低,其针入度与延度由大到小,软化点由低到高。

2. **答**:煤沥青的温度稳定性、塑性、气候稳定性比石油沥青差,但煤沥青与矿质材料的表面黏附性能比石油沥青好。煤沥青毒性和臭味比石油沥青大。

3. **答**:道路石油沥青的化学组分与路用性能的关系如下。

(1)油质:使沥青具有流动性,便于施工,并具有柔软性和抗裂性。油质增加,沥青稠度减小,黏滞性和软化点降低。在氧、温度、紫外线作用下可转化为树脂,使沥青性质发生变化。

(2)树脂:使沥青具有一定的可塑性和黏结性,它直接决定沥青的延度和黏结力,含量增加,其延度和黏结力增大。

(3)沥青质:决定着沥青的塑性状态界限和固体变为液体的速度,还决定着沥青的黏滞度和温度稳定性以及沥青的硬度等。沥青质含量增加时,沥青的黏度和黏结力增大,硬度和温度稳定性提高。

(4)蜡:对沥青的延伸度、温度稳定性影响大,蜡含量增加,可降低沥青的延度和黏结力。

(5)沥青酸是沥青中活性最大的组分,它改善了沥青与矿料的浸润性,特别是提高了对碳酸盐类岩石黏附强度,增加了沥青的可乳化性。沥青碳和似碳物是沥青中的有害物质,它降低了沥青的延度和黏结力。

第十一章　沥青混合料

【学习目标】

掌握:

1. 沥青混合料的定义、特点、分类、组成结构类型。
2. 影响沥青混合料抗剪强度的因素。
3. 沥青混合料技术性质和技术标准。
4. 沥青混合料配合比设计过程。

理解:

1. 沥青混合料的高温稳定性。
2. 沥青混合料的低温抗裂性。
3. 沥青混合料的组成结构。

了解:

其他沥青混合料组成材料及技术性质。

【基础知识】

一、沥青混合料定义

沥青混合料是沥青混凝土混合料和沥青碎石混合料的总称,又分为以下两种。

1. 沥青混凝土混合料(简称 AC)

由适当比例的粗集料、细集料及填料与沥青在严格控制条件下拌和的沥青混合料。

2. 沥青碎石混合料(简称 AM)

由适当比例的粗集料、细集料、及填料(或不加填料)与沥青拌和的沥青混合料。

二、沥青混合料的分类

1. 按结合料分类

(1)石油沥青混合料。

(2)煤沥青混合料。

2. 按施工温度分类(沥青混合料拌制和摊铺温度)

(1)热拌热铺沥青混合料。

(2)常温沥青混合料。

3. 按矿质混合料级配类型分类

(1)连续级配沥青混合料。

(2)间断级配沥青混合料。

4. 按混合料密实度分类

(1)密级配沥青混凝土混合料,包括 I 型沥青混凝土混合料:剩余空隙率为 3% ~6%;II 型沥青混凝土混合料:剩余空隙率为 4% ~10%。

(2)开级配沥青混凝土混合料剩余空隙率大于15%。

(3)亦有将剩余空隙率介于密级配和开级配之间的(即剩余空隙率为10% ~15%)混合料称为半开级配沥青混合料。

5. 按照集料的最大公称粒径分类(表11-1)

沥青混合料按集料的最大公称粒径分类 表11-1

沥青混合料类别	密级配沥青混凝土	沥青玛蹄脂碎石	半开级配沥青碎石	开级配排水磨耗层	密级配沥青碎石	开级配沥青碎石	公称最大粒径(mm)
特粗式	—	—	—	—	ATB-40	ATPB-40	37.5
粗粒式	—	—	—	—	ATB-30	ATPB-30	31.5
	AC-25	—	—	—	ATB-25	ATPB-25	26.5
中粒式	AC-20	SMA-20	AM-20	—	—	—	19
	AC-16	SMA-16	AM-16	OGFC-16	—	—	16
细粒式	AC-13	SMA-13	AM-13	OGFC-13	—	—	13.2
	AC-10	SMA-10	AM-10	OGFC-10	—	—	9.5
砂粒式	AC-5	—	—	—	—	—	4.75

重点难点提示

集料最大粒径与公称最大粒径的区别:最大粒径是指通过率为100%的最小标准筛筛孔尺寸;公称最大粒径是指全部通过或允许少量不通过的最小标准筛筛孔尺寸,通常比最大粒径小一个粒级。

例如表11-2所示,混合料在16mm筛孔的通过率为100%,筛余量为0;在13.2mm筛孔上的筛余量小于10%,则此集料的最大粒径为16mm,公称最大粒径为13.2mm。

最大粒径与公称最大粒径区别 表11-2

筛孔尺寸(mm)	16.0	13.2	9.5	4.75	2.36	0.6	0.3	0.075
级配范围(mm)	100	90 ~ 100	70 ~ 88	48 ~ 68	36 ~ 53	18 ~ 30	12 ~ 22	4 ~ 8

三、沥青混合料的特点

(1)沥青是一种弹塑性黏性材料,具有高温稳定性和低温抗裂性,不需设施工缝和伸缩缝,路面平整有弹性。

(2)路面有一定的粗糙度,具有良好的抗滑性。

(3)施工方便,速度快,养护期短。

(4)可分期改造和再生利用。

(5)密实的沥青混凝土透水性小,防止路表水进入基层和路基,提高了路面结构的整体强度和稳定性。

(6)路面因老化而使表层产生松散,引起路面破坏,由于设计施工等原因,水分一旦进入基层和路基就难排出去,如遇水稳性较差的基层材料和对含水率敏感的路基,也会导致路基破坏。

(7)温度敏感性强,路面易产生车辙、波浪等。

四、热拌热铺沥青混合料

1. 定义

人工组配的矿质混合料与黏稠沥青在专门设备中加热拌和而成，用保温运输工具运送至施工现场，并在热态下进行摊铺和压实的混合料。

2. 沥青混合料的组成结构类型

(1)悬浮密实结构：连续密级配的沥青混合料粗集料少，不能形成骨架。

(2)骨架空隙结构：连续开级配的沥青混合料细集料少，不能填充集料间空隙。

(3)骨架密实结构：间断密级配的沥青混合料，中间集料少，既有足够的粗集料形成骨架，又有细集料填充其间的空隙。

(4)三种结构类型混合料的级配组成见图11-1。

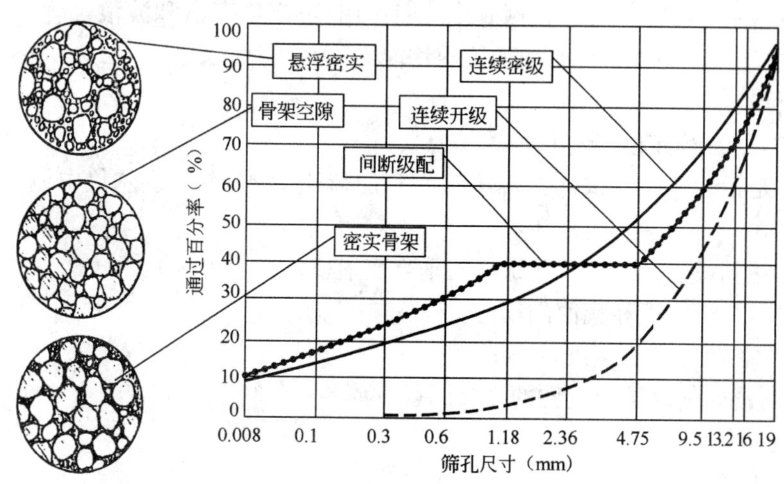

图11-1　三种结构类型混合料的级配组成

3. 沥青混合料铺筑的路面产生破坏的主要原因

(1)夏季高温时的抗剪强度不足和塑性变形过剩而产生推挤波浪、拥包等。

(2)冬季低温时的抗拉强度不好和抵抗变形能力过差引起裂缝。

(3)要求沥青混合料在高温时，必须具备抗剪强度和抵抗变形的能力，称为高温强度和稳定性。

4. 影响沥青混合料抗剪强度的因素

(1)沥青的黏度对沥青混合料抗剪强度的影响：

黏聚力 c 随着沥青黏度的提高而增加，同时内摩擦角 φ 随着沥青黏度的提高而稍有增加。

(2)沥青与矿料之间的吸附作用有物理吸附和化学吸附。

(3)沥青与矿料之间的用量比例：沥青用量过少，沥青不足以包裹矿粉表面，矿粉间不能完全地靠沥青薄膜联结，因而沥青混合料的黏聚力很差。随着沥青用量的增加，结构沥青的数量不断增多，混合料的黏聚力也不断提高。当沥青用量达到一定程度时，形成的结构沥青数量最多，混合料的黏聚力达到最大，此时沥青用量为最佳用量。随着沥青用量的继续增加，多余的沥青，将矿粉颗粒推开，在颗粒间形成未与矿粉作用的自由沥青，混合料的黏聚力开始逐渐降低。

(4)矿料的级配类型、表面性质、粒度等对沥青混合料抗剪强度的影响：矿料表面粗糙有棱角且接近正立方体时，沥青混合料抗剪强度高。

(5)温度及加荷速度对沥青混合料抗剪强度的影响：温度升高，黏聚力值减小，而变形能力增强；加荷频率高，可使沥青混合料产生过大的应力和塑性变形，弹性恢复很慢，产生不可恢复的永久变形。

5. 沥青混合料的抗剪强度 τ

强度试验表明：沥青混合料的抗剪强度 τ 决定于沥青混合料的内摩擦角 φ 和黏聚力 c。

$$\tau = c + \sigma\tan\varphi \tag{11-1}$$

五、沥青混合料技术性质

1. 高温稳定性

是指混合料在高温情况下，经车辆荷载长期作用，不产生车辙和波浪等病害，抵抗永久变形的性能。取决于高温时沥青混合料的抗剪切能力。

1)评定指标

(1)马歇尔试验(稳定度、流值、马歇尔模数)；

①稳定度：是指标准尺寸试件在规定温度和加荷速度下，在马歇尔仪中最大的破坏荷载(kN)。

②流值：是达到最大破坏荷载是试件的垂直变形(以0.1mm计)。

③马歇尔模数：稳定度和流值的比值。

(2)车辙试验：测定动稳定度。

2)影响沥青混合料高温稳定性的主要因素

(1)沥青的用量。

(2)沥青的黏度。

(3)矿料的级配。

(4)矿料的尺寸、形状等。

3)提高沥青混合料高温稳定性措施

(1)提高黏聚力。

(2)采用高稠度沥青。

(3)控制沥青最佳用量。

(4)采用碱性矿粉。

(5)掺外掺剂。

(6)提高内摩擦角：增加粗集料用量采用表面粗糙有棱角的集料等。

2. 低温抗裂性

沥青混合料随着温度的降低，变形能力下降，路面由于低温而收缩以及行车荷载的作用，在薄弱部位产生裂缝，从而影响道路的正常使用。因此，要求沥青混合料具有一定的低温抗裂性。沥青混合料的低温裂缝是由混合料的低温脆化、低温缩裂和温度疲劳引起的。

(1)低温脆化是指其在低温条件下，变形能力降低。

(2)低温缩裂通常是由于材料本身的抗拉强度不足而造成的。

(3)温度疲劳，是因温度循环而引起疲劳破坏。可以模拟温度循环进行疲劳破坏，但由于其试验条件要求较高，故改用低频疲劳试验代替。

(4)在混合料组成设计中，应选用稠度较低，温度敏感性低、抗老化能力强的沥青。

3. 耐久性

1)定义及现象

是指其在外界各种因素(如阳光、空气、水、车辆荷载等)的长期作用下,仍能基本保持原有的性能。耐久性不良产生的现象有:

(1)沥青的老化或硬化——变脆、易裂。

(2)集料被压碎或冻融崩解导致磨损或级配退化。

(3)沥青与集料间的黏附性降低导致剥落、松散。

2)影响沥青混合料耐久性的主要因素

(1)沥青用量不足水稳定性降低。

(2)沥青与集料的黏附性不足导致剥落与松散。

(3)集料矿物组成。

(4)沥青混合料的压实度与空隙率等。

3)评价耐久性的方法

(1)浸水马歇尔试验来评价沥青混合料的耐久性。

(2)冻融劈裂强度试验。

(3)浸水劈裂强度试验。

(4)浸水车辙试验等。

4)耐久性改善措施

(1)选择耐老化沥青、坚硬集料。

(2)降低沥青混合料空隙率。

(3)增加沥青用量。

(4)掺加外加剂。

(5)降低沥青混合料的离析程度。

4. 抗滑性

随着车辆行驶速度的增加,路面的抗滑性显得尤为重要,为了提高路面的抗滑性,必须增加路面的粗糙度。

1)改善抗滑性的措施

(1)对于面层集料应选用质地坚硬、耐磨(磨光值高)、抗冲击性好的碎石或破碎砾石、碎石,集料的颗粒适当大些。

(2)沥青用量少些,并对沥青中含蜡量进行严格控制,都可以提高路面的抗滑性。

(3)对酸性集料采取抗剥措施。

2)评价方法与指标

(1)构造深度——铺砂法。

(2)摩阻系数——摆式摩阻仪。

摩擦系数和构造深度越大,说明路面的抗滑性越好。

5. 施工和易性

施工和易性指混合料易于拌和、摊铺和碾压的性质。沥青混合料具备施工和易性才能顺利地进行施工作业。

影响因素有混合料的级配;沥青用量;沥青黏度;施工条件:气候温度、风速;施工设备:拌和设备、摊铺机械和压实工具等。

重点难点提示

1. 车辆分类

沥青混合料是黏弹性材料，车辙分为：结构性车辙：路面结构本身的缺陷；压密性车辙：路面压实度过小；失稳性车辙：剪切变形。

2. 提高沥青路面抗车辙能力的对策

(1)根据沥青混合料高温强度的构成($\tau = c + \sigma\tan\varphi$)可采取材料设计的措施：提高沥青混合料的黏结力；严格控制沥青用量；选择高黏度沥青(使用改性沥青)。

(2)提高沥青混合料的内摩阻角：选择纹理粗糙，多棱角的集料；采用适当的矿料级配，增加粗集料含量；选择合适公称最大粒径。

(3)设计时考虑交通组成和环境温度的影响。

(4)提高施工质量与管理水平：避免不恰当地强调平整度而忽视压实度；为避免摊铺机停顿影响平整度，或不恰当地强调连续摊铺，以致等待时间过长而导致料温下降而导致严重压实不足。

六、沥青混合料组成材料的技术要求

1. 沥青材料

不同型号的沥青材料，具有不同的技术指标，适用于不同等级，不同类型的路面。

沥青的选择依据：气候条件(温度)、交通性质(渠化交通、重交通、车速)、结构层位、参考沥青路用性能气候分区图选择。

2. 矿质材料

沥青混合料的矿质材料必须具有良好的级配，这样，沥青混合料颗粒之间既能够比较紧密地排列起来，以达到足够的压实度，又能让颗粒之间具有一定的空隙，使沥青混合料保持良好的稳定性。沥青混合料的矿质材料包括：

(1)粗集料——碎石、破碎砾石和矿渣。沥青混合料的粗集料要求洁净、干燥、无风化、无杂质，并且具有足够的强度和耐磨性。对路面抗滑表层的粗集料应选用坚硬、耐磨、抗冲击性好的碎石或破碎砾石，不可使用筛选砾石、矿渣及软质集料。用于高速公路、一级公路、城市快速道路、主干路沥青路面表面层及各类道路抗滑层用的粗集料，应符合磨光值、道瑞磨耗值和冲击值的要求，起到骨架、嵌挤作用。

(2)细集料：一般采用天然砂或人工砂，在缺少砂的地区，也可以用石屑代替。但对于高等级公路的面层或抗滑表层，石屑的用量不宜超过砂的用量。

(3)填料：沥青混合料的填料宜采用石灰岩或岩浆岩中的强基性(憎水性)岩石磨制而成的，也可以由石灰、水泥、粉煤灰代替。但用这些物质作填料时，其用量不宜超过矿料总量的2%，其中粉煤灰的用量不宜超过填料总量的50%。

重点难点提示

1. 粗集料技术要求

粗集料的技术要求包括：强度—压碎值冲击值、磨耗率，坚固性，针片状含量，吸水率，磨光值，与沥青的黏附性。

2. 细集料的技术要求

细集料的技术要求包括：坚固性、砂当量、棱角性。

3. 矿粉的技术要求

石灰岩经磨细得到的矿粉要求包括：品质要求（干燥、洁净，细度）和用量要求（粉胶比）。

4. 其他材料

其他材料包括：抗剥落剂、石灰、水泥、纤维。

5. 重点名词术语解释

(1)稳定度：马歇尔稳定度是评价沥青混合料高温稳定性的指标。将沥青混合料按一定的比例混合并拌匀，采用人工或机械击实的方法制成圆柱形试件（直径 101.6mm ± 0.25mm，高 63.5mm ± 1.3mm），再将试件置于 60℃ ± 1℃ 的恒温水槽中保温 30 ~ 40min（对黏稠石油沥青），然后，把试件置于马歇尔试验仪上，以(50 ± 5)mm/min 的速度加荷，至试验荷载达到最大值，此时的最大荷载即为稳定度(MS)，以 kN 计。

(2)残留稳定度：是反映沥青混合料受水损害时抵抗剥落的能力。浸水马歇尔稳定度试验方法与马歇尔试验基本相同，只是将试件在 60℃ ± 1℃ 恒温水槽中保温 48h，然后，再测定其稳定度。浸水后的稳定度与标准马歇尔稳定度的百分比即为残留稳定度。

(3)流值：流值是评价沥青混合料抗塑性变能力的指标。在马歇尔稳定度试验时，当试件达到最大荷载时，其压缩变形值，也就是此时流值表上的读数，即为流值(FL)，以 0.1mm 计。

(4)空隙率(VV)：沥青混合料的空隙率是指压实沥青混合料内矿料及沥青以外的空隙的体积占沥青混合料总体积的百分率，它是由理论密度和实测密度求得。

空隙率是评价沥青混合料压实程度的指标。空隙率的大小，直接影响沥青混合料的技术性质，空隙率大的沥青混合料，其抗滑性和高温稳定性都比较好，但其抗渗性和耐久性明显降低，而且对强度也有影响。

试件空隙率按下式计算：

$$VV = \left(1 - \frac{\rho_s}{\rho_t}\right) \times 100 \tag{11-2}$$

式中：VV——试件的空隙率(%)；

ρ_s——试件的理论密度(g/cm^3)，测定方法见实践技能部分；

ρ_t——试件的实测密度(g/cm^3)。

(6)间隙率(VMA)：是指压实沥青混合料中，试件全部矿料部分以外的空隙的体积占沥青混合料总体积的百分率，

(7)饱和度(VFA)：沥青混合料试件的饱和度也称沥青填隙率，即达到规定压实状态的沥青混合料中，试件矿料间隙中扣除被集料吸收的沥青以外的有效沥青结合料体积占矿料间隙体积的百分率。

饱和度过小，沥青难以充分裹覆矿料，影响沥青混合料的黏聚性，降低沥青混凝土耐久性；饱和度过大，减少了沥青混凝土的空隙率，妨碍夏季沥青体积膨胀，引起路面泛油，降低沥青混凝土的高温稳定性，因此，沥青混合料要有适当的饱和度。计算公式如下：

$$VFA = \frac{VMA - VV}{VMA} \times 100 \tag{11-3}$$

式中：VFA——试件的沥青饱和度(%)；

VMA——矿料间隙率；

VV——试件空隙率(%)。

七、沥青混合料配合比设计

1. 沥青混合料配合比设计的任务

就是通过确定粗集料、细集料、矿粉和沥青之间的比例关系，使沥青混合料的各项指标达到工程要求，让沥青混合料的强度、稳定性、耐久性、平整度等各项要求，在联系与矛盾中达到统一。

2. 沥青混合料配合比设计包括

试验室配合比设计、生产配合比设计和试拌试铺配合比调整等三个阶段。以下主要着重介绍试验室配合比设计。

3. 试验室配合比设计

分为矿质混合料组成设计和沥青最佳用量确定两部分。

1）矿质混合料的组成设计

目的：选配具有足够密实度并有较高内摩阻力的矿质混合料，让各种矿料以最佳比例相混合，从而在加入沥青后，使沥青混凝土既密实，又有一定的空隙，供夏季沥青的膨胀。矿质混合料的组成设计分下列几步：

（1）确定沥青混合料类型：依据道路等级、路面类型、所处的结构层位。

（2）确定矿质混合料的级配范围。根据确定下来的沥青混合料类型，参照《公路沥青路面施工技术规范》（JTG F40—2004）推荐的级配作为沥青混合料的设计级配。

（3）矿质混合料配合比设计——确定合理级配。

2）确定混合料沥青最佳用量

沥青最佳用量的确定可以通过理论计算得到，但误差较大，故一般采用试验的方法求得。目前，我国采用马歇尔试验法来确定沥青最佳用量，其方法是：

（1）按所设计的矿料配合比配制5组矿质混合料，每组按规范推荐的沥青用量（或油石比）范围加入适量沥青，沥青用量按0.5%间隔递增，拌和均匀，制成马歇尔试件。

（2）根据集料吸水率大小和沥青混合料的类型采用合适的方法，测出试件的实测密度，并计算理论密度、空隙率、沥青饱和度等物理指标。

（3）进行马歇尔试验，测定稳定度和流值这2个力学指标。

（4）确定最佳沥青用量：以沥青用量为横坐标，以实测密度、空隙率、饱和度、稳定度、流值为纵坐标，分别将试验结果点入坐标中，沥青用量与这些指标之间连成关系曲线。从图中取：

①相应于密度最大值的沥青用量 a_1。

②相应于稳定度最大值的沥青用量 a_2。

③相应于目标空隙率（规定空隙率范围的中值）的沥青量 a_3。

④相应于沥青饱和度范围的中值 a_4。

⑤以上4个值的平均值作为最佳沥青用量初始值 OAC_1，当所选择的沥青用量未能涵盖沥青饱和度的要求范围，按下式取3者的平均值作为 OAC_1：

$$OAC_1=(a_1+a_2+a_3+a_4)/4 \quad 或 \quad OAC_1=(a_1+a_2+a_3)/3 \tag{11-4}$$

对所选择的沥青用量范围密度或稳定度没有出现峰值时，可直接以目标空隙率所对应的沥青用量 a_3 作为 OAC_1，但 OAC_1 必须介于 $OAC_{min} \sim OAC_{max}$ 的范围内，否则应重新进行设计。

根据沥青混合料马歇尔试验技术标准，确定各关系曲线上沥青用量范围，取各沥青用量范围的共同部分，即为沥青最佳用量范围，求其中值作为最佳沥青用量的初始值 OAC_2。

$$OAC_2=(OAC_{min}+OAC_{max})/2 \tag{11-5}$$

按最佳沥青用量初始值，在上述关系曲线中取相应的各项指标值，当各项指标值均符合马歇尔试验技术标准时，由 OAC_1 和 OAC_2 确定最佳沥青用量，通常情况下：

$$OAC = (OAC_1 + OAC_2)/2 \tag{11-6}$$

检验在 OAC 下，VMA 和 VV 是否符合技术要求，OAC 宜位于 VMA 凹形曲线最小值（贫油一侧）。

（5）设计沥青用量调整如下：

①对于炎热地区公路、高速公路、一级公路的重载交通路段、山区公路的长大坡度路段、城市快速路、主干路：

$$设计沥青用量 = OAC - (0.1 \sim 0.5)\%$$

空隙率必须符合设计要求范围。

②对于寒区道路、旅游公路、交通量很少的公路：

$$设计沥青用量 = OAC + (0.1 \sim 0.3)\%$$

（6）配合比设计检验包括：高温稳定性检验、抗车辙能力检验，水稳定性检验，低温抗裂性能检验，渗水系数检验。

如不能符合规定时，应重新进行级配调整和计算，直至各项指标均符合要求。

4. 生产配合比设计

在目标（设计）配合比确定后，应利用实际施工的拌和机进行试拌以确定施工配合比。

（1）确定各热料仓矿料和矿粉的用量。

（2）确定生产的最佳油石比。取目标配合比设计的最佳油石比 OAC、OAC －0.3% 和 OAC +0.3% 这 3 个油石比进行马歇尔试验，确定生产配合比的最佳沥青用量。

5. 生产配合比验证阶段

生产配合比经监理审核，批准后，才能进行试拌试铺，验证生产配合比的正确性。拌和机采用生产配合比进行试拌，试铺试验路段，在试铺时取现场沥青混合料试样进行马歇尔试验，验证沥青混合料的各项技术指标。由此确定生产用标准配合比，以此标准配合比作为生产上控制的依据和质量检验的标准。

重点难点提示

（1）矿质混合料配合比设计中确定级配范围时注意：

①通常情况下，合成级配曲线宜尽量接近设计级配中限，尤其应使 0.075mm、2.36mm 和 4.75mm 筛孔的通过量尽量接近设计级配范围中限。

②对交通量大、轴载重的公路，宜偏向级配范围的下（粗）限，对中小交通或人行道路等宜偏向级配范围的上（细）限。

③合成级配曲线应接近连续或有合理的间断级配，不得有过多的犬牙交错；当经过再三调整，仍有 2 个以上的筛孔超出级配范围时，必须对原材料进行调整或更换原材料重新设计。

（2）工程设计级配范围：我国新规范中规定的级配范围是一个适用于全国各地的较宽的级配范围，因而其对一个个具体工程的针对性较弱，在具体的设计过程中，应在规范规定级配范围内选择出一个适用本工程气候条件、交通条件、公路等级、所处层位的级配范围，此级配范围则为工程设计级配。

（3）设计目标级配曲线：工程设计级配范围比规范规定的设计级配范围要小，对高速公路和一级公路，宜在工程设计级配范围内选择 1 ~3 种粗细不同的级配，通过对不同试验设计级配曲线性能的评价，确定一条可用于实体工程的设计目标级配曲线。

【典型例题解析】

例 11-1 路用沥青混合料分为哪两大类？试述其结构上的不同，又各有何优缺点？

答:分为沥青碎石混合料和沥青混凝土混合料两大类。

(1)沥青碎石混合料是由沥青和集料按一定比例拌和而成的混合料。其中矿粉极少或没有，粗集料较多，空隙率大于10%。这种结构的优点是强度主要靠石料颗粒间的嵌锁力，受沥青软化的影响较少，因此热稳定性较好，而且沥青用量比沥青混凝土少。缺点是空隙率较大，空气和表面水易透入，沥青易从石料上剥离，产生路面变形。

(2)沥青混凝土混合料是用不同级配的石子、砂、矿粉按最佳级配原则与适量的沥青材料拌和而成混合料。这种结构具有严格的级配要求，具有最大密实度。压实后所得材料具有规定的强度和空隙率，但矿料的内摩阻力不如沥青碎石路面得到充分发挥。

例 11-2 简述马歇尔试验5项技术指标随沥青用量变化的趋势。

答:(1)稳定度随沥青用量的增加而增加，但达到最大值后，又渐趋降低。

(2)流值随沥青含量的增加而增加。

(3)沥青混合料的空隙率随着沥青含量的增加而减小，直至接近最小值。

(4)混合料的密度曲线与稳定度曲线相似，随沥青用量的增加而增加，达到最大值后，又渐趋降低。其最大密度时的沥青含量一般略高于最大稳定度时的沥青用量。

(5)饱和度随沥青用量的增加而增加。

例 11-3 矿粉用量的多少对沥青混合料性质有何影响？

答:沥青混合料当沥青用量固定不变时，矿粉用量的多少，直接影响混合料的密实度和黏聚力。当矿粉用量不足时，不能形成结构沥青，降低了沥青与矿料间的黏聚力；当矿粉用量太多时，在低温时，沥青混合料脆性加大，路面在冬季容易产生裂缝，特别当矿粉中小于0.005mm的含量过多时，还会使沥青混合料结成团块，增加施工的难度。因此矿粉用量应控制在一定的比例内。

例 11-4 简述沥青混合料出现低温开裂的原因。减少沥青路面低温开裂有哪些途径。请结合工程实际叙述。

答:沥青混合料的低温裂缝是由混合料的低温脆化、低温缩裂和温度疲劳引起的。

(1)低温脆化是指其在低温条件下，变形能力降低。低温缩裂通常是由于材料本身的抗拉强度不足而造成的。冬季，随着温度的降低，沥青材料的劲度模量变得越来越大，材料变得越来越硬，并开始收缩。由于沥青路面在面层和基层之间存在着很好的约束，因而当温度大幅度降低时，沥青面层中会产生很大的收缩拉应力或拉应变，一旦其超过材料的极限拉应力或极限拉应变，沥青面层就会开裂。

(2)减少沥青路面低温开裂的措施是：在混合料组成设计中，应选用稠度较低、温度敏感性低、抗老化能力强的沥青。

【实践技能训练】

实训一 沥青混合料试件制作方法(击实法)(JTJ 052—2000)

基本操作技能

一、目的与适用范围

(1)本方法适用于标准击实法或大型击实法制作的沥青混合料试件，以供试验室进行沥青混合料物理力学性质试验。

(2)标准击实法适用于马歇尔试验、间接抗拉试验等所使用的 φ101.6mm ×63.5mm 圆柱体试件的成型;大型击实法适用于 φ152.4mm ×95.3mm 的大型圆柱体试件的成型。

二、仪器设备

(1)标准击实仪:由击实锤、φ98.5mm 平圆形压实头及带手柄的导向棒(直径 15.9mm)组成。用人工或机械将压实锤举起,从 457.2mm ±2.5mm 高度沿导向棒自由落下击实,标准击实锤质量 4 536g ±9g。

(2)大型击实仪:由击实锤、φ149.5mm 平圆形压实头及带手柄的导向棒(直径 15.9mm)组成。用机械将压实锤举起,从 457.2mm ±2.5mm 高度沿导向棒自由落下击实,大型击实锤质量 10 210g ±10g。

(3)标准击实台:用以固定试模,在 200mm ×200mm ×457mm 的硬木墩上面有一块 305mm ×305mm ×25mm 的钢板,木墩用 4 根型钢钉固定在下面的水泥混凝土板上。人工击实或机械击实均必须有此标准击实台。

(4)自动击实仪:是将标准击实锤及标准击实台安装一体并用电力驱动使击实锤连续击实试件且可自动记数的设备,击实速度为(60 ±5)次/min。大型击实法电动击实的功率不小于 250W。

(5)试验室用沥青混合料拌和机:能保证拌和温度并充分拌和均匀,可控制拌和时间,容量不小于 10L。搅拌叶片转速度 70 ~80r/min,公转速度 40 ~50r/min。

(6)脱模器:电动或手动,可无破损地推出圆柱体试件,备有标准圆柱体试件及大型圆柱体试件尺寸的推出环。

(7)试模:由高碳钢或工具钢制成,每组包括内径 101.6mm ±0.2mm、高 87mm 的圆柱形金属筒、底座(直径约 120.6mm)和套筒(内径 101.6mm、高 70mm)各 1 个。

(8)大型圆柱体试件的试模与套筒:套筒外径 165.1mm,内径 155.6mm ±0.3mm,总高 83mm。试模内径 152.4mm ±0.2mm,总高 115mm,底座板厚 12.7mm,直径 172mm。

(9)烘箱:大、中型烘箱各 1 台,装有温度调节器。

(10)天平或电子秤:用于称量矿料的,感量不大于 0.5g;用于称量沥青的,感量不大于 0.1g。

(11)沥青运动黏度测定设备:毛细管黏度计、赛波特重油黏度计或布洛克菲尔德黏度计。

(12)其他:电炉或煤气炉、沥青熔化锅、拌和铲、标准筛、滤纸(或普通纸)、胶布、卡尺、秒表、粉笔、棉纱等。

三、试验方法与步骤

1. 试验准备

(1)确定制作沥青混合料试件的拌和与压实温度。当缺乏沥青黏度测定条件时,试件的拌和与压实温度可按表 11-3 选用,并根据沥青品种和标号作适当调整。针入度小、稠度大的沥青取高限,针入度大、稠度小的沥青取低限,一般取中值。对改性沥青,应根据改性剂的品种和用量,适当提高混合料的拌和与压实温度,对大部分聚合物改性沥青,需要在基质沥青的基础上提高 15 ~30℃左右,掺加纤维时,尚需再提高 10℃左右。常温沥青混合料的拌和及压实在常温下进行。

沥青混合料拌和及压实温度参考表 表 11-3

沥青结合料种类	拌和温度(℃)	压实温度(℃)
石油沥青	130 ~160	120 ~150
煤沥青	90 ~120	80 ~110
改性沥青	160 ~175	140 ~170

(2)按规定方法在拌和厂或施工现场采集沥青混合料试样。将试样置于105℃ ±5℃烘箱中或加热的砂浴上保温,在混合料中插入温度计测量温度,待混合料温度符合要求后成型。需要适当拌和时可倒入已加热的小型沥青混合料拌和机中适当拌和,时间不超过1min。但不得用铁锅在电炉或明火上加热炒拌。

(3)在试验室人工配制沥青混合料时,材料准备按下列步骤进行:

①将各种规格的矿料置于105℃ ±5℃的烘箱中烘干至恒重(一般不少于4 ~6h)。根据需要,粗集料可先用水冲洗干净后烘干,也可将粗、细集料过筛后用水冲洗再烘干备用。

②按规定试验方法分别测定不同粒径规格粗、细集料及填料(矿粉)的各种密度,按规定方法测定沥青的密度。

③将烘干分级的粗、细集料,按每个试件设计级配要求称其质量,在一金属盘中混合均匀,矿粉单独加热,置烘箱中预热至沥青拌和温度以上约15℃(采用石油沥青时通常为163℃,采用改性沥青时通常需180℃)备用。一般按一组试件(每组4 ~6个)备料,但进行配合比设计时宜对每个试件分别备料。当采用替代法时,对粗集料中粒径大于26.5mm的部分,以13.2 ~26.5mm粗集料等量代替。常温沥青混合料的矿料不应加热。

④将规定方法采集的沥青试样,用恒温烘箱或油浴、电热套熔化加热至规定的沥青混合料拌和温度备用,但不得超过175℃。当不得已采用燃气炉或电炉直接加热进行脱水时,必须使用石棉垫隔开。

(4)用沾有少许黄油的棉纱擦净试模、套筒及击实座等置于100℃左右烘箱中加热1h备用。常温沥青混合料用试模不加热。

2. 试验步骤

(1)拌制黏稠石油沥青或煤沥青混合料

①沥青混合料拌和机预热至拌和温度以上10℃左右备用(对试验室试验研究、配合比设计及采用机械拌和施工的工程,严禁用人工炒拌法热拌沥青混合料)。

②将每个试件已预热的粗、细集料置于拌和机中,用小铲子适当混合,然后再加入需要数量的已加热至拌和温度的沥青(如沥青已称量在一专用容器内时,可在倒掉沥青后用一部分热矿粉将沾在容器壁上的沥青擦拭一起倒入拌和锅中);开动拌和机,一边搅拌一边将拌和叶片插入混合料中拌和1 ~1.5min,然后暂停拌和,加入单独加热的矿粉,继续拌和至均匀为止,并使沥青混合料保持在要求的拌和温度范围内。标准的总拌和时间为3min。

(2)马歇尔标准击实法的成型步骤

①将拌好的沥青混合料,均匀称取一个试件所需的用量(标准马歇尔试件约1 200g,大型马歇尔试件约4 050g)。当已知沥青混合料的密度时,可根据试件的标准尺寸计算并乘以1.03得到要求的混合料数量。当一次拌和几个试件时,宜将其倒入经预热的金属盘中,用小铲适当拌和均匀分成几份,分别取用。在试件制作过程中,为防止混合料温度下降,应连盘放在烘箱中保温。

②从烘箱中取出预热的试模及套筒,用沾有少许黄油的棉纱擦拭套筒、底座及击实锤底面。将试模装在底座上,垫一张圆形的吸油性小的纸,按四分法从4个方向用小铲将混合料铲入试模中,用插刀或大螺丝刀沿周边插捣15次,中间10次。插捣后将沥青混合料表面整平成凸圆弧面。对大型马歇尔试件,混合料分2次加入,每次插捣次数同上。

③插入温度计,至混合料中心附近,检查混合料温度。

④待混合料温度符合要求的压实温度后,将试模连同底座一起放在击实台上固定。在装

好的混合料上面垫一张吸油性小的圆纸，再将装有击实锤及导向棒的压实头插入试模中，然后开启电动机或人工将击实锤从457mm的高度自由落下击实规定的次数(75、50或35次)。对大型马歇尔试件，击实次数为75次(相应于标准击实50次的情况)或112次(相应于标准击实75次的情况)。

⑤试件击实一面后，取下套筒，将试模掉头，装上套筒，然后以同样的方法和次数击实另一面。

⑥试件击实结束后，立即用镊子取掉上下面的纸，用卡尺量取试模上口的高度并由此计算试件高度，如高度不符合要求时，应作废，并按下式确定调整后混合料质量，以保证高度符合63.5mm ±1.3mm(标准试件)或95.3mm ±2.5mm(大型试件)的要求。

调整后混合料质量=(要求试件高度×原用混合质量)/(所得试件的高度)

(3)卸去套筒和底座，将装有试件的试模横向放置，冷却至室温后(不少于12h)，置于脱模机上脱出试件。

四、结果整理

(1)将试件仔细置于干燥洁净的平面上，供试验用。

(2)根据要求完成一份沥青混合料试件制作方法(击实法)实训报告。

重点提示

(1)沥青混合料试件制作时的矿料规格及试件数量应符合如下基本要求：

①试件直径不小于集料最大粒径的4倍，厚度不小于集料最大粒径的1~1.5倍。对直径101.6mm的试件，集料最大粒径不大于26.5mm.

②试验室成型一组试件的数量不得少于4个，必要时宜增加至5~6个。

(2)用拌和厂及施工现场采集的拌和沥青混合料成品试样，制作直径101.6mm的试件时，按下列规定选不同的方法和试件的数量：

①当集料最大粒径小于或等于26.5mm时，可直接取样，一组试件的数量通常为4个。

②当集料最大粒径大于26.5mm但不大于31.5mm时，宜将大于26.5mm的集料筛除后使用，一组试件的数量仍为4个。

③当集料最大粒径大于31.5mm时，必须用过筛法试验，过筛的筛孔为26.5mm，一组试件的数量仍为4个。

思考题

1. 试验室人工配制沥青混合料时集料应如何制备？
2. 如何采集沥青试样？加热石油沥青的过程中应注意什么？
3. 如何拌制黏稠石油沥青混合料？
4. 如何成型沥青混合料试件？

实训二　沥青混合料马歇尔稳定度试验

基本操作技能

一、目的与适用范围

(1)本方法适用于马歇尔稳定度试验和浸水马歇尔稳定度试验，以进行沥青混合料的配合比设计或沥青路面施工质量检验。浸水马歇尔稳定度试验(根据需要,也可进行真空饱水马歇尔试验)供检验沥青混合料受水损害时抵抗剥落的能力时使用,通过测试其水稳定性检验配合比设计的可行性。

(2)本方法适用于标准马歇尔试件圆柱体和大型马歇尔试件圆柱体。

二、仪器设备

(1)沥青混合料马歇尔试验仪:符合国家标准《沥青混合料马歇尔试验仪》(JT/T 19—2006)技术要求的产品,对用于高速公路和一级公路的沥青混合料宜采用自动马歇尔试验仪,用计算机或 x—Y 记录仪记录荷载—位移曲线,并具有自动测定荷载与试件垂直变形的传感器、位移计,能自动显示或打印试验结果。对标准马歇尔试件,试验仪最大荷载不小于 25kN,测定精度为 100N,加载速率应能保持 50mm/min ± 5mm/min。钢球直径 16mm,上下压头曲率半径为 50.8mm。当采用大型马歇尔试件时,试验仪最大荷载不得小于 50kN,读数准确度为 100N。上下压头的曲率内径为 152.4mm ±0.2mm,上下压头间距为 19.05mm ±0.1mm。

(2)恒温水槽:控温准确度为 1℃,深度不小于 150mm。

(3)真空饱水容器:包括真空泵及真空干燥器。

(4)烘箱。

(5)天平:感量不大于 0.1g。

(6)温度计:分度为 1℃。

(7)其他:棉纱、黄油、卡尺。

三、试验方法与步骤

1. 标准马歇尔试验方法

1)试验准备

(1)按标准击实法成型马歇尔试件,标准马歇尔试件的尺寸应符合直径 101.6mm ± 0.2mm、高 63.5mm ± 1.3mm 的要求。对大型马歇尔试件,尺寸应符合直径 152.4mm ± 0.2mm、高 95.3mm ± 2.5mm 的要求。一组试件的数量不得少于 4 个,并符合规定。

(2)测量试件的直径及高度:用卡尺测量试件中部的直径,用马歇尔试件高度测定器或用卡尺在.十字对称的 4 个方向测离试件边缘 10mm 处的高度,准确至 0.1mm,并以其平均值作为试件的高度。如试件高度不符合 63.5mm ± 1.3mm 或 95.3mm ± 2.5mm 要求或两侧高度差大于 2mm 时,此试件作废。

(3)按本规程规定的方法测定试件的密度、空隙率、沥青体积百分率、沥青饱和度、矿料间隙率等物理指标。

(4)将恒温水槽调节至要求的试验温度,对黏稠石油沥青或烘箱养生过的乳化沥青混合料为 600℃ ±10℃,对煤沥青混合料为 33.8℃ ±1℃。

2)试验步骤

(1)将试件置于已达规定温度的恒温水槽中保温,保温时间对标准马歇尔试件需 30 ~ 40min,对大型马歇尔试件需 45 ~60min。试件之间应有间隔,底下应垫起,离容器底部不小于 5cm。

(2)将马歇尔试验仪的上下压头放入水槽或烘箱中达到同样温度,将上下压头从水槽或烘箱中取出擦拭干净内面。为使上下压头滑动自如,可在下压头的导棒上涂少量黄油,再将试件取出置于下压头上,盖上上压头,然后装在加载设备上。

(3)在上压头的球座上放妥钢球,并对准荷载测定装置的压头。

(4)当采用自动马歇尔试验仪时,将自动马歇尔试验仪的压力传感器、位移传感器与计算机或 $X—Y$ 记录仪正确连接,调整好适宜的放大比例。调整好计算机程序或 $X—Y$ 记录仪的记录笔对准原点。

(5)当采用压力环和流值计时,将流值计安装在导棒上,将导向套管轻轻地压住上压头,同时将流值计读数调零。调整压力环中百分表对零。

(6)启动加载设备,使试件承受荷载,加载速度为(50±5)mm/min。计算机或 $X—Y$ 记录仪自动记录传感器压力和试件变形曲线,并将数据自动存入计算机。

(7)当试验荷载达到最大值的瞬间,取下流值计,同时读取压力环中百分表读数及流值计的流值读数。

(8)从恒温水槽中取出试件至测出最大荷载值的时间不得超过30s。

2. 浸水马歇尔试验方法

浸水马歇尔试验方法与标准马歇尔试验方法的不同之处在于,试件在已达规定温度恒温水槽中的保温时间为48h,其余均与标准马歇尔试验方法相同。

四、结果整理

1. 计算

(1)试件的稳定度及流值。

①当采用自动马歇尔试验仪时,将计算机采集的数据绘制成压力和试件变形曲线,求由 $X—Y$ 记录仪自动记录的荷载—变形曲线。曲线上最大荷载为稳定度(MS),以kN计,准确到0.01kN;曲线上相应于荷载最大值时的变形作为流值(FL),以mm计,准确到0.1mm。

②采用压力环和流值计测定时,根据压力环标定曲线,将压力环中百分表的读数换算为荷载值,或者由荷载测定装置读取的最大值即为试样的稳定度(MS),以kN计,准确至0.01kN。由流值计及位移传感器测定装置读取的试件垂直变形,即为试件的流值(FL),以mm计,准确至0.1mm。

(2)试件的马歇尔模数按下式计算:

$$T = \frac{\mathrm{MS}}{\mathrm{FL}} \tag{11-7}$$

式中 T——试件的马歇尔模数(kN/mm);

MS——试件的稳定度(kN);

FL——试件的流值(mm)。

2. 报告

(1)当一组测定值中某个测定值与平均值之差大于标准差的 k 倍时,该测定值应予舍弃,并以其余测定值的平均值作为试验结果。当试件数目 n 为3、4、5、6个时,k 值分别为1.15、1.46、1.67、1.82。

(2)采用自动马歇尔试验时,试验结果应附上荷载—变形曲线原件或自动打印结果,并报告马歇尔稳定度、流值、马歇尔模数等指标。

重点提示

对标准马歇尔试件,试验仪最大荷载不小于25kN,测定精度为100N,加载速率应能保持50mm/min±5mm/min。当采用大型马歇尔试件时,试验仪最大荷载不得小于50kN,读数准确度为100N。

思考题

1. 浸水马歇尔稳定度试验的作用是什么？

2. 沥青混合料的密度、空隙率、沥青体积百分率、沥青饱和度、矿料间隙率等物理指标如何测定？有何作用？

实训三　沥青混合料中沥青含量试验

基本操作技能

一、目的与适用范围

本方法采用离心分离法测定黏稠石油沥青拌制的沥青混合料中沥青含量（或油石质量）。此法也适用于旧路调查时检测沥青混合料的沥青用量，用此法回收沥青，以评定沥青的老化性质。

二、仪器设备

（1）离心抽提仪。

（2）圆环形滤纸。

（3）回收瓶：容量 1 700mL 以上。

（4）压力过滤装置。

（5）天平：感量不大于 0.01g、1mg 的天平各 1 台。

（6）量筒：最小分度 1mL。

（7）电烘箱：装有温度自动调节器。

（8）三氯乙烯：工业用。

（9）碳酸铵饱和溶液：供燃烧法测定滤纸中的矿粉含量用。

（10）其他：小铲、金属盘、大烧杯等。

三、试验方法与步骤

1. 试验准备

（1）沥青混合料取样方法：在拌和厂从运料卡车获取沥青混合料试样，放在金属盘中适当拌和，待温度稍下降至 100℃以下时，用大烧杯取混合料试样质量 1 000 ~ 1 500g 左右（粗粒式沥青混合料用高限，细粒式用低限，中粒式用中值），准确至 0.1g。

（2）如果试样是路上用钻机法或切割法取得的，应用电风扇吹风使其完全干燥，置微波炉或烘箱中适当加热成松散状态取样，但不得用锤击以防集料破碎。

2. 试验步骤

（1）向装有试样的烧杯中注入三氯乙烯溶剂，将其浸没，浸泡 30min，用玻璃棒适当搅动混合料，使沥青充分溶解。

（2）将混合料及溶液倒入离心分离器，用少量溶剂将烧杯及玻璃棒上的黏附物全部洗入分离容器中。

（3）称取洁净的圆环滤纸质量，准确至 0.01g。注意，滤纸不宜多次反复使用，有破损者不能使用，有石粉黏附者应用毛刷清除干净。

（4）将滤纸垫在分离器边缘上，加盖紧固，在分离器出口处放上回收瓶，上口应注意密封，防止流出液成雾状散失。

(5)开动离心机，转速逐渐增至3 000r/min，沥青溶液通过排出口注入回收瓶中，待流出停止后停机。

(6)从上盖的孔中加入新溶剂，数量大体相同，稍停3～5min后，重复上述操作，如此数次直到流出的抽提液成清澈的淡黄色为止。

(7)卸下上盖，取下圆环形滤纸，在通风橱或室内空气中蒸发干燥，然后放入105℃±5℃的烘箱中干燥，称取质量，其增重部分(m)为矿粉的一部分。

(8)将容器中的集料仔细取出，在通风橱或室内空气中蒸发后放入105℃±5℃烘箱中烘干(一般需4h)，然后放入干燥器中冷却至室温，称取集料质量(m_1)。

(9)用压力过滤器过滤回收瓶中的沥青溶液，由滤纸的增重m_3得出泄漏入滤液中矿粉，如无压力过滤器时，也可用燃烧法测定。

(10)用燃烧法测定抽提液中矿粉质量的步骤如下：

①将回收瓶中的抽提液倒入量筒中，准确定量至mL。

②充分搅匀抽提液，取出10mL(V_b)放入坩埚中，在热浴上适当加热使溶液试样变成暗黑色后，置高温炉(500～600℃)中烧成残渣，取出坩埚冷却。

③按每1g残渣5mL的用量比例，向坩埚中注入碳酸铵饱和溶液，静置1h，放入105℃±5℃烘箱中干燥。

④取出放在干燥器中冷却，称取残渣质量(m_4)，准确至1mg。

四、结果整理

(1)沥青混合料中矿料的总质量按式(11-8)计算。

$$m_a = m_1 + m_2 + m_3 \tag{11-8}$$

式中：m_a——沥青混合料中矿料部分的总质量(g)；

m_1——容器中留下的集料干燥质量(g)；

m_2——圆环形滤纸在试验前后的增重(g)；

m_3——泄漏入抽提液中的矿粉质量(g)。

用燃烧法时可按式(11-9)计算。

$$m_3 = m_4 \times V_a/V_b \tag{11-9}$$

式中：V_a——抽提液的总量(mL)；

V_b——取出的燃烧干燥的抽提液数量(mL)；

m_4——坩埚中燃烧干燥的残渣质量(g)。

(2)沥青混合料中的沥青含量按式(11-10)计算。

$$P_b = (m - m_a)/m \tag{11-10}$$

式中：m——沥青混合料的总质量(g)；

P_b——沥青混合料的沥青含量(%)。

油石比按下式计算：

$$P_a = (m - m_a)/m_a \tag{11-11}$$

式中：P_a——沥青混合料的油石比(%)。

(3)同一沥青混合料试样至少平行试验2次，取平均值作为试验结果，2次试验结果的差值应小于0.3%。当大于0.3%但小于0.5%时，应补充平行试验1次，以3次试验的平均值作为试验结果，3次试验的最大值与最小值之差不得大于0.5%。

(4)根据试验完成沥青混合料中沥青含量试验(离心分离法)实训报告。

重点提示

(1)如果试样是路上用钻机法或切割法取得的,应用电风扇吹风使其完全干燥,置微波炉或烘箱中适当加热成松散状态取样,但不得用锤击以防集料破碎。

(2)注意,试验中滤纸不宜多次反复使用,有破损者不能使用,有石粉黏附者应用毛刷清除干净。

思考题

1. 如何确定制作沥青混合料试件的拌和与压实温度?
2. 浸水马歇尔试验的目的是什么?与标准马歇尔试验方法有何不同?
3. 如何确定马歇尔稳定度、流值、马歇尔模数3个指标?
4. 如何用燃烧法测定抽提液中矿粉质量?
5. 试验中如何使沥青混合料中的沥青充分溶解?

【章节自测题】

一、名词解释

1. 沥青混合料的高温稳定性
2. 稳定度
3. 马歇尔模数
4. 空隙率

二、填空题

1. 沥青混合料的组成结构有(　　)、(　　)、(　　),其技术性质包括(　　)、(　　)、(　　)、(　　)4个方面。

2. 测定沥青温度稳定性的指标有(　　)、(　　)。

3. 影响沥青混合料耐久性的主要因素有(　　)、(　　)、(　　)、(　　)等。只有当(　　)、(　　)、(　　)这些技术指标均应达到规范的要求,才能说明沥青混合料的耐久性合格。

4. 影响混合料施工和易性的主要因素是(　　)和(　　)。

5. 评定沥青混合料的高温稳定性最普遍采用的方法是(　　)试验,测定的指标是(　　)和(　　)。

6. 在沥青混合料的马歇尔试验中所测得的最大破坏荷载称为(　　),而达到最大破坏荷载时试件的垂直变形则称为(　　)。

7. 沥青混合料按矿料最大粒径可分为(　　)、(　　)、(　　)、(　　)、(　　)。

8. 随着沥青的黏度提高,沥青混合料的抗剪强度将(　　)。

9. 影响沥青混合料抗剪强度的两个重要参数是(　　)和(　　)。

10. 我国现行规范采用(　　)、(　　)、(　　)等指标来表征沥青混合料的综合性能。

三、选择题(单项或多项)

1. 改善沥青与集料黏附性的方法是(　　)。

A. 掺加高效抗剥剂

B. 掺加无机类材料,活化集料表面

C. 掺加有机酸类，提高沥青活性

D. 掺加重金属皂类，降低沥青与集料的界面张力

2. 沥青混合料的黏聚力是随着沥青黏度的提高而(　　)。

A. 增加　B. 减小　C. 无相关关系　D. 不变

3. 沥青混合料的抗剪强度可通过(　　)方法应用莫尔—库仑包络线方程求得。

A. 磨耗试验　B. 三轴试验　C. 标准黏度计法　D. 以上均不是

4. 沥青混合料的强度形成与矿料中(　　)的用量关系最密切。

A. 细集料　B. 粗集料　C. 沥青　D. 填料

5. 沥青混合料的组成结构类型有(　　)。

A. 密实结构　B. 密实—悬浮结构

C. 骨架—空隙结构　D. 骨架—密实结构

6. 矿料之间以(　　)黏结，黏聚力大。

A. 石油沥青　B. 乳化沥青

C. 自由沥青　D. 结构沥青

四、判断题

1. 沥青混合料空隙率愈小，越密实，路用性能越好。(　　)

2. 马歇尔稳定度试验时的温度越高，则稳定度越大，流值越小。(　　)

3. 路用矿质混合料应满足最大空隙率和最大摩阻力的要求。(　　)

4. 沥青混合料的耐久性是用密实度来表示的，密实度越大耐久性也越好。(　　)

5. 在沥青混合料中加入矿粉的目的是提高混合料的密实度和增大矿料的比表面积。(　　)

6. 连续密级配的沥青混合料的黏聚力和内摩阻角都较小。(　　)

7. 道路石油沥青，用酸性矿料比用碱性矿料要好。(　　)

8. 在配制沥青混合料时，应控制沥青用量，使混合料能多形成结构沥青，减少自由沥青。(　　)

9. 沥青混合料中，沥青含量越高，则沥青混合料的抗剪强度越大。(　　)

10. 沥青混合料中沥青用量越大，沥青与矿料间所形成的黏结力越大。(　　)

11. 我国现行规范采用空隙率、沥青饱和度和残留稳定度等指标来表征沥青混合料的耐久性。(　　)

12. 马歇尔稳定度试验时的温度愈高，则稳定度愈大，流值愈小。(　　)

13. 沥青混合料最理想的路用结构类型是悬浮—密实结构。(　　)

14. 路用矿质混合料应满足最小空隙率和最大摩阻力的要求。(　　)

15. 沥青混合料的高温稳定性，随着用油量的增加而提高。(　　)

16. 为保证沥青混合料的强度，应优先选择碱性石料。(　　)

17. 沥青混合料空隙率越小，越密实，其路用性能越好。(　　)

五、简答题

1. 简述沥青混合料中的最佳沥青用量如何确定？

2. 如何提高沥青混合料的热稳定性？

3. 沥青混凝土混合料与沥青碎石混合料材料组成有何不同？

4. 沥青混合料的抗剪强度取决于哪两个值，这两个值与哪些因素有关？

章节自测题参考答案

一、名词解释

1. 沥青混合料的高温稳定性:混合料在高温情况下,经车辆荷载长期作用,不产生车辙和波浪等病害,抵抗永久变形的性能。取决于高温时沥青混合料的抗剪切能力。

2. 稳定度:标准尺寸试件在规定温度和加荷速度下,在马歇尔仪中最大的破坏荷载(kN)。

3. 马歇尔模数:为稳定度和流值的比值。

4. 空隙率:沥青混合料的空隙率是指压实沥青混合料内矿料及沥青以外的空隙的体积占沥青混合料总体积的百分率,它是由理论密度和实测密度求得。

二、填空题

1. 密实—悬浮结构、骨架—空隙结构、密实—骨架结构、高温稳定性、低温抗裂性、耐久性、施工和易性　2. 软化点、脆点　3. 沥青与集料的性质、沥青的用量、沥青混合料的压实度、空隙率、空隙率、饱和度、残留稳定度　4. 矿料级配、沥青用量　5. 马歇尔稳定度、稳定度、流值　6. 稳定度、流值　7. 特粗式、粗粒式、中粒式、细粒式、砂粒式　8. 增加　9. 黏聚力、内摩阻角　10. 空隙率、沥青饱和度、残留稳定度

三、选择题(单项或多项)

1. ABCD　2. A　3. B　4. D　5. BCD　6. D

四、判断题

1. ×　2. ×　3. ×　4. √　5. √　6. ×　7. ×　8. √　9. ×　10. ×
11. √　12. ×　13. ×　14. √　15. ×　16. √　17. ×

五、简答题

1. **答:**把符合要求的矿料与沥青材料进行试拌,至少选择5种沥青用量。一般每组沥青用量相差0.5%,每组分别制备3个试件,测定其稳定度、流值、空隙率、密度等指标,并绘制各技术指标与沥青用量关系图,确定出符合全部技术指标的沥青用量范围值,最佳沥青用量一般采用中值。

2. **答:**提高沥青混合料高温稳定性主要从改善沥青性能(包括采用外掺剂)和材料适当配合比着手,以提高混合料的内摩阻力和黏结力。具体方法有:

(1)采用高稠度沥青。

(2)控制沥青最佳用量。

(3)采用碱性矿粉。

(4)掺外掺剂。

(5)增加粗集料用量。

(6)采用表面粗糙有棱角的集料。

3. **答:**沥青碎石混合料由沥青和一定级配颗粒的矿料组成,它很少或没有矿粉成分,粗集料较多,空隙率大于10%。沥青混凝土对矿料的级配提高严格的要求,矿质混合料中粗粒料含量较少,一般由大小不同粒径的石料、砂、矿粉按最佳级配原则与适量的沥青材料拌和而成,空隙率在10%以下。

4. **答:**沥青混合料的抗剪强度决定于沥青混合料的内摩擦角 φ 和黏聚力 c。影响沥青混合料抗剪强度的因素有:

(1)沥青的黏度:黏聚力 c 随着沥青黏度的提高而增加,同时内摩擦角 φ 随着沥青黏度的

提高而稍有增加。

(2)沥青与矿料之间的吸附作用。

(3)沥青与矿料之间的用量比例。

(4)矿料的级配类型、表面性质、粒度等对沥青混合料抗剪强度的影响:矿料表面粗糙有棱角且接近正立方体时,沥青混合料抗剪强度高。

(5)温度及加荷速度对沥青混合料抗剪强度的影响:温度升高,黏聚力值减小,而变形能力增强。加荷频率高,可使沥青混合料产生过大的应力和塑性变形,弹性恢复很慢,产生不可恢复的永久变形。

第十二章　综合实训课题

一、路面结构材料设计

1. 基本资料

某高速公路路面工程，路面结构方案如图12-1所示。

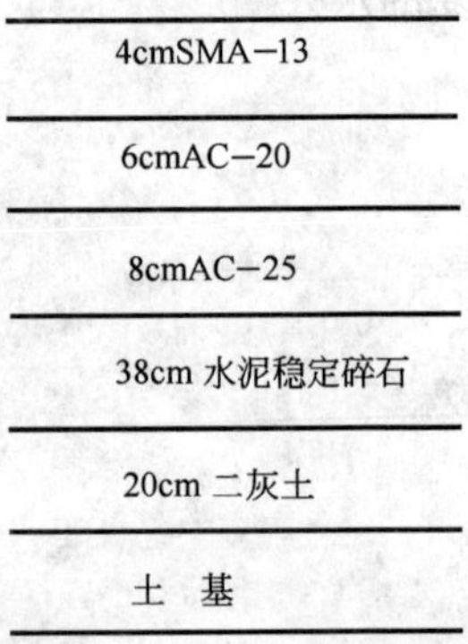

2. 水泥稳定碎石基层原材料

(1)集料：石灰岩，各种矿料的筛分结果列于表12-1，矿料压碎值结果列于表12-2。

(2)水泥：普通硅酸盐水泥，强度等级32.5。

3. 上面层SMA—13沥青混合料原材料

(1)集料：光明石料厂玄武岩集料及机制砂，根据《公路工程集料试验规程》(JTG E42—2005)粗集料及集料混合料的筛分试验(T0302—2005)和矿粉筛分试验(水洗法)(T0351—2000)，对各档集料进行筛分试验，试验结果见表12-3。

图12-1　某高速公路路面结构方案

矿料筛分结果(各筛孔通过质量百分率，%)　　表12-1

筛孔(mm) \ 矿料	1　号	2　号	3　号	4　号
31.5	100	100	100	100
26.5	67.42	100	100	100
19	19.69	100	100	100
9.5	0.44	25.11	97.55	100
4.75	0.44	1.13	15.17	99.31
2.36	0.44	0.52	1.26	74.73
0.6	0.44	0.52	0.59	37.13
0.075	0.44	0.52	0.59	10.26

矿料压碎值结果　　表12-2

	压碎前质量(g)	压碎后筛上质量(g)	压碎值(%)	规范要求(%)
矿料	3 000	347	11.57	不大于30

各种矿料和矿粉的筛分结果　　表12-3

筛孔(mm) \ 规格(mm)	1号 10～15	2号 5～10	3号 0～3	矿　粉
16	100	100	100	100
13.2	89.25	100	100	100
9.5	6.67	99.30	100	100
4.75	0.19	7.34	100	100

续上表

规格(mm) 筛孔(mm)	1号 10~15	2号 5~10	3号 0~3	矿粉
2.36	0.19	0.83	91.693 7	100
1.18	0.19	0.83	69.576 9	100
0.6	0.19	0.83	45.308 6	100
0.3	0.19	0.83	24.643 1	99.88
0.15	0.19	0.83	13.735	97.53
0.075	0.19	0.83	4.228 12	81.96

(2)矿粉:石灰岩矿粉。

(3)沥青:壳牌 SBS 改性沥青。

(4)纤维:美国英特公司路纤维牌木质素纤维,掺量为混合料质量的 0.3%。

采用网篮法(T0304—2005)对 1 号料、2 号料以及 3 号料中 2.36mm(含)以上部分的集料进行密度和吸水率测试,根据细集料密度及吸水率试验(T0330—2005)对 3 号料中 2.36mm 以下部分进行密度和吸水率测试(3 号料的密度和吸水率采用体积合成的方法)。采用李氏比重瓶法对矿粉密度进行测试,各种集料、矿粉、纤维及沥青的密度试验结果见表 12-4、表 12-5 和表 12-6。

集料密度试验结果 表 12-4

材料	1号	2号	3号	矿粉
规格(mm)	10~15	5~10	0~3	—
表观相对密度 γ_a(g/cm^3)	2.944	2.965	2.679	2.688
毛体积相对密度 γ_b(g/cm^3)	2.907	2.898	2.640	—
集料吸水率 w_x(%)	0.425	0.783	0.60	—

沥青密度试验结果表 表 12-5

材料	密度(g/cm^3)
壳牌 SBS 改性沥青	1.031

纤维密度 表 12-6

材料	密度(g/cm^3)
美国英特公司路纤维牌木质素纤维	1.260

考虑沥青与集料的黏附性问题,进行了粗集料黏附性试验,试验结果为剥落 5%(目测),评价等级为四级。并且做集料压碎值试验,压碎值为 9.23%。

4. 中面层 AC—20 沥青混合料原材料

集料:石灰岩;矿粉:玄武岩矿粉;沥青:SBS 改性沥青。各种集料、矿粉及沥青的密度试验结果列于表 12-7 和表 12-8,各种矿料及矿粉的筛分结果见表 12-9。

集料密度试验结果 表 12-7

材料	1号	2号	3号	4号	5号	矿粉
规格(mm)	10~30	10~20	5~10	3~5	0~3	—
表观相对密度 γ_a(g/cm^3)	2.809	2.803	2.795	2.779	2.724	2.609
毛体积相对密度 γ_b(g/cm^3)	2.776	2.771	2.751	2.717	2.669	—
集料吸水率 w_x(%)	0.412	0.444	0.575	0.815	0.767	—

沥青密度试验结果表

表 12-8

材　料	密度(g/cm³)
SBS 改性沥青	1.030

各种矿料和矿粉的筛分结果

表 12-9

筛孔(mm) \ 规格(mm)	1 号 10~30	2 号 10~20	3 号 5~10	4 号 3~5	5 号 0~3	矿粉
31.5	100	100	100	100	100	100
26.5	73.80	100	100	100	100	100
19	0.64	81.63	100	100	100	100
16	0.11	56.99	100	100	100	100
13.2	0.11	34.96	100	100	100	100
9.5	0.11	4.02	98.15	100	100	100
4.75	0.11	0.20	5.65	98.05	100	100
2.36	0.11	0.20	0.25	3.93	80.87	100
1.18	0.11	0.20	0.25	0.63	52.73	100
0.6	0.11	0.20	0.25	0.63	33.05	100
0.3	0.11	0.20	0.25	0.63	20.93	98.98
0.15	0.11	0.20	0.25	0.63	13.47	94.83
0.075	0.11	0.20	0.25	0.63	9.96	86.50

5. 下面层 AC—25 沥青混合料原材料

集料：巢湖汇鑫料场石灰岩，根据《公路工程集料试验规程》(JTG E42—2005)粗集料及集料混合料的筛分试验(T0302—2005)和矿粉筛分试验(水洗法)(T0351—2000)，各档集料进行筛分试验，试验结果见表 12-10。

各种矿料和矿粉的筛分结果

表 12-10

筛孔(mm) \ 规格(mm)	1 号 10~30	2 号 10~20	3 号 5~10	4 号 3~5	5 号 0~3	矿粉
31.5	100	100	100	100	100	100
26.5	93.39	100	100	100	100	100
19	22.52	100.00	100	100	100	100
16	4.17	95.37	100	100	100	100
13.2	0.49	62.85	100	100	100	100
9.5	0.19	8.32	94.65	100	100	100
4.75	0.19	0.25	12.81	94.92	100	100
2.36	0.19	0.25	0.63	20.41	81.34	100
1.18	0.19	0.25	0.53	7.23	54.23	100
0.6	0.19	0.25	0.53	3.13	30.37	100
0.3	0.19	0.25	0.53	3.13	16.61	99.63
0.15	0.19	0.25	0.53	3.13	10.86	97.83

续上表

规格(mm) 筛孔(mm)	1号 10~30	2号 10~20	3号 5~10	4号 3~5	5号 0~3	矿粉
0.075	0.19	0.25	0.53	3.13	7.05	87.08
2.36	0.4	0.2	0.2	20.0	83.0	100
1.18	0.4	0.2	0.2	8.2	56.8	100
0.6	0.4	0.2	0.2	4.0	32.9	100
0.3	0.4	0.2	0.2	2.6	18.1	99.0
0.15	0.4	0.2	0.2	2.2	13.9	95.0
0.075	0.1	0.2	0.2	1.8	9.8	89.0

采用网篮法(T0304—2005)对1号料、2号料、3号料以及4号料和5号料中2.36mm(含)以上部分的集料进行密度和吸水率测试,根据细集料密度及吸水率试验(T0330—2005)对4号料和5号料中2.36mm以下部分进行密度和吸水率测试。(4号料和5号料的密度和吸水率采用体积合成的方法)采用李氏比重瓶法对矿粉密度进行测试,各种集料、矿粉及沥青的密度试验结果见表12-11和表12-12。

矿粉:巢湖汇鑫料场石灰岩矿粉;沥青:韩国SK—70沥青。

集料密度试验结果 表12-11

材　　料	1号	2号	3号	4号	5号	矿粉
规格(mm)	10~30	10~20	5~10	3~5	0~3	—
表观相对密度 γ_a(g/cm^3)	2.708	2.709	2.710	2.707	2.698	2.681
毛体积相对密度 γ_b(g/cm^3)	2.691	2.683	2.671	2.664	2.639	—
集料吸水率 w_x(%)	0.229	0.360	0.530	0.604	0.840	—

6.设计任务与内容

对路面各结构层材料进行配合比设计,并对设计配合比进行验证试验,确定工程设计级配及目标配合比。

沥青密度试验结果表 表12-12

材　　料	密度(g/cm^3)
韩国SK—70沥青	1.031

7.设计依据及标准

(1)《公路沥青路面施工技术规范》(JTG F40—2004)。

(2)《公路工程集料试验规程》(JTG E42—2005)。

(3)《公路工程沥青及沥青混合料试验规程》(JTJ 052—2000)。

(4)《公路工程无机结合料稳定材料试验规程》(JTJ 057—94)。

(5)《公路路面基层施工技术规范》(JTJ 034—2000)。

二、水泥稳定级配碎石混合料组成设计

1.掌握水泥稳定材料的基础知识

1)基本概念

水泥稳定土包括水泥稳定碎石、砂砾、土等多种材料,是水泥稳定类基层的总称,水泥土是水泥稳定细粒土(黏土、粉土、黄土等)的总称。

水泥稳定级配碎石混合料组成设计在粉碎或原状松散土中,掺入适量水泥和水,按技术要求进行拌和、摊铺,在最佳含水率时进行压实和养护成型,使其抗压强度符合要求,该类基层称

为水泥稳定类基层。

2）特点

水泥可用来稳定绝大多数的土类（高塑性黏土和有机质较多的土除外），改善其物理力学性质。其特点是：

(1)水泥稳定类基层具有良好的整体性，稳定性好，抗冲刷能力强等优点。

(2)水泥稳定类基层足够的力学强度、抗水性和耐冻性。

(3)水泥稳定类基层初期强度较高，且随龄期增长而增长，应用范围很广。

3）应用

水泥稳定类一般可用于路面结构的基层和底基层，但水泥土禁止作为高速公路或一级公路路面的基层，只能用作底基层，广泛用于我国高等级公路的基层与底基层存在问题 。

2. 水泥稳定土混合料设计过程及步骤

1）确定水泥稳定碎石级配范围

根据规范《公路工程无机结合料稳定材料试验规程》（JTJ 057—1994）及《公路工程集料试验规程》（JTG E42—2005）要求，本次设计水泥稳定级配碎石的颗粒组成应在表12-13 所列3 号级配范围内。

水泥稳定碎石的颗粒组成范围 表12-13

通过质量百分率(%) 编号 项目		1	2	3
筛孔尺寸(mm)	37.5	100	100	
	31.5		90~100	100
	26.5			90~100
	19		67~90	72~89
	9.5		45~68	47~67
	4.75	50~100	29~50	29~49
	2.36		18~38	17~35
	0.6	17~100	8~22	8~22
	0.075	0~30	0~7①	0~7①
液限(%)				<28
塑性指数				<9

2）混合料级配选择

依据规范《公路沥青路面施工技术规范》（JTG F40—2004）的要求，根据为矿料筛分结果进行级配合成，确定各档集料的比例及合成级配，计算结果列于表12-14。并依据计算结果绘制水泥稳定级配碎石设计级配曲线图，如图12-2 所示。

矿料筛分结果及级配合成结果（质量通过百分率，%） 表12-14

矿料 筛孔(mm)	1号	2号	3号	4号	合成级配	中值	范围
31.5	100	100	100	100		100	100
26.5	67.42	100	100	100		95	90~100

续上表

筛孔(mm) \ 矿料	1号	2号	3号	4号	合成级配	中值	范围
19	19.69	100	100	100		80.5	72~89
9.5	0.44	25.11	97.55	100		57	47~67
4.75	0.44	1.13	15.17	99.31		39	29~49
2.36	0.44	0.52	1.26	74.73		26	17~35
0.6	0.44	0.52	0.59	37.13		15	8~22
0.075	0.44	0.52	0.59	10.26		3.5	0~7
配比						—	—

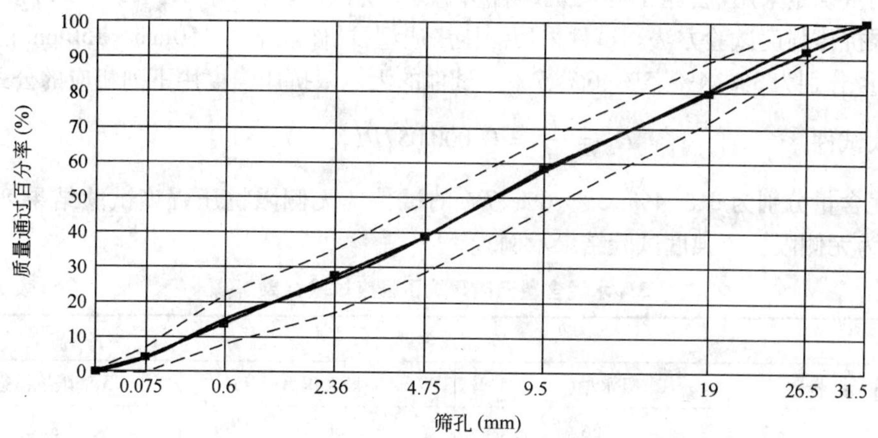

图 12-2　水泥稳定级配碎石设计级配曲线示例图

3)混合料最佳含水率及最大干密度确定

根据规范《公路工程无机结合料稳定材料试验规程》(JTJ 057—94)无机结合料稳定土的击实试验(T0804—94)确定混合料最佳含水率及最大干密度。击实时确定水泥剂量分别为3%、5%、7%(水泥剂量4%及6%的最佳含水率及最大干密度按插值取得),含水率分别为4%、5%、6%、7%、8%。根据击实试验结果绘制水泥含量击实试验曲线图,如图12-3所示。

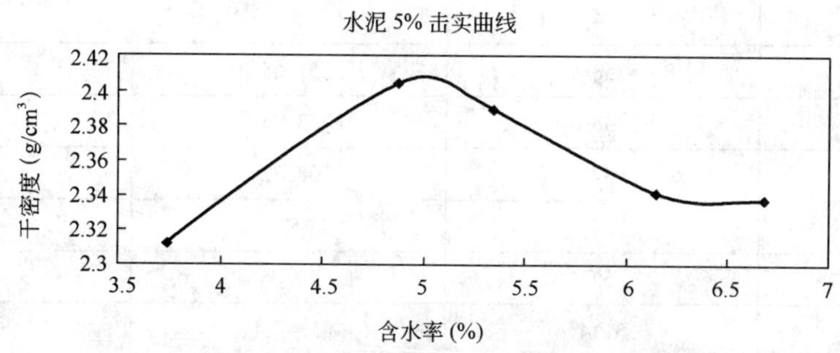

图 12-3　5%水泥含量击实试验曲线示例图

根据3%、5%、7%水泥剂量的标准击实试验结果,绘制不同水泥含量最大干密度曲线和不同水泥含量最佳含水率曲线图,得到4%和6%水泥含量的最大干密度和最佳含水率,要求结果见表12-15。

不同水泥剂量最大干密度及最佳含水率　　表 12-15

基层压实度要求	98%	碎石天然含水率	0.67%
水泥剂量	最大干密度(g/m^3)	最佳含水率(%)	水泥用量(g)
3%			
4%			
5%			
6%			
7%			

4)水泥剂量的确定

水泥剂量确定采用《公路工程无机结合料稳定材料试验规程》(JTJ 057—94)规定的 7d 浸水无侧限抗压强度试验方法。试件采用静压法成型,试件规格为 150mm × 150mm 的大型试件,水泥含量分别为 3%、4%、5%、6%、7%。试件的无侧限抗压强度用下列相应的公式计算:

对于大试件
$$R_c = \frac{P}{A} = 0.000\,057P(\mathrm{MPa}) \tag{12-1}$$

将水泥含量分别为 3%、4%、5%、6%、7% 的试件的无侧限抗压强度试验结果列于表中(表 12-16 为无侧限抗压强度试验结果示例)。

3%水泥含量无侧限抗压强度试验结果　　表 12-16

3%水泥含量			
试 件 编 号	吸水量(g)	试验最大压力(kN)	无侧限抗压强度
1	56	56.53	3.2
2	57	52.74	2.9
3	58	52.15	2.9
4	54	54.69	3.0
5	60	62.95	3.5
6	59	52.55	2.9
7	57	54.04	3.0
8	54	59	3.3
9	58	51.65	2.9
10	56	53.93	3.0
11	57	58.72	3.3
12	54	52	2.9
13	52	59.06	3.3
平均值	3.14	偏差系数	0.064
标准差	0.20	$R_{c0.95}$ ($= \overline{R}_c - 1.645S$)	2.80

5)确定设计结论

(1)根据《公路路面基层施工技术规范》(JTJ 034—2000)规范要求,水泥稳定土抗压强度标准见表 12-17。

水泥稳定土抗压强度标准　　表 12-17

分层＼公路等级	二级和二级以下公路	高速公路和一级公路
基层(MPa)	2.5~3	3~5
底基层(MPa)	1.5~2.0	1.5~2.5

注:设计累计标准轴次小于 12×10^6 的公路可采用低限值;设计累计标准轴次超过 12×10^6 的公路可用中值;主要行驶重载车辆的公路应用高限值。某一具体公路应采用一个值,而不是某一范围。如设计累计标准轴次小于 12×10^6,基层水泥剂量应取 4%;如设计累计标准轴次大于 12×10^6,基层水泥剂量应取 5%。

(2)采用施工现场石料对基层水泥稳定级配碎石进行了配合比设计,要求将得出设计结论矿料配合比及水泥剂量、水泥稳定级配碎石工程设计级配列于表 12-18、表 12-19 中。

矿料配合比及水泥剂量　　表 12-18

类　型	比例(%)				水泥剂量(%)
	1 号	2 号	3 号	4 号	
水泥稳定级配碎石					

注:如设计累计标准轴次小于 12×10^6,基层水泥剂量应取 4%;如设计累计标准轴次大于 12×10^6,基层水泥剂量应取 5%。

水泥稳定级配碎石工程设计级配　　表 12-19

下列各筛孔(mm)的质量通过率(%)							
31.5	26.5	19	9.5	4.75	2.36	0.6	0.075

三、上面层 SMA—13 沥青混合料配合比设计

1. 沥青混合料的补充知识

1)沥青混合料的定义及分类

沥青混合料是沥青混凝土混合料和沥青碎石混合料的总称,其中热拌沥青混合料(HMA)适用于各种等级公路的沥青路面。其种类按集料公称最大粒径、矿料级配、空隙率划分,分类见表 12-20。

热拌沥青混合料种类　　表 12-20

混合料类型	密级配			开级配		半开级配	公称最大粒径(mm)	最大粒径(mm)
	连续级配		间断级配	间断级配				
	沥青混凝土	沥青稳定碎石	沥青玛蹄脂碎石	排水式沥青磨耗层	排水式沥青碎石基层	沥青稳定碎石		
特粗式	—	ATB—40	—	—	ATPB—40	—	37.5	53.0
粗粒式	—	ATB—30	—	—	ATPB—30	—	31.5	37.5
	AC—25	ATB—25	—	—	ATPB—25	—	26.5	31.5
中粒式	AC—20	—	SMA—20	—	—	AM—20	19.0	26.5
	AC—16	—	SMA—16	OGFC—16	—	AM—16	16.0	19.0
细粒式	AC—13	—	SMA—13	OGFC—13	—	AM—13	13.2	16.0
	AC—10	—	SMA—10	OGFC—10	—	AM—10	9.5	13.2
砂粒式	AC—5	—	—	—	—	AM—5	4.75	9.5
设计空隙率(%)	3~5	3~6	3~4	>18	>18	6~12		

其中:(1)沥青混凝土混合料(简称 AC)——由适当比例的粗集料、细集料及填料与沥青在严格控制条件下拌和的沥青混合料。

(2)沥青碎石混合料(简称 AM)——由适当比例的粗集料、细集料及填料(或不加填料)与沥青拌和的沥青混合料。

(3)SMA 沥青混合料:SMA 是一种由优质沥青、纤维稳定剂、矿粉及少量的细集料组成的沥青玛蹄脂填充间断级配粗集料骨架间隙的一种新型沥青混合料,它的最基本的组成是碎石骨架和沥青玛蹄脂混合料两部分。

2)SMA 沥青混合料

(1)SMA 沥青混合料的特点如下:

由于我国大多数道路的沥青混合料是悬浮密实结构,因此密实度和强度都较大,但受沥青材料的性质和物理状态的影响较大,所以稳定性较差。加之我国国产沥青中含蜡量较高,高温稳定性更加受到影响,所以在现代重型汽车交通荷载作用下,路面容易因热稳性不足而产生车辙、波浪、推移等变形,从而影响其正常使用。而且由于沥青的温感性,又会产生低温裂缝、泛油等不易克服的病害问题。

SMA 沥青混合料由于其自身的特点而与我国现行的密级配沥青混合料在集料配比和沥青含量方面有所不同。SMA 沥青混合料与密级配沥青混合料相比,具有粗集料含量高、沥青含量高、矿粉含量高以及低的空隙率等特点。粗集料含量高,增加集料与集料的接触,提高了抵抗永久变形的能力;沥青含量高和矿粉用量多,增加沥青的黏结能力,提高了路面的耐久性;低空隙率减少水的渗入和混合料老化硬化。

(2)SMA 沥青混合料与 AC 沥青混合料的比较:

①SMA 的高温稳定性要明显优于 AC 的高温稳定性。

②SMA 的低温弯拉模量低于 AC,表明其低温柔韧性较好。

③SMA 的水稳定性要低于 AC,但能达到马歇尔残留稳定度 80% 的要求。

④SMA 的疲劳性能明显优于 AC。

(3)SMA 配合比设计的原则:

①使用强度高、立方体状集料。

②选择适当的级配保证粗集料间相互嵌挤。

③较多地使用沥青,空隙率为 4%。

④VMA 大于 17。

⑤析漏、飞散满足要求。

⑥满足高温稳定性要求。

⑦满足水稳性要求。

(4)SMA 沥青混合料对材料的要求:

①SMA 混合料因为是骨架密实结构,所以要求集料要有足够的硬度耐久性,因此不得使用易磨光或相对较纯的碳酸盐集料,在我国可采用玄武岩、耀长岩、片麻岩等。矿物填料应由石灰石粉或其他合适材料组成,使用时要求足够干燥,不得成团,能自由流动。

②沥青:沥青等级可使用本地区普通沥青混合料所用的沥青等级,也可使用略稠硬的沥青。

③纤维稳定添加剂。

SMA 混合料因沥青含量高和矿料用量大,在储存、运输和摊铺过程中,沥青和矿粉会产生滴漏和离析，所以纤维稳定剂的作用是防止沥青离析。并且纤维、沥青和填料共同组成高强度的玛蹄脂填充在集料之间，使路面结构十分稳定，不易变形。纤维的种类很多，如木质素纤维、矿物纤维、玻璃纤维、有机纤维等。研究表明，木质素纤维吸油量最大、防析漏效果最好。木质素纤维中又以松散的絮状纤维分散性、稳定性最佳。

(5)SMA 马歇尔试验配合比设计技术要求：

SMA 马歇尔试验配合比设计重点是矿料各部分级配，各种体积指标，沥青用量，而不是马歇尔稳定度和流值，这是与普通的密级配沥青混合料配合比设计的最大区别所在。其技术要求见表 12-21。

SMA 马歇尔试验配合比设计技术要求 表 12-21

试验项目	单位	技术要求		试验方法
		不使用改性沥青	使用改性沥青	
马歇尔试件尺寸	mm	ϕ101.6mm×63.5mm	T 0702	
马歇尔试件击实次数	—	两面击实 50 次	T 0702	
空隙率 VV	%	3~4	T 0705	
矿料间隙率 VMA，不小于	%	17.0	T 0705	
粗集料骨架间隙率 VCA_{mix}，不大于	—	VCA_{DRC}	T 0705	
沥青饱和度 VFA	%	75~85	T 0705	
稳定度，不小于	kN	5.5	6.0	T 0709
流值	mm	2~5	—	T 0709
谢伦堡沥青析漏试验的结合料损失	%	不大于 0.2	不大于 0.1	T 0732
肯塔堡飞散试验的混合料损失或浸水飞散试验	%	不大于 20	不大于 15	T 0733

2. SMA 沥青混合料配合比设计的内容及步骤

1)选择初试级配范围

据《沥青玛蹄脂碎石路面技术指南》(SHC F40-01—2002)混合料矿料级配范围见表 12-22，SMA—13 型沥青混合料级配上下限及中值见表 12-23。

沥青玛蹄脂碎石混合料矿料级配范围 表 12-22

级配类型		通过下列筛孔(mm)的质量百分率(%)											
		26.5	19	16	13.2	9.5	4.75	2.36	1.18	0.6	0.3	0.15	0.075
中粒式	SMA—20	100	90~100	72~92	62~82	40~55	18~30	13~22	12~20	10~16	9~14	8~13	8~12
	SMA—16		100	90~100	65~85	45~65	20~32	15~24	14~22	12~18	10~15	9~14	8~12
细粒式	SMA—13			100	90~100	50~75	20~34	15~26	14~24	12~20	10~16	9~15	8~12
	SMA—10				100	90~100	28~60	20~32	14~26	12~22	10~18	9~16	8~13

SMA—13 型沥青混合料级配要求 表 12-23

筛孔	16	13.2	9.5	4.75	2.36	1.18	0.6	0.3	0.15	0.075
上限	100	100	75	34	26	24	20	16	15	12
中值	100	95	62.5	27	20.5	19	16	13	12	10
下限	100	90	50	20	15	14	12	0	9	8

2)计算试件的体积指标

(1)计算初试级配的矿料的合成毛体积相对密度 γ_{sb}、合成表观相对密度 γ_{sa}、有效相对密度 γ_{se}。

$$\gamma_{sb}=\frac{100}{\frac{P_1}{\gamma_1}+\frac{P_2}{\gamma_2}+\cdots+\frac{P_n}{\gamma_n}} \tag{12-2}$$

$$\gamma_{sa}=\frac{100}{\frac{P_1}{\gamma_1'}+\frac{P_2}{\gamma_2'}+\cdots+\frac{P_n}{\gamma_n'}} \tag{12-3}$$

$$\gamma_{se}=C\times\gamma_{sa}+(1-C)\times\gamma_{sb} \tag{12-4}$$

$$C=0.033w_x^2-0.293\,6w_x+0.933\,9 \tag{12-5}$$

$$w_x=\left(\frac{1}{\gamma_{sb}}-\frac{1}{\gamma_{sa}}\right)\times 100 \tag{12-6}$$

式中：P_1、P_2、…、P_n——各种矿料的配合比(%)；

γ_1、γ_2、…、γ_n——各种矿料的毛体积相对密度；

γ_{se}——合成矿料的有效相对密度；

C——合成矿料的沥青吸收系数，可按矿料的合成吸水率由式(12-5)求取；

w_x——合成矿料的吸水率(%)，按式(12-6)求取；

γ_{sb}——材料的合成毛体积相对密度，按式(12-2)求取，无量纲；

γ_{sa}——材料的合成表观相对密度，按式(12-3)求取，无量纲。

(2)计算粗集料骨架混合料的平均毛体积相对密度 γ_{CA}：

$$\gamma_{CA}=\frac{P_1+P_2+\cdots+P_n}{\frac{P_1}{\gamma_1}+\frac{P_2}{\gamma_2}+\cdots+\frac{P_n}{\gamma_n}} \tag{12-7}$$

(3)计算各组初试级配捣实状态下的粗集料骨架间隙率 VCA_{DRC}：

$$VCA_{DRC}=\left(1-\frac{\gamma_s}{\gamma_{CA}}\right)\times 100 \tag{12-8}$$

式中：VCA_{DRC}——捣实状态下粗集料骨架间隙率(%)；

γ_{CA}——粗集料骨架的平均毛体积相对密度；

γ_s——粗集料骨架的松方毛体积相对密度。

3)选择油石比

对比已建高速公路采用的油石比，根据合成矿料毛体积相对密度 γ_{sb} 选择初始油石比。参照相近工程目标配合比的设计情况，建议采用6.1%的油石比。

4)确定合成级配及绘制合成设计级配曲线

根据《公路沥青路面施工技术规范》(JTG F40—2004)和《公路沥青玛蹄脂碎石路面技术指南》(SHC F40-01—2002)的要求，在工程设计级配范围内，选取3组初试级配，使得3种级配的粗集料骨架分界筛孔的通过率处于级配范围的中值±3%附近，并求出3种矿料的合成级配列于表12-24。根据矿料矿料的合成级配绘制合成设计级配曲线，如图12-4、表12-25所示。

3 种级配的矿料比例 表 12-24

级配	比例(%)				
	1号	2号	3号	矿粉	纤维(占沥青混合料比例)
级配1					0.3
级配2					
级配3					

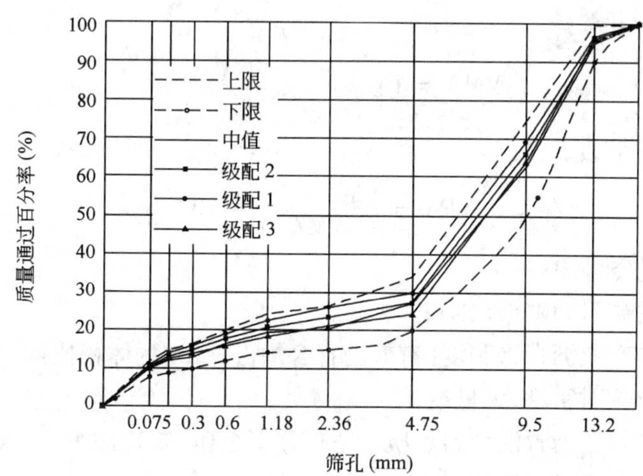

图 12-4 SMA—13 设计级配曲线示例图

矿料的合成级配 表 12-25

级配类型	通过下列筛孔(方孔筛,mm)的质量百分率(%)									
	16	13.2	9.5	4.75	2.36	1.18	0.6	0.3	0.15	0.075
级配1										
级配2										
级配3										

5)相关指标的确定

(1)计算 SMA 混合料的最大理论相对密度 γ_t(纤维部分不得忽略):

$$\gamma_t = \frac{100 + P_a + P_x}{\frac{100}{\gamma_{se}} + \frac{P_a}{\gamma_a} + \frac{P_x}{\gamma_x}} \tag{12-9}$$

式中:γ_{se}——矿料的有效相对密度;

P_a——沥青混合料的油石比(%);

γ_a——沥青结合料的表观相对密度;

P_x——纤维用量,以矿料质量的百分数计(%);

γ_x——纤维稳定剂的密度,由供货商提供或由比重瓶实测得到。

(2)计算 SMA 马歇尔混合料试件中的粗集料骨架间隙率 VCA_{mix}:

$$VCA_{mix} = \left(1 - \frac{\gamma_f}{\gamma_{CA}} \times \frac{P_{CA}}{100}\right) \times 100 \tag{12-10}$$

式中：P_{CA}——沥青混合料中粗集料的比例，即大于4.75mm的颗粒含量（%）；

γ_{CA}——粗集料骨架部分的平均毛体积相对密度，由式（12-7）确定；

γ_f——沥青混合料试件的毛体积相对密度，由表干法测定。

（3）其他相关指标的计算：

试件空隙率：

$$VV = (1 - \frac{\rho_s}{\rho_t}) \times 100 \tag{12-11}$$

试件矿料间隙率：

$$VMA = \left(1 - \frac{\gamma_f}{\gamma_{sb}} \times \frac{P_s}{100}\right) \times 100 \tag{12-12}$$

试件有效沥青饱和度：

$$VFA = \frac{VMA - VV}{VMA} \times 100 \tag{12-13}$$

式中：VV——试件的空隙率（%）；

VMA——试件的矿料间隙率（%）；

VFA——试件的有效沥青饱和度（有效沥青含量占VMA的体积比例）（%）；

γ_f——毛体积相对密度，无量纲；

P_s——各种矿料占沥青混合料总质量的百分率之和（%），即 $P_s = 100 - P_b$；

γ_{sb}——矿料的合成毛体积相对密度。

（4）将3种级配马歇尔试验结果及计算指标汇总于表12-26。

3种级配马歇尔试验结果 表12-26

试验项目	技术要求	级配1	级配2	级配3
初试油石比（%）	—	6.1	6.1	6.1
纤维掺量（‰）	—	3	3	3
马歇尔试件击实次数	双面击实50次		双面击实50次	
毛体积密度（g/cm^3）	—			
最大理论密度（g/cm^3）	—			
空隙率VV（%）	3～4			
矿料间隙率VMA（%）	17			
粗集料骨架间隙率（VCA_{mix}）	≤VCA_{DRC}			
沥青饱和度VFA	75～85			
稳定度（kN）	≥6			
流值（0.1mm）	—			

6）确定目标配合比设计级配

最佳设计级配必须满足下列两个条件：

（1）$VCA_{mix} < VCA_{DRC}$；

（2）$VMA > 17$。

当有1组以上的级配同时符合要求时，以粗集料骨架分界集料通过率大且VMA较大的级配为设计级配。

根据表 12-26 试验结果及选择 $VCA_{mix} < VCA_{DRC}$ 及 VMA > 7% 的要求作为设计级配，选择一种级配作为目标配合比设计级配。

7）确定最佳油石比

按照初定级配的范围成型试件，选定油石比为 6.0、6.2 和 6.4 进行马歇尔试验。将 4 种油石比马歇尔试验结果汇总，如表 12-27 所示。

不同油石比马歇尔试验结果 表 12-27

试验项目	技术要求	1	2	3
油石比（%）	—	6.0	6.2	6.4
纤维掺量（‰）	—	3	3	3
马歇尔试件击实次数	双面击实 50 次	双面击实 50 次		
毛体积密度（g/cm^3）	—	2.492	2.504	2.511
最大理论密度（g/cm^3）	—			
空隙率 VV（%）	3~4			
矿料间隙率 VMA（%）	17			
粗集料骨架间隙率（VCA_{mix}）	$\leq VCA_{DRC}$			
沥青饱和度 VFA	75~85			
稳定度（kN）	≥6			
流值（0.1mm）	—			

8）设计结果

通过以上试验和分析，确定一种级配为设计级配，并确定各种矿料配合比及矿粉的比例、最佳油石比及木质素纤维掺量，将结果列于表 12-28。

矿料配合比及油石比 表 12-28

混合料类型	级配编号	比例（%）					油石比（%）
		1号	2号	3号	矿粉	纤维	
SMA—13	级配 2						

9）最佳油石比下沥青混合料的性能检验

（1）谢伦堡析漏试验。

①试验目的：确定 SMA 混合料的最大沥青用量。

②温度要求：普通沥青 SMA 试验温度为 170 ℃，改性沥青为 185℃。

③测试方法：烧杯法。

④析漏试验测沥青损失。

⑤对于非改性沥青，结合料损失不超过 0.2%。

⑥对于改性沥青，结合料损失不超过 0.1%。

⑦对设计级配在最佳油石比下进行了谢伦堡析漏试验，和规范标准对照确定是否满足要求。

（2）肯塔堡飞散试验。

①试验目的：确定 SMA 混合料的最小沥青用量。

②温度要求：标准飞散试验 20℃ ±0.5℃，浸水飞散试验 60℃ ±0.5℃。

③测试方法：洛杉矶磨耗试验机磨耗（不加钢球），测定马歇尔试件的飞散量。

④飞散试验的混合料损失。

⑤对于非改性沥青,结合料损失不超过20%。

⑥对于改性沥青,结合料损失不超过15%。

⑦对2号级配在最佳油石比下进行了肯塔堡飞散试验,和规范标准对照确定沥青混合料的飞散损失是否满足要求。

(3)水稳定性检验水稳定性试验。

①马歇尔残留稳定度比。

②冻融劈裂残留强度比。

在最佳油石比下进行冻融劈裂试验来检验设计沥青混合料的水稳定性能,试验结果列于表12-29,和规范标准对照确定是否满足要求。

冻融劈裂试验结果 表12-29

混合料类型	实验条件						TSR(%)	要求(%)
SMA—13	条件冻融劈裂强度(MPa)						84.51	≥80
	1	2	3	4	5	平均		
	非条件冻融劈裂强度(MPa)							
	1	2	3	4	5	平均		

(4)高温稳定性检验。

通过车辙试验检验SMA—13型沥青混合料的高温稳定性,试验结果列于表12-30,和规范标准对照确定是否满足要求。

车辙试验结果汇总 表12-30

混合料类型	油石比(%)	试验编号	45min变形量(mm)	60min变形量(mm)	动稳定度DS(次/mm)	动稳定度均值(次/mm)	变异系数(%)	标准要求
SMA—13	6.14	1						DS≥3 000

10)设计结论

采用施工现场石料上面层沥青混合料SMA—13进行了配合比设计,得出矿料配合比、油石比列于表12-31,要求将工程设计级配列于表12-32。

矿料配合比及油石比 表12-31

混合料类型	级配编号	比例(%)					油石比(%)
		1号	2号	3号	矿粉	纤维	
SMA—13	级配2						

SMA—13 工程设计级配 表 12-32

通过下列筛孔(方孔筛,mm)的质量百分率(%)									
16	13.2	9.5	4.75	2.36	1.18	0.6	0.3	0.15	0.075

通过混合料级配调试和相关验证试验,检测所设计 SMA—13 混合料的室内体积指标、抗水损害性、高温稳定性最终能满足要求,室内目标配合比设计所得结果能用于工地生产配合比的调试。

四、中面层 AC—20 沥青混合料目标配合比设计

1. *确定矿料工程设计级配*

1)确定级配范围

根据《公路沥青路面施工技术规范》(JTG F40—2004)规定沥青混合料的矿料级配应符合工程规定的设计级配范围。密级配沥青混合料宜根据公路等级、气候及交通条件按表 12-31 选择,采用粗型(C 型)或细型(F 型)混合料,并在表 12-33 范围内确定工程设计级配范围,通常情况下工程设计级配范围不宜超出表 12-33 的要求。

密级配沥青混凝土混合料矿料级配范围 表 12-33

级配类型		通过下列筛孔(mm)的质量百分率(%)												
		31.5	26.5	19	16	13.2	9.5	4.75	2.36	1.18	0.6	0.3	0.15	0.075
粗粒式	AC—25	100	90~100	75~90	65~83	57~76	45~65	24~52	16~42	12~33	8~24	5~17	4~13	3~7
中粒式	AC—20		100	90~100	78~92	62~80	50~72	26~56	16~44	12~33	8~24	5~17	4~13	3~7
	AC—16			100	90~100	76~92	60~80	34~62	20~48	13~36	9~26	7~18	5~14	4~8
细粒式	AC—13				100	90~100	68~85	38~68	24~50	15~38	10~28	7~20	5~15	4~8
	AC—10					100	90~100	45~75	30~58	20~44	13~32	9~23	6~16	4~8
砂粒式	AC—5						100	90~100	55~75	35~55	20~40	12~28	7~18	5~10

2)确定各矿料的组成比例

分别用各施工段实际使用的矿料进行筛分,用计算机(中心试验室)或图解(施工单位)计算各矿料的用量,使合成的矿料级配符合表 12-33 的范围。

根据《公路沥青路面施工技术规范》(JTG F40—2004)的要求,在工程设计级配范围内,选取了 3 组级配(级配 1、级配 2、级配 3)进行对比试验,确定 3 个级配的矿料比例,从而选出最佳级配列于表 12-34,3 种矿料的合成级配以及规范的级配要求列于表 12-35。并根据合成级配绘制设计级配曲线图,如图 12-5 所示。

3 种级配的矿料比例 表 12-34

级 配	比例(%)						
	1 号	2 号	3 号	4 号	5 号	矿粉	
级配 1							
级配 2							
级配 3							

3 种矿料的合成级配 表 12-35

级配 筛孔(mm)	合成级配			《公路沥青路面施工技术规范》(JTG F40—2004)推荐级配范围		
	级配 1	级配 2	级配 3	上限	中值	下限
26.5				100	100	100
19				100	95	90
16				92	85	78
13.2				80	71	62
9.5				72	61	50
4.75				56	41	26
2.36				44	30	16
1.18				33	22.5	12
0.6				24	16	8
0.3				17	11	5
0.15				13	8.5	4
0.075				7	5	3

2. *求沥青的最佳油石比，确定目标配合比*

用以上计算确定的矿料组成根据《公路沥青路面施工技术规范》(JTG F40—2004)附录 B 热拌沥青混合料配合比设计方法，以 3.5%、4.0%、4.5%、5.0%、5.5% 的油石比制作马歇尔试件，每个油石比成型 4 个试件，测定其高度、干重、水中重、表干重、稳定度、流值，计算出毛体积密度、稳定度、空隙率、流值、VMA、VFA。

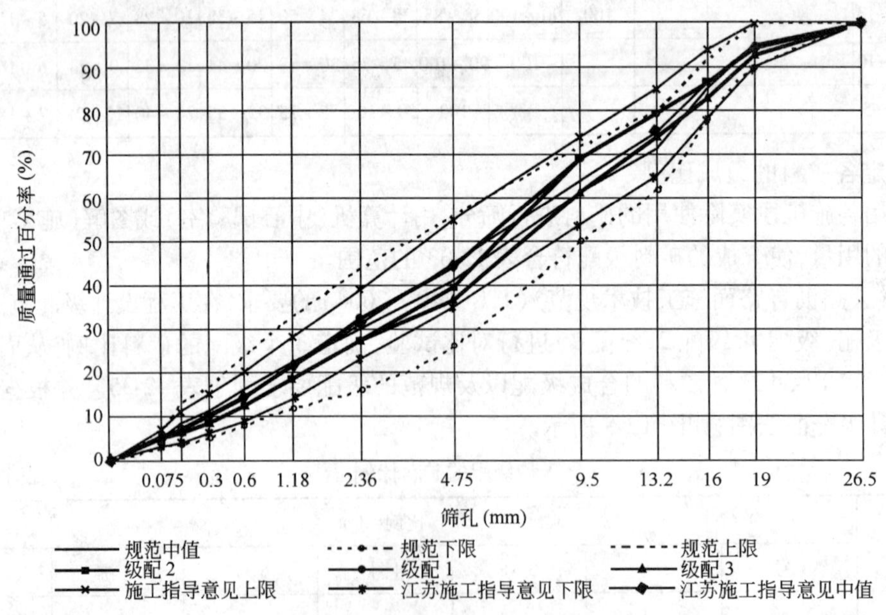

图 12-5 AC—20 设计级配曲线图

将各种级配(3 种)的马歇尔试验结果列于表 12-36。图 12-6 为油石比和各项指标关系示例图。

马歇尔试验试验结果表 表 12-36

试验项目 \ 油石比	3.5	4.0	4.5	5.0	5.5	技术标准
	试验结果					
最大理论相对密度(g/cm^3)						计算
毛体积相对密度(g/cm^3)						实测
空隙率(%)						4~6
饱和度(%)						65~75
矿料间隙率(%)						—
吸水率(%)						<2
稳定度(kN)						≥8
流值(mm)						1.5~4

以油石比为横坐标,以测定的密度、稳定度、空隙率、流值、饱和度各项指标为纵坐标,分别将试验结果绘入图中,连成圆滑曲线,图 12-6 是以 AC—20 沥青混合料为例。从图中求取相应于密度最大值的油石比 a_1,相应于稳定度最大值的油石比 a_2,相应于规定空隙率范围中值的油石比 a_3,按式(12-14)求取 3 者的平均值作为最佳沥青油石比的初始值 OAC_1。

$$OAC_1 = (a_1 + a_2 + a_3)/3 \tag{12-14}$$

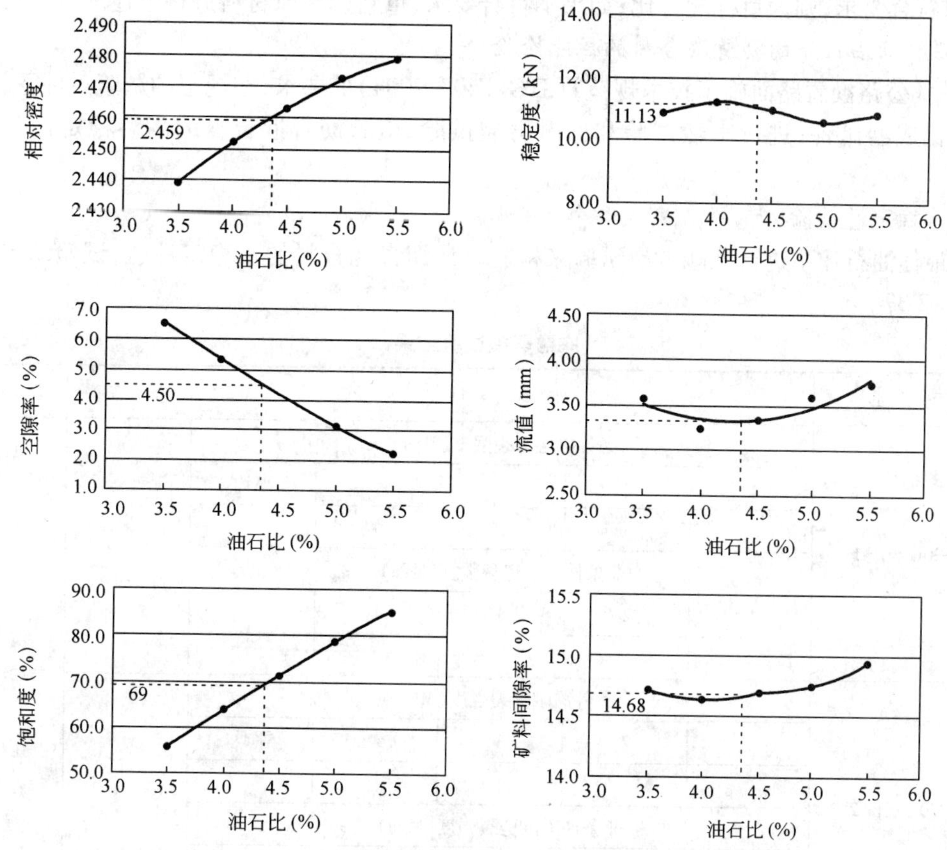

图 12-6

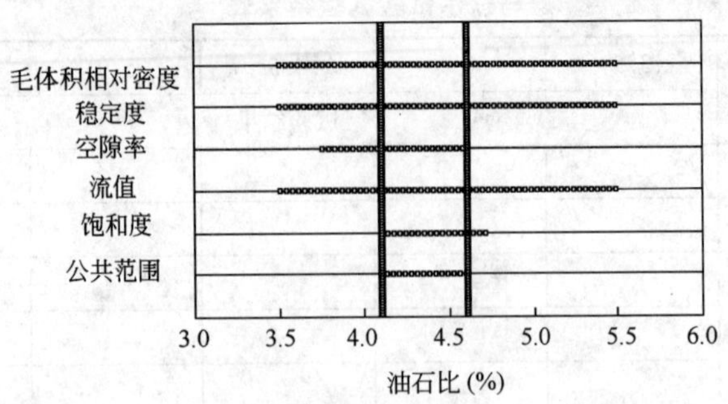

图 12-6　AC—20 沥青混合料油石比与各项指标关系图示例

求出各项指标均符合表 12-21 沥青混合料技术标准的油石比范围 OAC_{min} ~ OAC_{max}，按式(12-15)求取中值 OAC_2。

$$OAC_2 = (OAC_{max} + OAC_{min})/2 \tag{12-15}$$

如果最佳油石化初始值 OAC_1 在 OAC_{min} 与 OAC_{max} 之间，则认为是合理的，取 OAC_1 和 OAC_2 的均值为最佳油石比值 OAC；如果 OAC_1 超出 OAC_{min} 和 OAC_{max} 范围，应调整级配，重新进行配合比设计，直至各项指标均能符合要求为止。

以最佳油石比 OAC 用实验室小型拌和机制备两组沥青混合料马歇尔试件，检验残留稳定度，如果符合要求，则为目标配合比；如果不符合要求，重新选择原材料进行上述配合比设计。

3. 最佳油石比下的沥青混合料的性能检验

根据《公路沥青路面施工技术规范》(JTG F40—2004)的要求，在规定的试验条件下，以最佳油石比成型试件，进行车辙试验和冻融劈裂试验，检验沥青混合料的高温稳定性和水稳定性。

1)水稳定性检验

在最佳油石比下进行冻融劈裂试验来检验设计沥青混合料的水稳定性能，试验结果分别列于表 12-37。

冻融劈裂试验结果　　表 12-37

级配类型	试验条件					TSR(%)	要求(%)
AC—20C 级配 1	条件冻融劈裂强度(MPa)						≥80
	1	2	3	4	平均		
	非条件冻融劈裂强度(MPa)						
	1	2	3	4	平均		
AC—20C 级配 2	条件冻融劈裂强度(MPa)						
	1	2	3	4	平均		
	非条件冻融劈裂强度(MPa)						
	1	2	3	4	平均		

续上表

级配类型	试验条件					TSR(%)	要求(%)
AC—20C 级配 3	条件冻融劈裂强度(MPa)						≥80
	1	2	3	4	平均		
	1.008	1.150	0.991	1.034	1.045		
	非条件冻融劈裂强度(MPa)						
	1	2	3	4	平均		

计算所得 TSR 值满足规范规定值,则水稳定性检验满足要求。

2)高温性能检验

为了检验 AC—20 型沥青混合料的高温稳定性,要进行车辙试验,试验结果列于表 12-38。

车辙试验结果汇总表 表 12-38

混合料级配类型	油石比(%)	动稳定度(次/mm)					
		1	2	3	平均	变异系数(%)	要求
AC—20C 级配 1	4.35						≥2 800
AC—20C 级配 2	4.51						
AC—20C 级配 3	4.46						

4. 设计结论

(1)采用施工现场石料扩建路面中面层沥青混合料 AC—20 进行了配合比设计,得出矿料配合比及油石比、AC—20 工程设计级配列于表 12-39、表 12-40。

矿料配合比及油石比 表 12-39

混合料类型	级配编号	比例(%)						油石比(%)
		1 号	2 号	3 号	4 号	5 号	矿粉	
AC—20	级配 2							

AC—20 工程设计级配 表 12-40

下列各筛孔(mm)的质量通过率(%)											
26.5	19	16	13.2	9.5	4.75	2.36	1.18	0.6	0.3	0.15	0.075
100	94.12	86.24	79.19	68.73	39.66	27.41	18.52	12.42	8.64	6.24	4.99

(2)通过混合料级配调试和相关验证试验,必须说明设计 AC—20 混合料的室内体积指标、抗水损害性、高温稳定性能满足要求,室内目标配合比设计所得结果才可用于工地生产配合比的调试。

五、下面层 AC—25 沥青混合料配合比设计

其设计过程同 AC—25 沥青混合料配合比设计,不再详述。

复 习 题

一、名词解释

1. 石料吸水率
2. 堆积密度
3. 表观密度
4. 软化系数
5. 产浆量
6. 硅酸盐水泥
7. 水泥净浆标准稠度
8. 凝结时间
9. 水泥混凝土
10. 工作性
11. 碱—集料反应
12. 砂率
13. 基准配合比
14. 水泥混凝土外加剂
15. 缓凝剂
16. 沥青材料
17. 溶胶型结构
18. 针入度
19. 环球法软化点
20. 针入度指数
21. 沥青老化
22. 延性
23. 连续级配沥青混合料
24. 骨架—空隙结构
25. 高温稳定性
26. 稳定度
27. 屈服强度
28. 伸长率
29. 时效
30. 纤维饱和点含水率

二、填空题

1. 石料饱水率是在规定试验条件下,石料试件(　　)占烘干石料试件质量的百分率。
2. 我国现行抗冻性的试验方法是(　　)。

3. 按克罗斯的分类方法，化学组成中 SiO_2 含量大于65%的石料称为(　　)。

4. 路用石料的强度等级划分指标包括(　　)和(　　)。

5. 根据粒径的大小可将水泥混凝土用集料分为两种：凡粒径小于(　　)者称为细集料，大于(　　)者称为粗集料。

6. 粗集料的堆积密度由于颗粒排列的松紧程度不同又可分为(　　)、(　　)与(　　)。

7. 集料级配的表征参数有(　　)、(　　)和(　　)。

8. 集料磨耗值越高，表示其耐磨性越(　　)。

9. 石灰的主要化学成分是(　　)和(　　)。

10. 石灰硬化过程中产生的主要强度有(　　)、(　　)和(　　)。

11. 石灰中起黏结作用的有效成分有(　　)和(　　)。

12. 土木工程中通常使用的5大品种硅酸盐水泥是(　　)、(　　)、(　　)、(　　)和(　　)。

13. 硅酸盐水泥熟料的生产原料主要有(　　)和(　　)。

14. 石灰石质原料主要提供(　　)，黏土质原料主要提供(　　)、(　　)和(　　)。

15. 为调节水泥的凝结速度，在磨制水泥过程中需要加入适量的(　　)。

16. 硅酸盐水泥熟料的主要矿物组成有(　　)、(　　)、(　　)和(　　)。

17. 硅酸盐水泥熟料矿物组成中，释热量最大的是(　　)，释热量最小的是(　　)。

18. 水泥的凝结时间可分为(　　)和(　　)。

19. 由于三氧化硫引起的水泥安定性不良，可用(　　)方法检验，而由氧化镁引起的安定性不良，可采用(　　)方法检验。

20. 水泥的物理力学性质主要有(　　)、(　　)、(　　)和(　　)。

21. 专供道路路面和机场道路用的道路水泥，在强度方面的显著特点是(　　)。

22. 建筑石灰按其氧化镁的含量划分为(　　)和(　　)。

23. 水泥混凝土按表观密度可分为(　　)、(　　)和(　　)。

24. 混凝土的工作性可通过(　　)、(　　)和(　　)3个方面评价。

25. 我国混凝土拌和物的工作性的试验方法有(　　)和(　　)2种方法。

26. 混凝土的试拌坍落度若低于设计坍落度时，通常采取(　　)措施。

27. 混凝土的变形主要有(　　)、(　　)、(　　)和(　　)4类。

28. 在混凝土配合比设计中，通过(　　)、(　　)2个方面控制混凝土的耐久性。

29. 混凝土的3大技术性质指(　　)、(　　)、(　　)。

30. 水泥混凝土配合比的表示方法有(　　)、(　　)2种。

31. 混凝土配合比设计应考虑满足(　　)、(　　)、(　　)和(　　)的要求。

32. 普通混凝土配合比设计分为(　　)、(　　)、(　　)3个步骤完成。

33. 混凝土的强度等级是依据(　　)划分的。

34. 混凝土施工配合比要依据砂石的(　　)进行折算。

35. 建筑砂浆按其用途可分为(　　)和(　　)2类。

36. 砂浆的和易性包括(　　)和(　　)。

37. 砂从干到湿可分为(　　)、(　　)、(　　)、(　　)4种状态。

38. 评价烧结普通砖的强度等级时，若 $\delta \leq 0.21$，应依据(　　)和(　　)评定。

39. 沥青按其在自然界中获得的方式可分为(　　)和(　　)2大类。

40. 土木工程中最常采用的沥青为(　　)。

41. 沥青在常温下,可以呈(　　)、(　　)和(　　)状态。

42. 沥青材料是由高分子的碳氢化合物及其非金属(　　)、(　　)、(　　)等的衍生物组成的混合物。

43. 石油沥青的三组分分析法是将石油沥青分离为(　　)、(　　)和(　　)。

44. 石油沥青的四组分分析法是将沥青分离为(　　)、(　　)、(　　)和(　　)。

45. 石油沥青的胶体结构可分为(　　)、(　　)和(　　)3 个类型。

46. 软化点的数值随采用的仪器不同而异,我国现行试验法是采用(　　)法。

47. 评价黏稠石油沥青路用性能最常用的经验指标是(　　)、(　　)、(　　),通称为 3 大指标。

48. 评价沥青与粗集料黏附性的方法主要有(　　)和(　　)。

49. 我国现行标准将道路用石油沥青分为(　　)、(　　)、(　　)3 个等级。

50. 评价石油沥青大气稳定性的指标有(　　)、(　　)、(　　)。

51. 乳化沥青主要是由(　　)、(　　)、(　　)和(　　)等组分所组成。

52. 石油沥青的闪点是表示(　　)的一项指标。

53. 改性沥青的改性材料主要有(　　)、(　　)、(　　)。

54. 目前沥青掺配主要是指同源沥青的掺配,同源沥青指(　　)。

55. 目前最常用的沥青路面包括(　　)、(　　)、(　　)和(　　)等。

56. 沥青混合料按施工温度可分为(　　)和(　　)。

57. 沥青混合料按混合料密实度可分为(　　)、(　　)和(　　)。

58. 沥青混合料是(　　)和(　　)的总称。

59. 沥青混合料的强度理论是研究高温状态对(　　)的影响。

60. 通常沥青—集料混合料按其组成结构可分为(　　)、(　　)和(　　)3 类。

61. 沥青混合料的抗剪强度主要取决于(　　)和(　　)2 个参数。

62. 我国现行标准规定,采用(　　)、(　　)方法来评定沥青混合料的高温稳定性。

63. 我国现行规范采用(　　)、(　　)、(　　)和(　　)等指标来表征沥青混合料的耐久性。

64. 沥青混合料配合比设计包括(　　)、(　　)和(　　) 3 个阶段。

65. 沥青混合料试验室配合比设计可分为(　　)和(　　)2 个步骤。

66. 沥青混合料水稳定性如不符合要求,可采用掺加(　　)的方法来提高水稳定性。

67. 马歇尔模数是(　　)和(　　)的比值,可以间接反映沥青混合料的(　　)能力。

68. 沥青混合料的主要技术性质为(　　)、(　　)、(　　)、(　　)和(　　)。

69. 根据分子的排列不同,聚合物可分为(　　)和(　　)。

70. 塑料的主要组成包括(　　)和(　　)。

71. 合成高分子材料的缺点有(　　)、(　　)、(　　)。

72. 建筑上常用的塑料可分为(　　)和(　　)。

73. 按冶炼钢时脱氧程度分类,钢材分为(　　)、(　　)、(　　)、(　　)。

74. 建筑钢材最主要的技术性质是(　　)、(　　)、(　　)、(　　)等。

75. 钢结构设计时碳素结构钢以(　　)强度作为设计计算取值的依据。

76. 钢材的冷弯性能是以规定尺寸的试件,在常温条件下进行(　　)试验检验。

77. 碳素结构钢按其化学成分和力学性能分为(　　)、(　　)、(　　)、(　　)、(　　)5个牌号。

78. 树木是由(　　)、(　　)和(　　)3部分组成,建筑使用的木材主要是(　　)。

79. 木材在长期荷载作用下,不致引起破坏的最大强度称为(　　)。

三、选择题(单选或多选)

1. 石料的饱水率较吸水率(　　),而两者的计算方法(　　)。

A. 大、相似　　B. 小、相似　　C. 大、不同　　D. 小、不同

2. 石料软化系数大于(　　)者,通常认为耐水性合格。

A. 0.75　　B. 0.70　　C. 0.80　　D. 0.85

3. 碱性石料的化学性质是按其 SiO_2 的含量小于(　　)划分的。

A. 52%　　B. 65%　　C. 45%　　D. 32%

4. 为保证沥青混合料的强度,在选择石料时应优先考虑(　　)。

A. 酸性石料　　B. 碱性石料　　C. 中性石料　　D. 以上均不对

5. 粗集料的毛体积密度是在规定条件下,单位毛体积的质量,其中毛体积包括(　　)。

A. 矿质实体　　B. 闭口孔隙　　C. 开口孔隙　　D. 颗粒间空隙

6. 高速公路、一级公路抗滑层用粗集料除应满足基本质量要求外,还需要检测与沥青的黏附性和(　　)指标。

A. 含泥量　　B. 磨耗值

C. 针片状颗粒含量　　D. 磨光值

7. 中砂的细度模数 M_X 为(　　)。

A. 3.7~3.1　　B. 3.0~2.3　　C. 2.2~1.6　　D. 1.4

8. 矿质混合料的最大密度曲线是通过试验提出的一种(　　)。

A. 实际曲线　　B. 理论曲线　　C. 理想曲线　　D. 理论直线

9. (　　)属于水硬性胶凝材料,而(　　)属于气硬性胶凝材料。

A. 石灰、石膏　　B. 水泥、石灰　　C. 水泥、石膏　　D. 石膏、石灰

10. 石灰消化时为了消除"过火石灰"的危害,可在消化后"陈伏"(　　)左右。

A. 半年　　B. 三月　　C. 半月　　D. 三天

11. 氧化镁含量为(　　)是划分钙质石灰和镁质石灰的界限。

A. 5%　　B. 10%　　C. 15%　　D. 20%

12. 硅酸盐水泥中最主要的矿物组分是(　　)。

A. 硅酸三钙　　B. 硅酸二钙　　C. 铝酸三钙　　D. 铁铝酸四钙

13. 各硅酸盐水泥熟料反应速度的特点是:硅酸三钙(　　),铝酸三钙(　　),硅酸二钙(　　)。

A. 最快、最慢、中等　　B. 最慢、中等、最快

C. 中等、最慢、最快　　D. 中等、最快、最慢

14. C_3A 的水化产物为(　　)。

A. 氢氧化钙　　B. 钙矾石

C. 单硫型水化铝酸钙　　D. 水化铁铝酸钙

15. 水泥细度可用下列方法表示(　　)。

A. 筛析法　　B. 比表面积法　　C. 试饼法　　D. 雷氏法

16. 影响水泥体积安定性的因素主要有:(　　)。

A. 熟料中氧化镁含量　　B. 熟料中硅酸三钙含量

C. 水泥的细度　　D. 水泥中三氧化硫含量

17. 水泥石的腐蚀包括(　　)。

A. 溶析性侵蚀　　B. 硫酸盐的侵蚀

C. 镁盐的侵蚀　　D. 碳酸的侵蚀

18. 水泥的活性混合材料包括(　　)。

A. 石英砂　　B. 粒化高炉矿渣　　C. 粉煤灰　　D. 黏土

19. 5 大品种水泥中,抗冻性好的是(　　)。

A. 硅酸盐水泥　　B. 粉煤灰水泥　　C. 矿渣水泥　　D. 普通硅酸盐水泥

20. (　　)的耐热性最好。

A. 硅酸盐水泥　　B. 粉煤灰水泥　　C. 矿渣水泥　　D. 硅酸盐水泥

21. 抗渗性最差的水泥是(　　)。

A. 普通硅酸盐水泥　　B. 粉煤灰水泥

C. 矿渣水泥　　D. 硅酸盐水泥

22. 道路水泥中(　　)的含量高。

A. C_3S、C_4AF　　B. C_3S、C_4AF　　C. C_2S、C_3S

23. 轻混凝土通常干表观密度轻达(　　)kg/m^3 以下。

A. 900　　B. 1 900　　C. 2 400　　D. 2 900

24. 坍落度小于(　　)的新拌混凝土,采用维勃稠度仪测定其工作性。

A. 20mm　　B. 15mm　　C. 10mm　　D. 5mm

25. 通常情况下,混凝土的水灰比越大,其强度(　　)。

A. 越大　　B. 越小　　C. 不变　　D. 不一定

26. 混凝土拌和物的工作性选择可依据(　　)。

A. 工程结构物的断面尺寸　　B. 钢筋配置的疏密程度

C. 捣实的机械类型　　D. 施工方法和施工水平

27. 立方体抗压强度标准值是混凝土抗压强度总体分布中的一个值,强度低于该值得百分率不超过(　　)。

A. 15%　　B. 10%　　C. 5%　　D. 3%

28. 混凝土立方体抗压强度试件的标准尺寸为(　　)。

A. 10mm ×10mm ×10mm　　B. 15mm ×15mm ×15mm

C. 20mm ×20mm ×20mm　　D. 7.07mm ×7.07mm ×7.07mm

29. 以下品种水泥配制的混凝土,在高湿度环境中或永远处在水下效果最差的是(　　)。

A. 普通水泥　　B. 矿渣水泥　　C. 火山灰水泥　　D. 粉煤灰水泥

30. 下列水泥不能用于配制严寒地区处在水位升降范围内的混凝土的是(　　)。

A. 普通水泥　　B. 矿渣水泥　　C. 火山灰水泥　　D. 粉煤灰水泥

31. 集料中有害杂质包括(　　)。

A. 含泥量和泥块含量　　B. 硫化物和硫酸盐含量

C. 轻物质含量　　D. 云母含量

32. (　　)是既满足强度要求又满足工作性要求的配合比设计。

A. 初步配合比　　B. 基准配合比　　C. 试验室配合比　　D. 工地配合比

33. 混凝土配合比设计时必须按耐久性要求校核(　　)。

A. 砂率　　B. 单位水泥用量　　C. 浆集比　　D. 水灰比

34. 在混凝土中掺入(　　),对混凝土抗冻性有明显改善。

A. 引气剂　　B. 减水剂　　C. 缓凝剂　　D. 早强剂

35. 粉煤灰的技术指标包括(　　)。

A. 细度　　B. 需水量比　　C. 烧失量　　D. 三氧化硫含量

36. 通常情况下轻集料的破坏一般是(　　)。

A. 沿着砂、石与水泥结合面破坏　　B. 轻集料本身强度较低,首先破坏

C. A 和 B 均正确　　D. A 和 B 均错误

37. 砂浆的保水性是采用(　　)来表示的。

A. 稠度　　B. 坍落度　　C. 维勃时间　　D. 分层度

38. 对于砖、多孔混凝土或其他多孔材料用砂浆,其强度主要取决于(　　)。

A. 水灰比　　B. 单位用水量　　C. 水泥强度　　D. 水泥用量

39. 烧结普通砖的强度等级评定,当 $\delta > 0.21$ 时,采用(　　)。

A. 强度最小值和强度平均值　　B. 强度最小值和强度标准值

C. 强度标准值和强度平均值　　D. 强度最小值、强度平均值和强度标准值

40. 按现行常规工艺,作为生产石油沥青原料的原油基属,最好是选用(　　)原油。

A. 中间基　　B. 石蜡基　　C. 环烷基　　D. 以上均不对

41. 黏稠石油沥青通常包括(　　)。

A. 氧化沥青和直流沥青　　B. 氧化沥青

C. 直流沥青　　D. 氧化沥青和液体沥青

42. 石油沥青的三组分析法是采用(　　)。

A. 沉淀法　　B. 溶解—吸附法　　C. 蒸馏法　　D. 氧化法

43. 在相同稠度等级的沥青中,沥青质含量增加,使沥青的高温稳定性得到(　　),但低温抗裂性也相应(　　)。

A. 提高、提高　　B. 降低、降低　　C. 提高、降低　　D. 降低、提高

44. 饱和分含量增加,可使沥青稠度(　　);树脂含量增加,可使沥青的延性(　　)。

A. 降低、降低　　B. 增加、增加　　C. 增加、降低　　D. 降低、增加

45. 在沥青的三种胶体结构中,(　　)具有较好的自愈性和低温时变形能力,但温度感应性较差。

A. 凝胶型结构　　B. 溶—凝胶型结构

C. 溶胶型结构　　D. 固胶型结构

46. 修筑现代高等级沥青路面用的沥青,都应属于(　　)。

A. 凝胶型结构　　B. 溶—凝胶型结构

C. 溶胶型结构　　D. 固胶型结构

47. (　　)的沥青当施加荷载很小时,或在荷载作用时间很短时,具有明显的弹性变形。

A. 凝胶型结构　　B. 溶—凝胶型结构

C. 溶胶型结构　　D. 固胶型结构

48. 为工程使用方便,通常采用(　　)确定沥青胶体结构的类型。

A. 针入度指数法　　B. 马歇尔稳定度试验法
C. 环与球法　　D. 溶解—吸附法

49. (　　)是沥青标号划分的主要依据。

A. 针入度　　B. 软化点　　C. 沥青质含量　　D. 含硫量

50. 用标准黏度计测沥青黏度时,在相同温度和相同孔径条件下,流出时间越长,表示沥青的黏度(　　)。

A. 越大　　B. 越小　　C. 无相关关系　　D. 不变

51. 针入度指数越大,表示沥青的感温性(　　)。

A. 越大　　B. 越小　　C. 无相关关系　　D. 不变

52. 沥青是一种典型的(　　)材料。

A. 黏性　　B. 弹性　　C. 塑性　　D. 以上均不是

53. 水煮法是将沥青裹覆后的集料在蒸馏水中浸煮 3min,按沥青膜剥落的情况分为(　　)个等级。

A. 3　　B. 4　　C. 5　　D. 6

54. 可用(　　)指标表征沥青材料的使用安全性。

A. 闪点　　B. 软化点　　C. 脆点　　D. 燃点

55. 煤沥青的游离碳含量增加,可(　　)其黏度和温度稳定性,但低温脆性会(　　)。

A. 提高、减小　　B. 提高、增加　　C. 降低、减小　　D. 降低、增加

56. (　　)沥青可以生产乳化沥青。

A. 液体沥青　　B. 煤沥青　　C. 道路沥青　　D. 石油沥青

57. 煤沥青与石油沥青相比(　　)。

A. 温度稳定性较高　　B. 温度稳定性较低
C. 与矿质集料的黏附性较好　　D. 与矿质集料的黏附性较差

58. 煤沥青中含有(　　),在施工加热时易产生泡沫和爆沸现象。

A. 油分　　B. 气体　　C. 水分　　D. 以上均不是

59. 乳化沥青具有许多优越性,其主要优点为(　　)。

A. 冷态施工、节约能源　　B. 利于施工
C. 节约沥青　　D. 保护环境、保障健康

60. 乳化沥青形成的机理是(　　)。

A. 乳化剂提高界面张力的作用　　B. 乳化剂降低界面张力的作用
C. 界面膜的保护作用　　D. 双电层的稳定结构

61. 可以用作沥青微填料的物质是(　　)。

A. 炭黑　　B. 高钙粉煤灰　　C. 火山灰　　D. 页岩粉

62. 我国现行国标规定:SMA 沥青混合料 60℃时动稳定度宜不小于(　　)次/mm。

A. 600　　B. 1 200　　C. 3 000　　D. 900

63. 改善沥青与集料黏附性的方法是(　　)。

A. 掺加高效抗剥剂
B. 掺加无机类材料,活化集料表面
C. 掺加有机酸类,提高沥青活性
D. 掺加重金属皂类,降低沥青与集料的界面张力

64. 沥青混合料的黏聚力是随着沥青黏度的提高而(　　)。

A. 增加　　B. 减小　　C. 无相关关系　　D. 不变

65. 沥青混合料的抗剪强度可通过(　　)方法应用莫尔—库仑包络线方程求得。

A. 磨耗试验　　B. 三轴试验　　C. 标准黏度计法　　D. 以上均不是

66. 沥青混合料的强度形成与矿料中(　　)的用量关系最密切。

A. 细集料　　B. 粗集料　　C. 沥青　　D. 填料

67. 沥青混合料的组成结构类型有(　　)。

A. 密实结构　　B. 密实—悬浮结构

C. 骨架—空隙结构　　D. 骨架—密实结构

68. 矿料之间以(　　)黏结,黏聚力大。

A. 石油沥青　　B. 乳化沥青　　C. 自由沥青　　D. 结构沥青

69. SBS 改性沥青混合料较原始沥青混合料在技术性能上有以下(　　)改善。

A. 提高了高温时的稳定性　　B. 提高了低温时的变形能力

C. 降低了沥青混合料的成本　　D. A 和 B 均正确

70. 含碳量低于(　　)的碳铁合金称为碳素钢。

A. 2%　　B. 3%　　C. 4%　　D. 5%

71. 钢材的屈强比越小,则结构的可靠性(　　)。

A. 越低　　B. 越高　　C. 不变　　D. 二者无关

72. 我国现行国家标准测定金属硬度的方法有(　　)。

A. 布氏硬度　　B. 洛氏硬度　　C. 维氏硬度　　D. 摩氏硬度

73. 存在于钢材的杂质,对钢材的性能产生良好影响的是(　　)。

A. 硫　　B. 氧　　C. 锰　　D. 硅

74. 用于土木建筑的钢材,根据工程使用条件和特点,应具备下列技术要求(　　)。

A. 良好的综合力学性能　　B. 良好的焊接性

C. 良好的抗蚀性　　D. 越小越好的屈强比

75. 随着钢材牌号增大,屈服点和抗拉强度随之(　　),伸长率随之(　　)。

A. 提高、提高　　B. 提高、降低　　C. 降低、提高　　D. 降低、降低

76. 预应力混凝土配筋用钢绞线是由(　　)根圆形截面钢丝绞捻而成的。

A. 5　　B. 6　　C. 7　　D. 8

77. 木材的力学指标是以木材含水率为(　　)时为标准的。

A. 12%　　B. 14%　　C. 16%　　D. 18%

78. 温度升高并在长期受热条件下,木材的力学强度(　　),脆性(　　)。

A. 降低、降低　　B. 降低、增加　　C. 增加、降低　　D. 增加、增加

79. 建筑木材的力学性质与(　　)等有密切关系。

A. 含水率　　B. 温度　　C. 荷载状态　　D. 木材缺陷

80. 从力学性能出发,木材强度由大到小排列次序正确的是(　　)。

A. 顺纹抗拉强度—抗弯强度—顺纹抗压强度—横纹抗压强度

B. 顺纹抗拉强度—横纹抗压强度—顺纹抗压强度—抗弯强度

C. 抗弯强度—顺纹抗压强度—横纹抗压强度—顺纹抗拉强度

四、判断题

1. 石料的孔隙率是石料的孔隙体积占其实际体积的百分率。 ( )

2. 石料的软化系数越小,耐水性能越好。 ( )

3. 细度模数越大,表示细集料越粗。 ( )

4. 矿质混合料仅可以选择连续级配类型。 ( )

5. 过火石灰用于建筑结构物中,使用时缺乏黏结力,但危害不大。 ( )

6. 气硬性胶凝材料只能在空气中硬化,而水硬性胶凝材料只能在水中硬化。 ( )

7. 石膏浆体的凝结硬化实际上是碳化作用。 ( )

8. 在空气中储存过久的生石灰,不应照常使用。 ( )

9. 生石灰中的二氧化碳含量越高,表示未分解完全的碳酸盐含量越高,则($CaO + MgO$)含量相对降低,影响石灰的胶结性能。 ( )

10. 硅酸盐水泥中 C_2S 早期强度低,后期强度高,而 C_3S 正好相反。 ( )

11. 在生产水泥中,石膏加入量越多越好。 ( )

12. 用沸煮法可以全面检验硅酸盐水泥的体积安定性是否良好。 ( )

13. 按规范规定,硅酸盐水泥的初凝时间不迟于45min。 ( )

14. 水泥是水硬性胶凝材料,所以在运输和储存中不怕受潮。 ( )

15. 硅酸盐水泥的细度越细越好。 ( )

16. 用粒化高炉矿渣加入少量石膏共同磨细,即可制得矿渣硅酸盐水泥。 ( )

17. 两种砂子的细度模数相同,它们的级配不一定相同。 ( )

18. 在拌制混凝土中砂越细越好。 ( )

19. 试拌混凝土时若测定混凝土的坍落度满足要求,则混凝土的工作性良好。 ( )

20. 卵石混凝土比同条件配合比拌制的碎石混凝土的流动性好,但强度则低一些。 ( )

21. 混凝土拌和物中水泥浆越多,和易性越好。 ( )

22. 普通混凝土的强度与其水灰比成线性关系。 ( )

23. 在混凝土中掺入引气剂,则混凝土密实度降低,因而其抗冻性亦降低。 ( )

24. 计算混凝土的水灰比时,要考虑使用水泥的实际强度。 ( )

25. 普通水泥混凝土配合比设计计算中,可以不考虑耐久性的要求。 ( )

26. 混凝土施工配合比和试验室配合比中的水灰比相同。 ( )

27. 混凝土外加剂是一种能使混凝土强度大幅度提高的填充料。 ( )

28. 混凝土的强度平均值和标准差,都是说明混凝土质量的离散程度的。 ( )

29. 在混凝土施工中,统计得出混凝土强度标准差越大,则表明混凝土生产质量不稳定,施工水平越差。 ( )

30. 高性能混凝土就是指高强度的混凝土。 ( )

31. 砂浆的流动性是用分层度表示的。 ( )

32. 烧结普通砖的质量等级是采用10块砖的强度试验评定的。 ( )

33. 石油沥青的三组分分析法是将石油沥青分离为:油分、沥青和沥青酸。 ( )

34. 含蜡沥青会使沥青路面的抗滑性降低,影响路面的行车安全。 ( )

35. 针入度指数(PI)值越大,表示沥青的感温性越高。 ( )

36. 碱性石料与石油沥青的黏附性较酸性石料与石油沥青的黏附性好。 ( )

37. 道路石油沥青的标号是按针入度值划分的。 ( )

38. 与石油沥青相比，煤沥青温度稳定性和与矿质集料的黏附性均较差。 （ ）

39. 沥青质是石油沥青化学组分中性能最好的一个组分。 （ ）

40. 黏度是沥青材料最重要的技术性质之一。 （ ）

41. 沥青混合料是一种复合材料，由沥青、粗集料、细集料和矿粉以及外加剂所组成。（ ）

42. 悬浮—密实结构的沥青混合料高温稳定性良好。 （ ）

43. 沥青混合料的抗剪强度主要取决于黏聚力和内摩擦角两个参数。 （ ）

44. 沥青混合料的黏聚力随着沥青黏度的提高而降低。 （ ）

45. 沥青混合料中如果矿粉颗粒之间接触是自由沥青所连接，则具有较大的黏聚力。（ ）

46. 沥青用量只影响沥青混合料的黏聚力，不影响其内摩擦角。 （ ）

47. 黏聚力值随温度升高而显著降低，但内摩擦角受温度变化的影响较小。 （ ）

48. 我国现行国标规定，采用马歇尔稳定度试验来评价沥青混合料的高温稳定性。 （ ）

49. 即使在夏季，为防止水的渗入和阳光紫外线对沥青的老化作用，沥青混合料空隙越少越好。 （ ）

50. 常温沥青混合料可以用于高速公路表面层。 （ ）

51. 沥青混合料的试验配合比设计可分为矿质混合料组成设计和沥青最佳用量确定两部分。 （ ）

52. 沥青混合料主要技术性质为：高温稳定性、低温抗裂性、耐久性、抗滑性和施工和易性。 （ ）

53. 合成高分子材料加工性能优良，强度高。 （ ）

54. 高分子化合物按其链节在空间排列的几何形状，可分为线型聚合物和体型聚合物两类。 （ ）

55. 抗拉强度是钢材开始丧失对变形的抵抗能力时所承受的最大拉应力。 （ ）

56. 锰对钢的性能产生一系列不良的影响，是一种有害元素。 （ ）

57. 钢中的氧为有益元素。 （ ）

58. Q215AF 表示屈服点为 215MPa 的 A 级沸腾钢。 （ ）

59. 木材的持久强度等于其极限强度。 （ ）

60. 木材平衡含水率随空气温度和相对湿度而变化。 （ ）

五、简答题

1. 进行钢材伸长率测定时，如果试件在标距端点上或标距外断裂应如何处理？

2. 进行钢材拉伸试验时，如何防止试样与夹具发生相对位移？

3. 施工现场进行钢筋焊接时，应注意哪些问题？

4. 进行钢材冷弯试验时，应注意哪些问题？

5. 钢材冷弯试验结果如何评定？

6. 钢材拉伸试验主要测定什么？

7. 对钢材进行冷弯试验的目的？

8. 在混凝土拌和物和易性测定中，当坍落度小于设计要求，而黏聚性和保水性良好应如何处理？

9. 在混凝土拌和物和易性测定中，坍落度合适，黏聚性和保水性不好，应如何处理？

10. 在混凝土拌和物和易性测定中，由于砂浆过多引起坍落度过大应如何处理？

11. 混凝土强度与试件尺寸大小有何关系？

12. 混凝土强度与试件的形状有何关系?

13. 养护条件对混凝土强度有哪些影响?

14. 如果需要改善混凝土的和易性应掺入何种外加剂?

15. 混凝土试件尺寸为 200mm × 200mm × 200mm, 28d 的破坏荷载为 600kN、560kN、580kN,试确定混凝土的强度等级。

16. 混凝土试件尺寸为标准试件,7d 的破坏荷载为 520kN、550kN、520kN,试确定混凝土的强度等级。

17. 混凝土试件尺寸为标准试件,28d 的破坏荷载为 630kN、640kN、630kN,试确定混凝土的强度等级。

18. 建筑工程中常用材料在施工现场保管时需注意哪些问题?

19. 施工现场常用的外加剂有哪些? 分别起到什么作用?

20. 施工现场常用的建筑材料,如:水泥、钢筋、砌块(砖)、混凝土、砂浆等,其质量检测内容和程序如何?

复习题参考答案

一、名词解释

1. 石料吸水率:是指在规定试验条件下,石料试件吸水饱和的最大吸水质量占其烘干质量的百分率。

2. 堆积密度:是指集料装填于容器中包括集料空隙(颗粒之间的)和孔隙(颗粒内部的)在内的单位体积的质量。

3. 表观密度:是指材料单位表观体积(实体体积+闭口孔隙体积)的质量。

4. 软化系数:是指材料在吸水饱和状态下的抗压强度和干燥状态下的抗压强度的比值。

5. 产浆量:是单位质量的生石灰经消化后,所产石灰浆体的体积。

6. 硅酸盐水泥:凡由硅酸盐水泥熟料、0~5%石灰石或粒化高炉矿渣、适量石膏磨细制成的水硬性胶凝材料称之硅酸盐水泥。

7. 水泥净浆标准稠度:是采用稠度仪测定,以试杆沉入净浆,距底板距离为4mm±1mm时的水泥净浆。

8. 凝结时间:是水泥从加水开始,到水泥浆失去可塑性所需的时间,分为初凝时间和终凝时间。

9. 水泥混凝土:是以水泥、粗细集料和水按一定比例拌和,在一定的条件下硬化成具有一定力学性能的一种人工石材。

10. 工作性:指新拌混凝土具有的能满足运输和浇筑要求的流动性;不受外力作用产生脆断的可塑性;不产生分层、泌水的稳定性和易于振捣密致的密实性。

11. 碱—集料反应:水泥混凝土中水泥的碱与某些碱活性集料发生化学反应,可引起混凝土产生膨胀、开裂甚至破坏,这种化学反应称为碱—集料反应。

12. 砂率:是指砂与砂石总质量的比。

13. 基准配合比:指根据初步配合比,采用施工实际材料进行试拌,测定混凝土拌和物的工作性,调整材料用量,所提出的满足工作性要求的配合比。

14. 水泥混凝土外加剂:是在拌制混凝土过程中掺入,用以改善混凝土性能的物质。

15. 缓凝剂:是能延缓混凝土的凝结时间的外加剂。

16. 沥青材料:是由一些极其复杂的高分子的碳氢化合物及其非金属(氧、硫、氮)的衍生物所组成的混合物。

17. 溶胶型结构:指当沥青中沥青质分子量较低,并且含量很少,同时有一定数量的芳香度较高的胶质,这样使胶团能够完全胶溶而分散在芳香分和饱和分的介质中的胶体结构。

18. 针入度:指沥青材料在规定温度条件下,以规定质量的标准针经过规定时间贯入沥青试样的深度。

19. 环球法软化点:是沥青试样在规定的加热速度下进行加热,沥青试样逐渐软化,直至在钢球荷重作用下,使沥青滴落到下面金属板时的温度。

20. 针入度指数:用以表示沥青温度敏感性和划分沥青胶体结构的指标,表达公式:PI =

$30/(1+50A)-10$。

21. 沥青老化：是指沥青在热、阳光、氧气和水分等因素作用下，化学组分发生了转化，使其塑性降低，稠度增大，逐渐脆硬，直至失去使用功能的过程。

22. 延性：是沥青材料受到外力的拉伸作用时所能承受的塑性变形的总能力。

23. 连续级配沥青混合料：是指沥青混合料中的矿料是按级配原则，从大到小各级粒径都有，按比例相互搭配组成的混合料。

24. 骨架—空隙结构：指当采用连续型开级配矿质混合料与沥青组成的沥青混合料，这种矿质混合料递减系数较大，粗集料所占比例较高，细集料则很少，甚至没有。按此组成的沥青混合料，粗集料可以相互靠拢形成骨架，但由于细集料数量过少，不足以填满粗集料之间的空隙，因此形成骨架—空隙结构。

25. 高温稳定性：是指沥青混合料在夏季高温条件下，经车辆荷载长期重复作用后，不产生车辙和波浪等病害的性能。

26. 稳定度：是指在规定试验条件下，采用马歇尔仪测定的沥青混合料试件达到最大破坏的极限荷载。

27. 屈服强度：是指钢材开始丧失对变形的抵抗能力，并开始产生大量塑性变形时所对应的应力。

28. 伸长率：是指钢材拉伸试验中，钢材试样的伸长量占原标距的百分率。

29. 时效：指经冷拉后的钢筋经过一段时间后，其屈服强度和抗拉强度将继续随时间而提高的过程。

30. 纤维饱和点含水率：指湿材放置在空气中干燥，当自由水蒸发完，而吸附水仍为饱和状态时的含水率。

二、填空题

1. 最大吸水的质量 2. 直接冻融法 3. 酸性石料 4. 极限饱水抗压强度、磨耗率 5. 4.75mm、4.75mm 6. 自然堆积密度、振实状态堆积密度、捣实状态堆积密度 7. 分计筛余百分率、累计筛余百分率、通过百分率 8. 差 9. 氧化钙、氧化镁 10. 自由水蒸发产生的附加强度、结晶强度、碳化强度 11. 活性氧化钙、氧化镁 12. 硅酸盐水泥、普通硅酸盐水泥、矿渣硅酸盐水泥、火山灰质硅酸盐水泥、粉煤灰硅酸盐水泥 13. 石灰质原料、黏土质原料 14. CaO、SiO_2、Al_2O_3、Fe_2O_3 15. 石膏 16. 硅酸三钙、硅酸二钙、铝酸三钙、铁铝酸四钙 17. C_3A、C_2S 18. 初凝时间、终凝时间 19. 沸煮法、压蒸法 20. 细度、凝结时间、安定性、强度 21. 高抗折强度 22. 钙质石灰、镁质石灰 23. 重混凝土、普通混凝土、轻混凝土 24. 流动性、保水性、黏聚性 25. 坍落度试验、维勃稠度试验 26. 保持 W/C 不变，增大水泥浆量 27. 弹性变形、收缩变形、徐变变形、温度变形 28. 最大水灰比、最小水泥用量 29. 工作性、力学性质、耐久性 30. 单位用量表示法、相对用量表示法 31. 强度、工作性、耐久性、经济性 32. 初步配合比、试验室配合比、施工配合比 33. 抗压强度标准值 34. 实际含水率 35. 砌筑砂浆、抹面砂浆 36. 流动性、保水性 37. 全干状态、气干状态、饱和面干状态、湿润状态 38. 平均抗压强度、抗压强度标准值 39. 地沥青、焦油沥青 40. 石油沥青 41. 固态、半固态、黏性液态 42. 氧、硫、氮 43. 油分、树脂、沥青质 44. 饱和分、芳香分、胶质、沥青质 45. 溶胶型结构、溶—凝胶型结构、凝胶型结构 46. 环球 47. 针入度、软化点、延度 48. 水蒸法、水浸法 49. A、B、C 50. 蒸发损失百分率、针入度比、残留物延度 51. 沥青、乳化剂、稳定剂、水 52. 安全性 53. 橡胶、树脂、矿物填料 54. 同属石油沥青或同属煤沥青 55. 沥青表面处治、沥青贯入式、沥青碎石、沥青混凝土 56. 热拌热铺沥青混合料、常温沥青混合料 57. 密级配沥青混合料、开级配沥青混合料、半开级配沥青混合料 58. 沥青混凝土、沥青碎石 59. 抗剪强度 60. 悬浮—密实结构、骨架—空隙结构、密实—骨架结构 61. 黏聚力、内摩擦角 62. 马歇尔稳定度试验、动稳定度试验 63. 空隙率、饱和度、矿料间隙率、残留稳定度 64. 试验室配合比设计、生产配合比设计、试验路段验证 65. 矿质混合料配合组成设计、沥青最佳用量确定 66. 抗剥剂 67. 稳定度、流值、抗车辙 68. 高温稳定性、低温抗裂性、耐久性、抗滑性、施工和易性 69. 线型聚合物、体型聚合物 70. 合成树脂、添加剂 71. 易老化、可燃性及毒性、耐热性差 72. 热塑性塑料、热固性塑料 73. 沸腾钢、镇静钢、半镇静钢、特殊镇静钢 74. 拉伸性能、冷弯性能、冲击韧性、耐疲劳性 75. 屈服 76. 弯曲 77. Q195、Q215、Q235、Q255、Q275 78. 树皮、木质部、髓心、木质部 79. 持久强度

三、选择题(单选或多选)

1. A	2. C	3. C	4. B	5. ABC
6. D	7. B	8. BC	9. BC	10. C
11. A	12. A	13. D	14. BC	15. AB
16. AD	17. ABCD	18. BC	19. AD	20. C
21. C	22. A	23. B	24. C	25. B
26. ABCD	27. C	28. B	29. C	30. BC
31. ABCD	32. C	33. BD	34. A	35. ABCD
36. B	37. D	38. CD	39. A	40. C
41. A	42. B	43. C	44. D	45. C
46. B	47. A	48. A	49. A	50. A
51. B	52. D	53. C	54. AD	55. B
56. BD	57. BC	58. C	59. ABCD	60. BCD
61. ABCD	62. C	63. ABCD	64. A	65. B
66. D	67. BCD	68. D	69. D	70. A
71. B	72. ABC	73. CD	74. ABC	75. B
76. C	77. A	78. B	79. ABCD	80. A

四、判断题

1. ×	2. ×	3. √	4. ×	5. ×	6. ×	7. ×	8. √	9. √	10. ×
11. ×	12. ×	13. ×	14. ×	15. ×	16. ×	17. √	18. ×	19. ×	20. √
21. ×	22. ×	23. ×	24. √	25. ×	26. √	27. ×	28. ×	29. √	30. √
31. √	32. ×	33. ×	34. √	35. ×	36. √	37. √	38. ×	39. ×	40. √
41. √	42. ×	43. √	44. ×	45. ×	46. ×	47. √	48. √	49. ×	50. ×
51. √	52. √	53. ×	54. √	55. ×	56. ×	57. ×	58. √	59. ×	60. √

五、简答题

1. **答:** 试验失败,结果无效,重做试验。

2. **答:** 在试验中,应该注意夹具与试样夹持区的重叠要饱满,从而防止试样与夹具发生相对位移。

3. **答:**(1)冷拉钢筋焊接应在冷拉之前进行。

(2)焊接部位应清除铁锈、熔渣、油污等。

(3)尽量避免不同国家的进口钢筋之间或进口钢筋与国产钢筋之间焊接。

4. 答:(1)试验应在平稳压力作用下,缓慢施加试验压力。两支辊间距离为$(d+2.5a)\pm 0.5a$,且在试验过程中不允许有变化。

(2)试验应在20℃ ±10℃条件下进行。

(3)钢筋冷弯试件不得进行车前加工。

5. 答:试件弯曲后,检查弯曲处的外弯面及侧面,如无裂缝、裂断或起层现象,则认为冷弯试验合格。

6. 答:主要测定钢材力学性能:抗拉强度(σ_b)、屈服点(σ_s)、断后伸长率(δ)等。

7. 答:通过冷弯试验判定其承受弯曲至规定角度及形状的能力,了解钢材对某种工艺加工适合程度,并显示其缺陷,作为评定钢筋质量的技术依据。

8. 答:应保持水灰比不变,增加水泥和水的用量,相应减少砂、石用量(砂率不变)。

9. 答:增加砂率(保持砂、石总量不变,提高砂用量,减少石子用量)。

10. 答:减少砂浆或保持砂、石总量不变,减少砂用量,增加石子用量。

11. 答:试件尺寸越小,测得的强度越高;试件尺寸越大,测得的强度越低。

12. 答:当试件受压面积($a\times a$)相同,而高度(h)不同时,高宽比(h/a)越大,抗压强度越小。

13. 答:(1)养护温度高,水泥水化速度加快,混凝土的强度发展也快,反之,在低温下混凝土强度发展迟缓。

(2)湿度不够,水泥水化反应不能正常进行,甚至停止水化,会严重降低混凝土强度,为此,施工规范规定,在混凝土浇筑成型后,必须保证足够的湿度,应在12h内进行覆盖,以防止水分蒸发。在夏季施工的混凝土,要特别注意浇水保湿,常用的硅酸盐水泥、普通水泥和矿渣水泥浇水保温应不少于7d,火山灰水泥和粉煤灰水泥应不少于14d。

14. 答:应掺入减水剂、引气剂。

15. 答:$f_{cc}=\frac{P}{A}\times 1.05=\frac{(600+560+580)\times 10^3}{3\times(200\times 200)}\times 1.05$

$=14.5\times 1.05=15.2\text{MPa}$

混凝土的强度等级为C15。

16. 答:$f_7=\frac{P}{A}=\frac{\frac{(600+560+580)\times 1\,000}{3}}{150\times 150}=23.6\text{MPa}$

$f_{28}=\frac{\lg 28}{\lg 7}\times f_7=40.4\text{MPa}$

混凝土的强度等级为C40。

17. 答:$f_a=\frac{P}{A}=\frac{\frac{(630+640+630)\times 1\,000}{3}}{150\times 150}=28.1\text{MPa}$

混凝土的强度等级为C25。

18. 答:一般材料都要求按不同品种、不同等级、不同出厂日期等分别储存和运输,并且在储存和运输过程防潮、防水,有机类、易燃材料及石灰等应运离火源,避免受热、受阳光直射,防止老化。

19. 答:常用外加剂有减水剂、早强剂、引气剂、缓凝剂、膨胀剂等。减水剂一般作用主要是调节凝结硬化时间,改善和易性,针对工程具体情况调整混凝土配合比例,还可以达到提高早期强度或节省水泥的目的,可用于夏季施工用商品混凝土、泵送混凝土、高强、高性能混凝土等。

早强剂主要是提高混凝土早期温度,可用于冬季施工、现浇等工程。

引气剂主要用来改善混凝土的抗渗性、抗冻性等,可用于有抗渗要求、冬季施工等工程,但注意对混凝土强度的不利影响。

缓凝剂顾名思义,用于延缓水泥的凝结硬化的,可用于大体积混凝土、商品混凝土(长距离运输)及夏季施工。

膨胀剂主要改善水泥硬化后体积收缩的问题,可起到补偿收缩的目的,减少水泥硬化后的干缩变形,可用于堵漏、补缝、抗渗、抗裂、地脚螺栓固定等工程。

20. **答**:水泥:主要检测细度、凝结时间、体积安定性、强度。现场随机抽样后,送到检测场检测。钢筋:主要检测抗拉强度、冷弯性能,砌(块)砖:主要检测抗压强度、外观质量;混凝土(砂浆):主要检测强度及和易性。

模 拟 试 题

《建筑材料》模拟试题一

一、填空题(共30分,每空1分)

1. 建筑工程中通用水泥主要包括(　　)、(　　)、(　　)、(　　)、(　　)和(　　)6大品种。

2. 普通水泥、矿渣水泥、粉煤灰水泥和火山灰水泥的强度等级有(　　)、(　　)、(　　)、(　　)、(　　)和(　　)。其中R型水泥为(　　),主要是其(　　)天强度较高。

3. 普通混凝土用砂的颗粒级配按(　　)μm方孔筛的累计筛余率分为1区、2区、3区共3个级配区;按(　　)模数的大小分为(　　)、(　　)和(　　)。

4. 热轧带肋钢筋的强度等级代号有(　　)、(　　)和(　　)3个。

5. 通用水泥的强度是根据(　　)天与(　　)天的(　　)强度与(　　)强度划分的等级。

6. 混凝土配合比设计需要满足(　　)、(　　)、(　　)、(　　)4个方面的要求。

二、单项选择题(共30分,每题1分)

1. 对于通用水泥,下列性能中(　　)不符合标准规定为废品。

A. 终凝时间　　B. 混合材料掺量　　C. 体积安定性　　D. 包装标志

2. 普通混凝土用砂应选择(　　)较好。

A. 空隙率小　　B. 尽可能粗

C. 越粗越好　　D. 在空隙率小的条件下尽可能粗

3. 砌筑砂浆的保水性指标用(　　)表示。

A. 坍落度　　B. 维勃稠度　　C. 沉入度　　D. 分层度

4. 下列表示混凝土强度等级的是(　　)。

A. C20　　B. M20　　C. MU20　　D. F20

5. 国家标准规定,通用水泥的初凝时间不早于(　　)。

A. 10h　　B. 6.5h　　C. 45min　　D. 1h

6. 烧结普通砖的公称尺寸为(　　)。

A. 40mm×40mm×160mm　　B. 150mm×150mm×150mm

C. 100mm×100mm×100mm　　D. 240mm×115mm×53mm

7. 水泥的体积安定性用(　　)检测必须合格。

A. 沸煮法　　B. 坍落度法　　C. 维勃稠度法　　D. 筛分析法

8. 混凝土试件的标准龄期为(　　)。

A. 3d　　B. 28d　　C. 3d和28d　　D. 7d

9. 钢是指含碳量在(　　)以内含有害物质较少的铁碳合金。

A. 5%　　B. 3%　　C. 2%　　D. 1%

10. 钢材的伸长率越大，说明钢材的(　　)越好。

A. 强度　B. 硬度　C. 韧性　D. 塑性

11. 石油沥青的塑性指标是(　　)。

A. 针入度　B. 延伸度　C. 软化点　D. 闪点

12. 普通混凝土用砂的细度模数在(　　)范围内。

A. 1.6 ~ 2.2　B. 2.3 ~ 3.0　C. 3.1 ~ 3.7　D. 1.6 ~ 3.7

13. 有硫酸盐腐蚀的混凝土工程应优先选用(　　)水泥。

A. 硅酸盐　B. 普通　C. 矿渣　D. 高铝

14. 不宜作为防水材料的沥青是(　　)。

A. 建筑石油沥青　B. 煤沥青

C. 橡胶改性沥青　D. 合成树脂改性沥青

15. 只能在空气中凝结、硬化，保持并发展其强度的胶凝材料为(　　)胶凝材料。

A. 有机　B. 无机　C. 水硬性　D. 气硬性

16. 影响混凝土强度的因素是(　　)。

A. 水泥强度等级与水灰比、集料的性质

B. 养护条件、龄期、施工质量

C. 水泥强度等级与水灰比、集料的性质、龄期

D. 水泥强度等级与水灰比、集料的性质以及养护条件、龄期等

17. 用原木旋切成薄片，经干燥处理后，再用胶黏剂按奇数层数，以各层纤维互相垂直的方向，黏合热压而成的人造板材，称为(　　)。

A. 胶合板　B. 纤维板　C. 木丝板　D. 刨花板

18. 国家标准规定，普通硅酸盐水泥的终凝时间(　　)。

A. 不早于 10h　B. 不迟于 10h

C. 不早于 6.5h　D. 不迟于 6.5h

19. 用于吸水基面(如黏土砖或其他多孔材料)的砂浆强度，主要取决于(　　)。

A. 水灰比　B. 水泥强度

C. 水泥用量　D. 水泥强度与水泥用量

20. (　　)具有高弹性、拉伸强度高、延伸率大、耐热性好低温柔性好、单层防水和使用寿命长等优点。

A. 石油沥青防水卷材　B. 高聚物改性沥青防水卷材

C. 合成高分子防水卷材　D. 防水油膏

21. 材料的实际密度是指材料在(　　)下，单位体积所具有的质量。

A. 绝对密实状态　B. 自然状态

C. 自然堆积状态　D. 紧密堆积状态

22. 在生产水泥时必须掺入适量石膏是为了(　　)。

A. 提高水泥产量　B. 延缓水泥凝结时间

C. 防止水泥石产生腐蚀　D. 提高强度

23. 在硅酸盐水泥熟料的 4 种主要矿物组成中，(　　)水化反应速度最快。

A. C_2S　B. C_3S　C. C_3A　D. C_4AF

24. 在硅酸盐水泥熟料的 4 种主要矿物组成中，(　　)水化反应速度最慢。

A. C_2S　　B. C_3S　　C. C_3A　　D. C_4AF

25. Q235—A·F 表示(　　)。

A. 抗拉强度为 235MPa 的 A 级镇静钢

B. 屈服点为 235MPa 的 B 级镇静钢

C. 抗拉强度为 235MPa 的 A 级沸腾钢

D. 屈服点为 235MPa 的 A 级沸腾钢

26. 混凝土的水灰比值在 0.4～0.8 范围内越大,则混凝土的强度(　　)。

A. 越低　　B. 越高　　C. 不变　　D. 无影响

27. 材料的耐水性用软化系数表示,其值越大,则耐水性(　　)。

A. 越好　　B. 越差　　C. 不变　　D. 不一定

28. 对于高强混凝土工程最适宜选择(　　)水泥。

A. 普通　　B. 硅酸盐　　C. 矿渣　　D. 粉煤灰

29. 测定混凝土立方抗压强度时,标准试件的尺寸是(　　)。

A. 100mm×100mm×100mm　　B. 150mm×150mm×150mm

C. 200mm×200mm×200mm　　D. 70.7mm×70.7mm×70.7mm

30. 在钢筋混凝土结构计算中,对于轴心受压构件,都采用混凝土的(　　)作为设计依据。

A. 立方体抗压强度　　B. 立方体抗压强度标准值

C. 轴心抗压强度　　D. 抗拉强度

三、简答题(共 20 分,每题 5 分)

1. 通用水泥在储存和保管时应注意哪些方面?

2. 普通混凝土的组成材料有哪些?在混凝土硬化前和硬化后各起什么作用?

3. 现场浇筑混凝土时,严禁施工人员随意向混凝土中加水。试分析加水对混凝土性能有何影响?

4. 仓库存有 3 种白色胶凝材料,分别是生石灰粉、建筑石膏和白色水泥,问有什么简易方法可以辨认?

四、计算题(共 20 分)

1. 施工现场搅拌混凝土,每罐需加入干砂 250kg,现场砂的含水率为 2%。计算需加入多少 kg 湿砂?(4 分)

2. 已知混凝土试拌调整后,各组成材料的用量分别为:水泥 4.6kg,水 2.6kg,砂 9.8kg,碎石 18.0kg,并测得混凝土拌和物的体积密度为 2 380kg/m^3。试计算:

(1)每立方米混凝土各组成材料的用量为多少?(5 分)

(2)该混凝土的砂率和水灰比?(5 分)

3. 采用普通水泥、卵石和天然砂配制混凝土,制作一组边长为 150mm 的立方体试件,标准养护 28d,测得的抗压破坏荷载分别为 510kN、520kN、650kN。计算该组混凝土试件的立方体抗压强度。(6 分)

《建筑材料》模拟试题二

一、名词解释(共 6 分, 每题 2 分)

1. 材料的耐久性

2. 水泥的初凝时间

3. 混凝土拌和物的和易性

二、单项选择题(共 30 分,每题 1 分)

1. 材料的实际密度是指材料在(　　)下,单位体积所具有的质量。

A. 绝对密实状态　　B. 自然状态

C. 自然堆积状态　　D. 紧密堆积状态

2. 由硅酸盐水泥熟料,6% ~15% 石灰石或粒化高炉矿渣,适量石膏磨细制成的水硬性胶凝材料,称为(　　)。

A. 硅酸盐水泥　　B. 普通硅酸盐水泥

C. 矿渣硅酸盐水泥　　D. 石灰石硅酸盐水泥

3. 当材料孔隙率增加时,保温隔热性(　　)。

A. 提高　　B. 下降　　C. 不变　　D. 不一定

4. 细度模数在 1.6 ~2.2 为(　　)。

A. 粗砂　　B. 中砂　　C. 细砂　　D. 特细砂

5. 砂率越大,混凝土中集料的总表面积(　　)。

A. 越大　　B. 越小　　C. 越好　　D. 无变化

6. 在生产水泥时必须掺入适量石膏是为了(　　)。

A. 提高水泥产量　　B. 延缓水泥凝结时间

C. 防止水泥石产生腐蚀　　D. 提高强度

7. 在硅酸盐水泥熟料的 4 种主要矿物组成中(　　)水化反应速度最快。

A. C_2S　　B. C_3S　　C. C_3A　　D. C_4AF

8. 对于通用水泥,下列性能中(　　)不符合国家标准规定为废品。

A. 终凝时间　　B. 混合材料掺量　　C. 体积安定性　　D. 包装标志

9. 按标准规定,烧结普通砖的标准尺寸是(　　)。

A. 240mm ×120mm ×53mm　　B. 240mm ×115mm ×55mm

C. 240mm ×115mm ×53mm　　D. 240mm ×115mm ×50mm

10. 砌筑砂浆的流动性指标用(　　)表示。

A. 坍落度　　B. 维勃稠度　　C. 沉入度　　D. 分层度

11. 石油沥青的针入度越大,则其黏滞性(　　)。

A. 越大　　B. 越小　　C. 不变　　D. 不一定

12. Q235—A. F 表示(　　)。

A. 抗拉强度为 235MPa 的 A 级镇静钢　　B. 屈服点为 235MPa 的 B 级镇静钢

C. 抗拉强度为 235MPa 的 A 级沸腾钢　　D. 屈服点为 235MPa 的 A 级沸腾钢

13. 有硫酸盐腐蚀的混凝土工程应优先选择(　　)水泥。

A. 硅酸盐　　B. 普通　　C. 矿渣　　D. 高铝

14. 混凝土的水灰比值在 0.4 ~0.8 范围内越大,则其强度(　　)。

A. 越低　　B. 越高　　C. 不变　　D. 无影响

15. (　　)是衡量绝热材料性能优劣的主要指标。

A. 导热系数　　B. 渗透系数　　C. 软化系数　　D. 比热

16. 提高混凝土拌和物的流动性,可采取的措施是(　　)。

A. 增加单位用水量

B. 提高砂率

C. 增加水灰比

D. 在保持水灰比一定的条件下,同时增加水泥用量和用水量

17. 材料的耐水性用软化系数表示,其值越大,则耐水性(　　)。

A. 越好　　B. 越差　　C. 不变　　D. 不一定

18. 对于大体积混凝土工程最适宜选择(　　)水泥。

A. 普通　　B. 硅酸盐　　C. 矿渣　　D. 快凝快硬

19. 在高碳钢拉伸性能试验过程中,其(　　)阶段不明显。

A. 弹性　　B. 屈服　　C. 强化　　D. 颈缩

20. 测定混凝土立方抗压强度时,标准试件的尺寸是(　　)。

A. 100mm×100mm×100mm　　B. 150mm×150mm×150mm

C. 200mm×200mm×200mm　　D. 70.7mm×70.7mm×70.7mm

21. 在钢筋混凝土结构计算中,计算轴心受压构件时,都采用混凝土的(　　)作为设计依据。

A. 立方体抗压强度　　B. 立方体抗压强度标准值

C. 轴心抗压强度　　D. 抗拉强度

22. 通用水泥的储存期一般不宜过长,一般不超过(　　)。

A. 一个月　　B. 三个月　　C. 六个月　　D. 一年

23. (　　)区砂的质量最好。

A. I　　B. II　　C. III　　D. IV

24. 碎石混凝土与卵石混凝土相比较,其(　　)。

A. 流动性好　　B. 黏聚性好　　C. 保水性好　　D. 强度高

25. 三毡四油防水层中的"油"是指(　　)。

A. 沥青胶　　B. 冷底子油　　C. 玛蹄脂　　D. 乳化沥青

26. 硅酸盐水泥的细度指标是(　　)。

A. 0.08mm 方孔筛筛余量　　B. 0.2mm 方孔筛筛余量

C. 细度　　D. 比表面积

27. 砌石砂浆的强度主要取决于(　　)。

A. 水灰比　　B. 水泥的强度　　C. 水泥的用量　　D. B + C

28. 水泥石产生腐蚀的内因是:水泥石中存在(　　)。

A. $3CaO \cdot 2SiO_2 \cdot 3H_2O$　　B. $Ca(OH)_2$

C. CaO　　D. $3CaO \cdot Al_2O_3 \cdot 6H_2O$

29. 为避免夏季流淌,一般屋面用沥青材料的软化点应比本地区屋面最高温度高(　　)。

A. 10℃　　B. 15℃　　C. 20℃以上　　D. 25℃以上

30. (　　)炼钢法所炼得钢的质量最好,主要用于冶炼优质碳素钢特殊合金钢。

A. 平炉　　B. 转炉　　C. 加热炉　　D. 电弧炉

三、多项选择题(共10分,每题2分)

1. 塑料具有(　　)等优点。

A. 质量轻　　B. 比强度高

C. 保温隔热、吸声性好　　D. 富有装饰性

2. 混凝土配合比设计的基本要求是(　　)。

A. 和易性良好　　B. 强度达到所设计的强度等级要求

C. 耐久性良好　　D. 经济合理

3. 影响混凝土拌和物和易性的主要因素有(　　)。

A. 水泥强度等级　　B. 砂率　　C. 水灰比　　D. 水泥浆量

4. 当材料孔隙率发生变化时，材料的(　　)也会随之发生变化。

A. 强度　　B. 吸水率　　C. 耐水性　　D. 抗冻性

5. 以下技术性质(　　)不符合国家标准规定为废品水泥。

A. SO_3 含量　　B. 体积安定性　　C. 初凝时间　　D. 终凝时间

四、简答题(共30分)

1. 什么叫陈伏？石灰若未经陈伏就使用会出现什么情况？(4分)

2. 混凝土的强度等级是按什么划分的，强度的影响因素有哪些？采用哪些措施可提高混凝土的强度？(6分)

3. 为什么生产硅酸盐水泥时必须掺入适量石膏？若多掺或少掺会对水泥产生什么样的影响？(5分)

4. 为什么不能干砖上墙，烧结普通砖的标准尺寸是多少？$1m^3$ 该砌体需用标准砖多少块？(4分)

5. 影响混凝土和易性的因素有哪些？哪些措施可提高混凝土的和易性？(6分)

6. 地仓库存有一种白色胶凝材料，可能是生石灰粉、建筑石膏或白色水泥，问有什么简易方法可以辨认？(5分)

五、计算题(共24分)

1. 某普通水泥，储存期超过三个月。已测得其3d强度达到强度等级为32.5MPa的要求，现又测得其28d抗折、抗压破坏荷载如下表所示：

试件编号	1		2		3	
抗折破坏荷载(kN)	2.9		2.8		2.7	
抗压破坏荷载(kN)	65	66	64	64	70	68

计算后判断该水泥是否能按原强度等级使用？(国家标准规定：32.5级普通水泥28d的抗压、抗折强度分别为32.5MPa、5.5MPa)(14分)

2. 用42.5强度等级的普通水泥拌制碎石混凝土，水灰比为0.5，制作一组标准立方体试件，试估计该混凝土标准养护28d的立方体抗压强度($\alpha_a=0.46$、$\alpha_b=0.07$)。(10分)

《建筑材料》模拟试题三

一、单项选择题(共30分，每题1分)

1. 材料的体积密度是指材料在(　　)下，单位体积的质量。

A. 绝对密实状态　　B. 自然状态

C. 自然堆积状态　　D. 含水饱和状态

2. 紧急抢修工程宜选用(　　)。

A. 硅酸盐水泥　　B. 普通硅酸盐水泥

C. 矿渣硅酸盐水泥　　D. 石灰石硅酸盐水泥

3. 块体材料的体积由固体物质部分体积和(　　)两部分构成。

A. 材料总体积　　B. 孔隙体积

C. 空隙体积　　D. 颗粒之间的间隙体积

4. 混凝土拌和物的强度主要取决于(　　)。

A. 单位用水量　　B. 水泥的强度　　C. 水灰比　　D. 水泥用量

5. 有一组立方体建材试件,试件的尺寸为150mm×150mm×150mm,根据它们的尺寸应是(　　)试件。

A. 水泥胶砂　　B. 混凝土立方体抗压强度

C. 砂浆立方体抗压强度　　D. 烧结普通砖

6. 建筑工程中判断混凝土质量的主要依据是(　　)。

A. 立方体抗压强度　　B. 立方体抗压强度标准值

C. 轴心抗压强度　　D. 抗拉强度

7. 混凝土拌和物的流动性主要取决于(　　)。

A. 单位用水量　　B. 水泥的强度　　C. 砂　　D. 水泥用量

8. 生石灰熟化的特点是(　　)。

A. 体积收缩　　B. 吸水　　C. 体积膨胀　　D. 排水

9. 国家标准规定:水泥安定性经(　　)检验必须合格。

A. 坍落度法　　B. 沸煮法　　C. 筛分析法　　D. 维勃稠度法

10. 高碳钢(硬钢)拉伸性能试验过程中的(　　)不明显。

A. 弹性阶段　　B. 屈服阶段　　C. 强化阶段　　D. 颈缩阶段

11. 通用水泥的储存期一般不宜过长,一般不超过(　　)。

A. 一个月　　B. 三个月　　C. 六个月　　D. 一年

12. 引起水泥安定性不良的原因有(　　)。

A. 未掺石膏　　B. 石膏掺量过多

C. 水泥中存在游离氧化钙　　D. 水泥中存在游离氧化镁

13. 硅酸盐水泥熟料的4个主要矿物组成中,(　　)水化反应速度最快。

A. C_2S　　B. C_3S　　C. C_3A　　D. C_4AF

14. 普通硅酸盐水泥的细度指标是80μm方孔筛筛余量,它是指水泥中(　　)与水泥总质量之比。

A. 大于80μm的水泥颗粒质量　　B. 小于80μm的水泥颗粒质量

C. 熟料颗粒质量　　D. 杂质颗粒质量

15. 建筑石膏的主要特点有(　　)。

A. 孔隙率较小　　B. 硬化后体积收缩

C. 硬化后体积膨胀　　D. 空隙率较大

16. 塑性混凝土拌和物流动性的指标用(　　)表示。

A. 坍落度　　B. 流动度　　C. 沉入度　　D. 分层度

17. "三毡四油"防水层中的"油"是指(　　)。

A. 防水涂料　　B. 冷底子油　　C. 沥青胶　　D. 油漆

18. 由硅酸盐水泥熟料、6%~15%混合材料、适量石膏磨细制成的水硬性胶凝材料,称为

（　　）。

A. 硅酸盐水泥　　B. 普通硅酸盐水泥

C. 复合硅酸盐水泥　　D. 混合硅酸盐水泥

19. 砖在砌筑之前必须浇水润湿的目的是（　　）。

A. 提高砖的质量　　B. 提高砂浆的强度

C. 提高砂浆的黏结力　　D. 便于施工

20. 在生产水泥时，掺入适量石膏是为了（　　）。

A. 提高水泥掺量　　B. 防止水泥石发生腐蚀

C. 延缓水泥凝结时间　　D. 提高水泥强度

21. 对钢材进行冷加工强化处理可提高其（　　）。

A. σ_s　　B. $\sigma_{0.2}$　　C. δ　　D. σ_b

22. 水泥石产生腐蚀的内因是：水泥石中存在大量（　　）结晶。

A. C-S-H　　B. $Ca(OH)_2$　　C. CaO　　D. 环境水

23. 炎热地区的屋面防水材料，一般选择（　　）。

A. 纸胎沥青油毡　　B. SBS 改性沥青防水卷材

C. APP 改性沥青防水卷材　　D. 聚乙烯防水卷材

24. HPB235 是（　　）的牌号。

A. 热轧光圆钢筋　　B. 低合金结构钢

C. 热轧带肋钢筋　　D. 碳素结构钢

25. 制作水泥胶砂试件时，使用的砂是（　　）。

A. 普通河砂　　B. 中国 ISO 标准砂　　C. 海砂　　D. 山砂

26. 混凝土砂率是指混凝土中砂的质量占（　　）的百分率。

A. 混凝土总质量　　B. 砂质量　　C. 砂石质量　　D. 水泥浆质

27. 下列材料中，属于非活性混合材料的是（　　）。

A. 粉煤灰　　B. 粒化高炉矿渣

C. 石英砂　　D. 火山灰凝灰岩

28. 石灰"陈伏"的目的是为了消除（　　）的危害。

A. 正火石灰　　B. 过火石灰　　C. 欠火石灰　　D. 熟石灰

29. 材料吸湿性的指标是（　　）。

A. 吸水率　　B. 含水率　　C. 饱水率　　D. 烧失量

30. 普通混凝土用砂应选择（　　）较好。

A. 空隙率较小的砂　　B. 颗粒较粗的砂

C. 比表面积较大的砂　　D. 空隙率较小且颗粒尽可能粗的砂

二、多项选择题（共 10 分，每题 2 分）

1. 低碳钢拉伸性能试验后，可得到（　　）几项指标。

A. σ_s　　B. $\sigma_{0.2}$　　C. δ　　D. σ_b

2. 以下哪些技术性质不符合国家标准规定为废品水泥（　　）。

A. 细度　　B. 体积安定性　　C. 初凝时间　　D. 终凝时间

3. 判断水泥强度等级时，需要测定（　　）几个强度指标。

A. 3d 水泥胶砂抗折强度　　B. 3d 水泥胶砂抗压强度

C. 28d 水泥胶砂抗折强度　　　　D. 28d 水泥胶砂抗压强度

4. 石子级配有(　　)。

A. 连续级配　　B. 间断级配　　C. 混合级配　　D. 单粒级

5. 混凝土大量使用在现代建筑工程中,是由于其具有以下优点(　　)。

A. 原材料丰富,来源广泛

B. 体积密度大

C. 抗压强度较高

D. 能与钢筋共同工作,并保护钢筋不生锈

三、判断题(共 15 分,每题 1.5 分)

1. 国家标准规定:普通硅酸盐水泥初凝不早于 45min,终凝不迟于 390min。(　　)

2. 软化系数值大于 0.8 的材料为耐水性材料。(　　)

3. 当材料的孔隙率降低时,其绝对密度不变,体积密度增加,强度提高。(　　)

4. 水硬性胶凝材料不但能在空气中硬化,而且能在水中硬化,并保持和发展强度。(　　)

5. 生石灰的主要化学成分是 CaO,熟石灰的主要化学成分是 $Ca(OH)_2$。(　　)

6. 石灰陈伏时,需要在石灰膏表面保留一层水,其作用是为了防止石灰碳化。(　　)

7. 水泥初凝时间是指从水泥加水至水泥浆完全失去可塑性为止所需要的时间。(　　)

8. 粗细程度相同的砂,其级配也相同。(　　)

9. 同配合比条件下,卵石混凝土比碎石混凝土的流动性好,且强度高。(　　)

10. 在普通混凝土配合比设计过程中,混凝土的耐久性主要通过控制其最大水灰比和最小水泥用量来达到要求。(　　)

四、简答题(共 25 分)

1. 何谓水泥体积安定性?(2 分)引起水泥安定性不良的原因是什么?(4 分)国家标准是如何规定的?(2 分)

2. 普通混凝土的组成材料有哪些?(2 分)它们在混凝土硬化前后起什么作用?(4 分)

3. 影响混凝土抗压强度的主要因素有哪些?(3 分)工程中主要采用什么措施来提高混凝土的强度?(3 分)

4. 请说出下列符号是什么材料的什么符号?(5 分)

	材料及其符号的名称
C30	
M7.5	
MU15	
42.5R	
Q235—B.F	

五、计算题(共 20 分)

1. 称量烘干砂试样 300g,将其放入装有水的量筒中吸水饱和,这时水面由原来的 $500cm^3$ 上升至 $616cm^3$,试求出该砂样的表观密度。(5 分)

2. 按初步计算配合比试配少量混凝土,各组成材料的用量分别为:水泥 5.2kg,砂 11.32kg,石 22.40kg,水 2.56kg。经检测发现其坍落度偏大,于是增加砂石用量各 5%,并测得

混凝土拌和物的体积密度为 2 380kg/m^3。试计算调整后的 1m^3 混凝土的各组成材料用量。(8 分)

3. 某混凝土,其设计强度等级为 C30。施工中制作一组标准混凝土立方体试件,经标准养护 28d,上机进行力学性能试验,测得抗压破坏荷载分别为 765kN、770kN、772kN,试判断该混凝土是否达到所设计的强度等级要求。(7 分)

《建筑材料》模拟试题四

一、名词解释(共 10 分,每题 2.5 分)

1. 胶凝材料

2. 材料的实际密度

3. 混凝土的立方体抗压强度

4. 混凝土的水灰比

二、填空题(共 20 分,每空 1 分)

1. 通用水泥的主要品种有(　　)、(　　)、(　　)、(　　)、(　　)、(　　)。

2. 混凝土拌和物的和易性包括(　　)、(　　)和(　　)3 个方面的含义。采用坍落度法可定量测定塑性混凝土的(　　)。

3. 低碳钢拉伸过程,经历了(　　)、(　　)、(　　)和(　　)4 个阶段。

4. 石油沥青的三大组分为(　　)、(　　)和(　　)。

5. 石子的颗粒级配分为(　　)和(　　)2 种;采用(　　)级配配制的混凝土和易性好,不易发生离析。

三、选择题(共 10 分,每题 1 分)

1. 砌筑砂浆保水性指标用(　　)表示。

A. 坍落度　　B. 维勃稠度　　C. 沉入度　　D. 分层度

2. 钢的牌号 Q215-A · b 表示钢的屈服点为 215MPa 的 A 级(　　)。

A. 沸腾钢　　B. 特殊镇定钢　　C. 半镇定钢　　D. 镇定钢

3. 对于大体积混凝土工程,应选择(　　)水泥。

A. 硅酸盐　　B. 普通　　C. 矿渣　　D. 高铝

4. 建筑钢材包括钢结构用型钢和钢筋混凝土用(　　)。

A. 钢板　　B. 沸腾钢　　C. 合金钢　　D. 钢筋

5. 对于通用水泥,下列性能中(　　)不符合标准规定时为废品。

A. 终凝时间　　B. 混合材料掺量　　C. 体积安定性　　D. 包装标志

6. 为了延缓水泥的凝结时间,在生产水泥时必须掺入适量(　　)。

A. 石灰　　B. 石膏　　C. 助磨剂　　D. 水玻璃

7. 通用水泥的储存期不宜过长,一般不超过(　　)。

A. 一年　　B. 六个月　　C. 一个月　　D. 三个月

8. 为避免夏季流淌,一般屋面用沥青材料的软化点应比本地区屋面最高温度高(　　)。

A. 10℃以上　　B. 15℃以上　　C. 20℃以上　　D. 25℃以上

9. 合理砂率是指在用水量和水泥用量一定的情况下,能使混凝土拌和物获得(　　)流动性,同时保护良好黏聚性和保水性的砂率值。

A. 最大　　B. 最小　　C. 一般　　D. 不变

10. 紧急抢修混凝土工程最适宜选择(　　)水泥。

A. 普通　　B. 硅酸盐　　C. 矿渣　　D. 快凝快硬

四、判断题(共10分,每题1分)

1. 防水材料通常是亲水性材料。(　　)

2. 材料的实际密度与表观密度之间差值越大,说明材料的耐水性越好。(　　)

3. 随着建筑业的发展和人们生活水平的提高,要求建筑材料应朝着轻质高强,多功能和环保方向发展。(　　)

4. 国家对烧结黏土砖的使用范围从明年开始将采取限制措施。(　　)

5. 描述混凝土拌和物和易性优良与否的指标坍落度,其单位为mm。(　　)

6. 木材的力学性能从其结构上分析呈现出各向同性。(　　)

7. 低碳钢的屈服强度是工程设计上钢材强度取值的依据,是工程结构中一个非常重要的参数。(　　)

8. 依据公式$f_{cu}=\alpha_a f_{ce}(\frac{c}{w}-\alpha_b)$,制作混凝土时,其灰水比越大,硬化混凝土的强度越高。(　　)

9. 钢材经时效处理后,它的硬度增加,强度也增加。(　　)

10. 建筑塑料具有质量轻、比强度高、保温隔热、吸声性好等特点。(　　)

五、简答题(共30分)

1. 何谓石灰陈伏?石灰使用之前为什么要陈伏?(6分)

2. 为什么新建房屋的墙体保暖性能差,尤其是在冬季?(6分)

3. 影响混凝土拌和物和易性的因素有哪些?(6分)

4. 现场浇筑混凝土时,严禁施工人员随意向混凝土中加水。试分析加水对混凝土性能的影响。它与混凝土成型凝结后的洒水养护有无矛盾?为什么?(12分)

六、计算题(共20分)

1. 混凝土设计配合比为m_c:m_s:m_g=1:2.30:4.30,$m_w/m_c=0.6$,施工现场搅拌混凝土,现场砂石的情况是:砂的含水率为4%,石的含水率为2%,请问每搅拌一盘混凝土各组成材料的用量是多少。(注:混凝土搅拌机较小,每搅拌一盘混凝土只需加水泥2包)(10分)

2. 一块烧结普通砖,其规格符合标准尺寸,当烘干至恒重时为2 500g,吸水饱和后为2 900g。将该砖磨细、过筛、烘干后称50g,用比重瓶测得粉末体积为18.5cm^3,试求该砖的质量吸水率与实际密度?(5分)

3. 某钢筋混凝土构件,截面最小边长为400mm,钢筋为ϕ20,钢筋中心距80mm,问选用哪一粒级的石子拌制混凝土较好?(参考粒级:5~20、5~31、5.5~40)(5分)

《建筑材料》模拟试题五

一、名词解释(共24分,每题4分)

1. 低碳钢的屈强比

2. 石灰的陈伏

3. 砂率

4. 木材的纤维饱和点

二、填空题(共 15 分,每空 0.5 分)

1. 建筑材料是建筑工程的物质基础,在建筑工程总造价中,建筑材料所占比例高达(　　)。

2. 常见的无机建筑材料有(　　)、(　　)、(　　)、(　　)、(　　),常见的有机建筑材料有(　　)、(　　)、(　　)。

3. 普通混凝土由(　　)、(　　)、(　　)、(　　)组成,必要时可掺入(　　)以改善混凝土的某些性能。

4. 混凝土立方体抗压强度是按标准方法制作的边长为(　　)mm 的立方体试件,在温度为(　　)℃、相对湿度为(　　)以上的潮湿条件下养护到(　　)天龄期,用标准方法测得的抗压强度值。

5. 石子的颗粒级配分为(　　)和(　　)2 种。采用(　　)级配配制的混凝土和易性好,不易发生离析。

6. P8 是指混凝土材料的(　　);F100 是指混凝土材料的(　　);C10 是指(　　)。

7. 低碳钢拉伸中经历了(　　)、(　　)、(　　)、(　　)4 个阶段。高碳钢(硬钢)由于屈服阶段不明显,所以用(　　)代替其屈服点,用(　　)表示。

三、多项选择题(共 10 分,每题 2 分)

1. 硅酸盐水泥熟料矿物中,水化热最高的是(　　)。

A. C_3S　　B. C_2S　　C. C_3A　　D. C_4AF

2. 对于通用水泥,下列性能中(　　)不符合标准规定时为废品。

A. 终凝时间　　B. 混合材料掺量　　C. 体积安定性　　D. 包装标志

3. 为了延缓水泥的凝结时间,在生产水泥时必须掺入适量(　　)。

A. 石灰　　B. 石膏　　C. 助磨剂　　D. 水玻璃

4. 通用水泥的储存期不宜过长,一般不超过(　　)。

A. 一年　　B. 六个月　　C. 一个月　　D. 三个月

5. 某工程现场搅拌混凝土,每罐需加入干砂 120kg,而现场砂的含水率为 2%,计算每罐应加入湿砂(　　)kg。

A. 122.4　　B. 124　　C. 124.8　　D. 120

四、判断题(共 10 分,每题 2 分)

1. 防水材料通常是亲水性材料。(　　)

2. 材料的实际密度与表观密度之间差值越大,说明材料的耐水性越好。(　　)

3. 随着建筑业的发展和人们生活水平的提高,要求建筑材料应朝着轻质高强,多功能和环保方向发展。(　　)

4. 沥青中油分含量越小,其延度越小,针入度越大,适合于用作冷底子油的原材料,使用在建筑防水中。(　　)

5. 描述混凝土拌和物和易性优良与否的指标维勃稠度,其单位为 mm。(　　)

五、简答题(共 20 分)

1. 请解释石灰爆裂的概念,石灰爆裂现象容易出现在哪些建筑材料中,如何防止?(5 分)

2. 现场浇筑混凝土时,严禁施工人员随意向混凝土中加水。试分析加水对混凝土性能的影响。它与混凝土成型凝结后的洒水养护有无矛盾?为什么?(5 分)

3. 填表(10 分)

对比内容 \ 材料种类	混凝土	砌筑砂浆
组成材料		
和易性包含内容		
性能特征		
用途		
改善性能的措施		

六、计算题(共21分)

1. 某混凝土试配调整后,各材料的用量分别为水泥3.1kg、砂6.5kg、卵石12.5kg、水1.8kg,测得拌和物的表观密度为2 400kg/m^3。(11分)

(1)计算1m^3 混凝土中各种材料的用量。

(2)用2袋水泥(50kg×2)拌制混凝土时,其他材料的用量分别为多少。

(3)施工现场砂的含水率为3%、卵石含水率为1%时,求该混凝土的施工配合比。(以1m^3 为基准)

2. 测定烧结普通砖抗压强度时,测得其受压面积为115mm×115mm,抗压破坏荷载为260kN,计算该砖的抗压强度(精确至0.1MPa)。(5分)

3. 某钢筋混凝土构件,截面最小边长为400mm,钢筋为ϕ20,钢筋中心距80mm,问选用哪一粒级的石子拌制混凝土较好?(参考粒级:5~20,5~31.5,5~40)(5分)

《建筑材料》模拟试题六

一、名词解释(共20分,每题5分)

1. 温度稳定性
2. 石灰的陈伏
3. 木材的纤维饱和点
4. 水泥标准稠度用水量

二、填空题(共25分,每空1分)

1. 普通水泥、矿渣水泥、粉煤灰水泥和火山灰水泥的强度等级有(　　)、(　　)、(　　)、(　　)、(　　)和(　　)。其中R型水泥为(　　)。

2. 普通混凝土用砂的颗粒级配按(　　)μm方孔筛筛的累计筛余率分为1区、2区、3区共3个级配区;按(　　)模数的大小分为(　　)、(　　)和(　　)。

3. 热轧带肋钢筋的代号HRB分别表示(　　)、(　　)和(　　)。

4. 混凝土配合比设计需要满足(　　)、(　　)、(　　)、(　　)4个方面的要求。

5. 材料吸湿性的指标是(　　),材料吸水性的指标是(　　)。

6. 生石灰的主要化学成分是(　　),熟石灰的主要化学成分是(　　)。

7. 在普通混凝土配合比设计时,耐久性主要通过控制混凝土的(　　)和最小(　　)来达到要求。

三、单项选择题(共10分,每题1分)

1. 对于通用水泥,下列性能中(　　)不符合标准规定为废品。

A. 终凝时间　B. 混合材料掺量　C. 体积安定性　D. 包装标志

2. 由硅酸盐水泥熟料，6% ~15% 石灰石或粒化高炉矿渣、适量石膏磨细制成的水硬性胶凝材料，称为(　　)。

A. 硅酸盐水泥　B. 普通硅酸盐水泥

C. 矿渣硅酸盐水泥　D. 石灰石硅酸盐水泥

3. 砌筑砂浆的保水性指标用(　　)表示。

A. 坍落度　B. 维勃稠度　C. 沉入度　D. 分层度

4. 细度模数在 1.6 ~2.2 为(　　)。

A. 粗砂　B. 中砂　C. 细砂　D. 特细砂

5. 钢材的伸长率越大，说明钢材的(　　)越好。

A. 强度　B. 硬度　C. 韧性　D. 塑性

6. 石油沥青的塑性指标是(　　)。

A. 针入度　B. 延度　C. 软化点　D. 闪点

7. 影响混凝土强度的因素是(　　)。

A. 水泥强度等级与水灰比、集料的性质

B. 养护条件、龄期、施工质量

C. 水泥强度等级与水灰比、养护条件、施工质量、龄期

D. 水泥强度等级与水灰比、集料的性质以及养护条件、龄期等

8. 材料的体积密度是指材料在(　　)下，单位体积的质量。

A. 绝对密实状态　B. 自然状态

C. 自然堆积状态　D. 含水饱和状态

9. 生石灰熟化的特点是(　　)。

A. 体积收缩　B. 吸水　C. 体积膨胀　D. 排水

10. 在硅酸盐水泥熟料的 4 种主要矿物组成中(　　)水化反应速度最快。

A. C_2S　B. C_3S　C. C_3A　D. C_4AF

四、多项选择题(共 10 分，每题 2 分)

1. 低碳钢拉伸性能试验后，可得到(　　)几项指标。

A. 屈服强度　B. 抗压强度　C. 抗拉极限强度　D. 伸长率

2. 材料的自然体积由(　　)几部分构成。

A. 固体物质体积　B. 孔隙体积　C. 空隙体积　D. 表观体积

3. 石子级配有(　　)。

A. 连续级配　B. 间断级配　C. 混合级配　D. 单粒级

4. 引起水泥石腐蚀的内在因素是水泥石中存在有(　　)。

A. 氢氧化钙　B. 未水化的水泥　C. 较多的 C_3A　D. 过量的石膏

5. 提高混凝土耐久性的措施主要有(　　)。

A. 采用合适品种的水泥　B. 控制最大水灰比和最小水泥用量

C. 掺入混凝土外加剂　D. 采用湿热处理养护混凝土

五、简答题(共 15 分)

1. 影响混凝土和易性的因素有哪些？如何提高混凝土的和易性？(5 分)

2. 在普通水泥质量验收中，哪些技术性能不符合国家标准规定时，水泥为不合格品水泥？

哪些技术性能不符合国家标准规定时,水泥为废品水泥?(5分)

3.请说出下列符号是什么材料的什么符号?(5分)

Q235—A.F	
M7.5	
MU15	
42.5R	
C30	
符号	材料及其符号的名称

六、计算题(共20分)

1.混凝土试拌调整后,各材料用量分别为水泥4.40kg、水2.60kg、砂7.60kg、石子16.40kg,测得拌和物体积密度为2 450kg/m^3。

(1)计算1m^3混凝土中各种原材料用量?(2分)

(2)如工地砂的含水率为3.0%,石子含水率为1.0%,计算施工配合比?(8分)

2.已知某混凝土设计强度等级为C25,强度标准差为5MPa,采用的材料如下。

水泥:强度等级为42.5 MPa的普通硅酸盐水泥,实测强度为43.5 MPa,水泥的密度$\rho_c=3\,000$kg;砂:中砂,砂的表观密度$\rho_s=2\,650$kg/m^3;石子:碎石,最大粒径为20mm,石子的表观密度$\rho_g=2\,700$kg/m^3;$A=0.46$,$B=0.52$,单位用水量选$W=180$kg/m^3、水的密度$\rho_w=1$kg/m^3。满足耐久性要求的最大水灰比为0.6,最小水泥用量为260kg,砂率选$\beta_s=0.36$。试求混凝土初步配合比。(12分)

《道路建筑材料》模拟试题一

一、名词解释(共20分,每题5分)

1.混凝土工作性

2.针入度

3.沥青混合料的稳定度

4.水泥标准稠度用水量

二、填空题(共30分,每空1分)

1.土木工程中通常使用的7大品种硅酸盐水泥是(　　)、(　　)、(　　)、(　　)、(　　)、(　　)和(　　)。

2.水泥的凝结时间可分为(　　)和(　　)。

3.混凝土的工作性可通过(　　)、(　　)和(　　)3个方面评价。

4.混凝土配合比设计应考虑满足(　　)、(　　)、(　　)和(　　)的要求。

5.混凝土的3大技术性质指(　　)、(　　)、(　　)。

6.沥青混合料的抗剪强度主要取决于(　　)和(　　)2个参数。

7.我国现行规范采用(　　)、(　　)、(　　)和(　　)等指标来表征沥青混合料的耐久性。

8.沥青混合料水稳定性如不符合要求,可采用掺加(　　)的方法来提高水稳定性。

9. 树木是由(　　)、(　　)和(　　)3 部分组成,建筑使用的木材主要是(　　)。

三、多项选择题(共 10 分,每题 2 分)

1. (　　)属于水硬性胶凝材料,而(　　)属于气硬性胶凝材料。

A. 石灰、石膏　　B. 水泥、石灰　　C. 水泥、石膏　　D. 石膏、石灰

2. 石灰消化时为了消除"过火石灰"的危害,可在消化后"陈伏"(　　)左右。

A. 半年　　B. 三月　　C. 半月　　D. 三天

3. 氧化镁含量为(　　)是划分钙质石灰和镁质石灰的界限。

A. 5%　　B. 10%　　C. 15%　　D. 20%

4. 影响水泥体积安定性的因素主要有:(　　)。

A. 熟料中氧化镁含量　　B. 熟料中硅酸三钙含量

C. 水泥的细度　　D. 水泥中三氧化硫含量

5. 混凝土立方体抗压强度试件的标准尺寸为(　　)。

A. 10mm × 10mm × 10mm　　B. 15mm × 15mm × 15mm

C. 20mm × 20mm × 20mm　　D. 7.07mm × 7.07mm × 7.07mm

四、判断题(共 10 分,每题 1 分)

1. 细度模数越大,表示细集料越粗。(　　)

2. 过火石灰用于建筑结构物中,使用时缺乏黏结力,但危害不大。(　　)

3. 硅酸盐水泥中 C_2S 早期强度低,后期强度高,而 C_3S 正好相反。(　　)

4. 硅酸盐水泥的细度越细越好。(　　)

5. 混凝土施工配合比和试验配合比二者的水灰比相同。(　　)

6. 在混凝土施工中,统计得出混凝土强度标准差越大,则表明混凝土生产质量不稳定,施工水平越差。(　　)

7. 石油沥青的三组分分析法是将石油沥青分离为:油分、沥青和沥青酸。(　　)

8. 针入度指数(PI)值越大,表示沥青的感温性越高。(　　)

9. 道路石油沥青的标号是按针入度值划分的。(　　)

10. 沥青混合料是一种复合材料,由沥青、粗集料、细集料、矿粉及外加剂组成。(　　)

五、简答题(共 15 分,每题 5 分)

1. 何谓沥青玛蹄脂混合料(SMA),它由什么材料组成?在性能上有什么特点?

2. 我国现行热拌混合料质量评定有哪几项指标?

3. 影响沥青混合料抗剪强度的因素有那些?

六、计算题(共 15 分)

某工程现浇室内钢筋混凝土梁,混凝土设计强度等级为 C40。施工采用机械拌和及振捣,选择的混凝土拌和物坍落度为 30 ~ 50mm。施工单位无混凝土强度统计资料,所用原材料如下。

水泥:普通水泥,强度等级为 52.5,实测 28d 抗压强度 48.0MPa,密度 $\rho_c = 3.1g/cm^3$;砂:中砂,级配 2 区合格,表观密度 $\rho_s = 2.7g/cm^3$;石子:卵石,5 ~ 40mm,表观密度 $\rho_g = 2.70g/cm^3$;水:自来水,密度 $\rho_w = 1.00g/cm^3$。

试用体积法和质量法计算该混凝土的初步配合比。

《道路建筑材料》模拟试题二

一、名词解释(共20分,每题5分)

1. 高温稳定性
2. 软化点
3. 初凝时间
4. 稳定土

二、填空题(共30分,每空1分)

1. 为调节水泥的凝结速度,在磨制水泥过程中需要加入适量的(　　)。
2. 硅酸盐水泥熟料矿物组成中,释热量最大的是(　　),释热量最小的是(　　)。
3. 我国混凝土拌和物的工作性的试验方法有(　　)和(　　)2种。在混凝土配合比设计中,通过(　　)、(　　)2个方面控制混凝土的耐久性。
4. 混凝土的变形主要有(　　)、(　　)、(　　)和(　　)4类。
5. 软化点的数值随采用的仪器不同而异,我国现行试验法是采用(　　)法。
6. 沥青混合料按混合料密实度可分为(　　)、(　　)和(　　)。
7. 建筑钢材最主要的技术性质是(　　)、(　　)、(　　)、(　　)等。
8. 我国现行标准规定,采用(　　)、(　　)方法来评定沥青混合料的高温稳定性。
9. 我国现行规范采用(　　)、(　　)、(　　)和(　　)等指标来表征沥青混合料的耐久性。
10. 水泥的物理力学性质主要有(　　)、(　　)、(　　)和(　　)。

三、多项选择题(共10分,每题2分)

1. 针入度指数越大,表示沥青的感温性(　　)。

A. 越大　　B. 越小　　C. 无相关关系　　D. 不变

2. 水泥石的腐蚀包括(　　)。

A. 溶析性侵蚀　　B. 硫酸盐的侵蚀　　C. 镁盐的侵蚀　　D. 碳酸的侵蚀

3. (　　)的耐热性最好。

A. 硅酸盐水泥　　B. 粉煤灰水泥　　C. 矿渣水泥　　D. 硅酸盐水泥

4. 集料中有害杂质包括(　　)。

A. 含泥量和泥块含量　　B. 硫化物和硫酸盐含量
C. 轻物质含量　　D. 云母含量

5. 矿质混合料的最大密度曲线是通过试验提出的一种(　　)。

A. 实际曲线　　B. 理论曲线　　C. 理想曲线　　D. 理论直线

四、判断题(共10分,每题1分)

1. 试拌混凝土时若测定混凝土的坍落度满足要求,则混凝土的工作性良好。(　　)
2. 在生产水泥中,石膏加入量越多越好。(　　)
3. 气硬性胶凝材料只能在空气中硬化,而水硬性胶凝材料只能在水中硬化。(　　)
4. 道路石油沥青的标号是按针入度值划分的。(　　)
5. 沥青用量只影响沥青混合料的黏聚力,不影响其内摩擦角。(　　)
6. 我国现行国标规定,采用马歇尔稳定度试验来评价沥青混合料的高温稳定性。(　　)
7. 钢中的氧为有益元素。(　　)

8. Q215AF 表示屈服点为 215MPa 的 A 级沸腾钢。 (　　)

9. 沥青混合料的抗剪强度主要取决于黏聚力和内摩擦角 2 个参数。 (　　)

10. 计算混凝土的水灰比时，要考虑使用水泥的实际强度。 (　　)

五、简答题(共 15 分，每题 5 分)

1. 试述级配与粗度的区别与联系？

2. 普通混凝土配合比设计包括哪些内容？

3. 路面用沥青混合料应具备的主要技术性质有哪些？

六、计算题(共 15 分)

1. 有一石料试样，干燥状态下的质量 250g，把它浸入装满水的桶里吸水饱和，排出的水为 $100cm^3$，然后把试件取出，擦干表面第二次放入装满水的桶中，排出水量为 $125cm^3$。求此石料的干密度、吸水饱和状态下毛体积密度、重量吸水率及体积吸水率。(8 分)

2. 已知混凝土的水灰比为 0.5，设每 $1m^3$ 混凝土的用水量为 180kg，砂率为 33%，假定混凝土的表观密度为 2 450kg/m^3，试计算 $1m^3$ 混凝土各项材料用量。(7 分)

《道路建筑材料》模拟试题三

一、名词解释(共 20 分，每题 5 分)

1. 溶胶型结构

2. 稳定度

3. 屈服强度

4. 终凝时间

二、填空题(共 30 分，每空 1 分)

1. 砂从干到湿可分为(　　)、(　　)、(　　)、(　　)4 种状态。实验室配合比中理想的含水状态应为 C。

2. 石油沥青的四组分分析法是将沥青分离为(　　)、(　　)、(　　)和(　　)。

3. 马歇尔模数是(　　)和(　　)的比值，可以间接反映沥青混合料的(　　)能力。

4. 建筑钢材最主要的技术性质是(　　)、(　　)、(　　)、(　　)等。

5. 树木是由(　　)、(　　)和(　　)3 部分组成，建筑使用的木材主要是(　　)。

6. 混凝土的工作性可通过(　　)、(　　)和(　　)3 个方面评价。

7. 水泥的技术性质主要有(　　)、(　　)、(　　)和(　　)等。

8. 石油沥青的胶体结构可分为(　　)、(　　)和(　　)3 个类型。

三、多项选择题(共 10 分，每题 2 分)

1. 水泥细度可用下列方法表示：(　　)。

A. 筛析法　　B. 比表面积法　　C. 试饼法　　D. 雷氏法

2. 抗渗性最差的水泥是(　　)。

A. 普通硅酸盐水泥　　B. 粉煤灰水泥　　C. 矿渣水泥　　D. 硅酸盐水泥

3. 混凝土立方体抗压强度试件的标准尺寸为(　　)。

A. 10mm × 10mm × 10mm　　B. 15mm × 15mm × 15mm

C. 20mm × 20mm × 20mm　　D. 7.07mm × 7.07mm × 7.07mm

4. 混凝土配合比设计时必须按耐久性要求校核(　　)。

A. 砂率　　B. 单位水泥用量　　C. 浆集比　　D. 水灰比

5. 按现行常规工艺，作为生产石油沥青原料的原油基属，最好是选用(　　)原油。

A. 中间基　　B. 石蜡基　　C. 环烷基　　D. 以上均不对

四、判断题(共10分，每题1分)

1. 石膏浆体的凝结硬化实际上是碳化作用。(　　)

2. 在生产水泥中，石膏加入量越多越好。(　　)

3. 细度模数越大，表示细集料越粗。(　　)

4. 砂浆的流动性是用分层度表示的。(　　)

5. 沥青混合料主要技术性质为：高温稳定性、低温抗裂性、耐久性、抗滑性和施工和易性。(　　)

6. 水泥是水硬性胶凝材料，所以在运输和储存中不怕受潮。(　　)

7. 石油沥青的三组分分析法是将石油沥青分离为：油分、沥青和沥青酸。(　　)

8. 合成高分子材料加工性能优良，强度高。(　　)

9. Q215AF 表示屈服点为 215MPa 的 A 级沸腾钢。(　　)

10. 石料的软化系数越小，耐水性能越好。(　　)

五、简答题(共15分，每题5分)

1. 影响混凝土强度的主要因素有哪些？

2. 石油沥青的胶体结构有哪3种类型？各有何特点？

3. 简述水泥凝结硬化原理？

六、计算题(共15分)

已知混凝土的设计强度为30MPa，施工单位标准差为4.0MPa，用强度等级为42.5的普通硅酸盐水泥和碎石，如水灰比为0.6，水泥强度富裕系数为1.13，判断是否能满足强度要求？

试验技能模拟试题一

(水 泥 试 验)

一、填空题(共30分，每空1分)

1. 水泥细度是指(　　)水泥的重要技术性质，对水泥(　　)有较大影响，同时也影响水泥的(　　)、(　　)等。水泥细度检验方法分为(　　)和(　　)，(　　)适合用于硅酸盐水泥，(　　)适合用于其他各种水泥。

2. 水泥标准稠度用水量指水泥净浆(　　)的水，通常用(　　)、(　　)来表示。测定方法有(　　)和(　　)2种，硅酸盐水泥的标准稠度用水量一般在(　　)之间。

3. 水泥安定性是指(　　)、(　　)、(　　)，体积的不均匀会引起(　　)、(　　)或(　　)等现象。

4. 水泥的凝结时间分为(　　)和(　　)。它的测定是以(　　)的水泥净浆，在规定的(　　)下，用(　　)来测定。

5. 水泥胶砂强度试验是测定水泥的(　　)、(　　)的强度，从而确定水泥的(　　)。

6. 沥青混合料配合比设计包括(　　)、(　　)和(　　)3个阶段。

二、简答题(共70分，每题7分)

1. 水泥细度试验的方法有哪些？简述其过程及注意事项。

2. 简述水泥细度试验所用仪器设备及其标准。

3. 水泥安定性测定的方法有哪些？简述其过程。

4. 简述水泥细度试验(负压筛法)的操作过程及结果计算方法。

5. 简述水泥标准稠度用水量测定过程及注意事项。

6. 简述水泥标准稠度用水量测定所用仪器设备及其标准。

7. 水泥安定性测定(两种方法)所用仪器设备及其标准。

8. 简述水泥胶砂强度测定的操作过程及注意事项。

9. 简述水泥胶砂强度测定所用仪器设备 。

10. 通过哪些性能测定说明水泥的技术性能是否良好,是不是合格品?

试验技能模拟试题二

(混凝土集料及混凝土技术性能试验)

一、填空题(共 40 分,每空 1 分)

1. 砂的表观密度是指在(　　)、(　　)状态下,(　　)的质量。砂的堆积密度是指砂在(　　)下,(　　)的质量。砂的筛分析试验目的是测定砂的(　　)并计算(　　),为混凝土配合比设计提供依据。

2. 碎石或卵石的筛分析试验目的是测定粗集料的(　　)和(　　)以便选择(　　),达到(　　)和(　　)的目的,同时为(　　)、(　　)和(　　)提供依据。

3. 混凝土拌和物的和易性是指(　　)、(　　)、(　　),它是保证混凝土(　　)的前提,包括(　　)、(　　)三个方面的技术要求。

4. 混凝土的工作性测定可以用(　　)和(　　)2 种方法测定。分别适应于(　　)和(　　)混凝土。

5. 水泥混凝土抗压强度试验的试验目的是用以检验(　　)、(　　),确定(　　),校核(　　),并为(　　)、(　　)提供依据。主要仪器设备有(　　)、(　　)、(　　)、(　　)、(　　)、(　　)、(　　)、(　　)、(　　)。

二、简答题(共 60 分,每题 10 分)

1. 简述砂的筛分析试验的过程及注意事项。

2. 简述水泥混凝土拌和物工作性能试验过程及注意事项。

3. 简述水泥混凝土拌和物坍落度测定试验所用仪器设备及其标准。

4. 简述水泥混凝土抗压强度试验过程及注意事项。

5. 如何评定水泥混凝土的强度等级?

6. 如何评定粗集料的级配是否合理?

试验技能模拟试题三

(水泥、建筑砂浆、钢筋、石油沥青试验)

一、填空题(共 40 分,每空 1 分)

1. 通过砂浆的稠度试验,可以测得(　　)或(　　)、(　　)以保证施工质量。砂浆分层度试验的目的是测定(　　),并依此判断砂浆在(　　),从而控制(　　)。砂浆的抗压强度试验目的是(　　),依此确定(　　),并判断(　　)、(　　)。

2. 钢筋试验主要测定(　　)的(　　)、(　　)、(　　)。确定(　　)之间的关系曲线,评定钢筋的(　　)。其主要仪器设备是(　　)。

3. 石油沥青试验主要测定的性能指标有(　　)、(　　)、(　　)。其中针入度是表示

(　　)的指标,根据它来确定(　　),仪器设备有(　　)、(　　)、(　　)、(　　)、(　　)等。而(　　)是表示沥青塑性的指标,(　　)是表示温度敏感性的指标。这三项指标来是用来确定(　　)。

4. 水泥胶砂强度试验目的是确定(　　),其方法是将水泥与(　　)、(　　)按(　　)的比例,制成标准试件,在标准养护条件下,分别测定其(　　)、(　　)天(　　)和(　　),在符合要求的条件下,以(　　)天的抗压强度值作为水泥的(　　)。

二、单项选择题(共10分,每题2分)

1. 测定混凝土立方体抗压强度时,标准试件的尺寸是(　　)。

A. 100mm×100mm×100mm　　B. 150mm×150mm×150mm

C. 200mm×200mm×200mm　　D. 70.7mm×70.7mm×70.7mm

2. 硅酸盐水泥的体积安定性用(　　)检验必须合格。

A. 蒸压法　　B. 回弹法　　C. 沸煮法　　D. 筛分析法

3. 普通硅酸盐水泥的细度指标是80μm方孔筛筛余量,它是指水泥中(　　)与水泥总质量之比。

A. 大于80μm的水泥颗粒质量　　B. 小于80μm的水泥颗粒质量

C. 熟料颗粒质量　　D. 杂质颗粒质量

4. 国家标准规定,普通硅酸盐水泥的初凝时间为(　　)。

A. 不早于30min　　B. 不迟于30min

C. 不早于45min　　D. 不迟于45min

5. 塑性混凝土拌和物流动性的指标用(　　)表示。

A. 坍落度　　B. 流动度　　C. 沉入度　　D. 分层度

三、简答题(共50分,每题5分)

1. 简述建筑砂浆的稠度试验过程及注意事项。

2. 简述砂浆的抗压强度试验过程及注意事项。

3. 简述钢筋试验的一般规定。

4. 简述砂浆分层度试验过程及注意事项。

5. 简述沥青针入试验试验过程及注意事项。

6. 简述沥青软化点试验试验过程及注意事项。

7. 简述沥青延度试验试验过程及注意事项。

8. 简述沥青软化点的试验目的及试验所用仪器设备。

9. 低碳钢拉伸时经历了几个阶段?画出应力—应变曲线,并说明其强度指标。

10. 引起水泥安定性不良的原因是什么?简述测定水泥体积安定性的主要仪器设备及步骤。(说出一种方法即可)

参 考 文 献

[1] 中华人民共和国标准.通用硅酸盐水泥(GB 175—2007).北京:中国标准出版社,2008.
[2] 中华人民共和国标准.水泥细度检验方法筛析法(GB 1345—2005).北京:中国标准出版社,2005.
[3] 中华人民共和国标准.碳素结构钢(GB/T 700—2006).北京:中国标准出版社,2007.
[4] 中华人民共和国标准.冷轧带肋钢筋(GB 1378—2008).北京:中国标准出版社,2009.
[5] 中华人民共和国标准.混凝土用水标准(JGJ 63—2006).北京:中国标准出版社,2007.
[6] 陈晓明.建筑材料.北京:人民交通出版社,2008.
[7] 黄晓明.土木工程材料.南京:东南大学出版社,2007.
[8] 黄晓明.沥青与沥青混合料.南京:东南大学出版社.2007.
[9] 姜志青.道路建筑材料.北京:人民交通出版社,2007.
[10] 高琼英.建筑材料.武汉:武汉理工大学出版社,2002.
[11] 魏鸿汉.建筑材料.北京:中国建筑工业出版社,2003.
[12] 中华人民共和国行业标准.公路土工试验规程(JTG E40—2007).北京:人民交通出版社,2007.
[13] 中华人民共和国行业标准.公路集料试验规程(JTG E42—2005).北京:人民交通出版社,2007.
[14] 中华人民共和国行业标准.公路工程沥青及沥青混合料试验规程(JTG 052—2000).北京:人民交通出版社,2000.
[15] 中华人民共和国行业标准.公路工程水泥及水泥混凝土试验规程(JTG E30—2005).北京:人民交通出版社,2005.
[16] 张超.路基路面试验检测技术.北京:人民交通出版社,2004.
[17] 徐培华.公路工程混合料配合比设计与试验技术手册.北京:人民交通出版社,2000.
[18] 李立寒.道路建筑材料.北京:人民交通出版社,2004.
[19] 中华人民共和国行业标准.公路沥青路面施工技术规范(JTG F40—2004).北京:人民交通出版社,2005.
[20] 现行建筑材料规范大全(增补本).北京:建筑工业出版社.
[21] 建材局标准化所.建筑材料标准汇编.北京:中国标准出版社,2004.
[22] 宋丽岩.建筑与装饰材料.北京:中国建筑工业出版社,2005.